21世纪高等学校计算机类专业

核心课程系列教材

SQL Server 2019 数据库项目案例教程

微课视频版

◎ 杨洋 编著

清华大学出版社

北京

内 容 简 介

本书以SQL Server 2019为平台，采用“工作过程导向”模式，由浅入深地介绍数据库的基础知识、安装和配置SQL Server 2019、学生管理数据库的操作、学生管理数据库数据表的操作、学生管理数据库数据的操作、学生管理数据库的查询、Transact-SQL语言基础、学生管理数据库的视图与索引、学生管理数据库的存储过程与触发器、备份与还原学生管理数据库及学生管理数据库的安全管理。

本书结构合理，概念清晰，图文并茂，关注新概念和新技术，且实例众多，步骤明确，讲解细致，有较好的通用性和实用性，再辅以丰富的实训，使学生得到充分的训练，具备使用SQL Server 2019解决实际问题的能力。

本书既可以作为应用型本科、高职高专计算机及相关专业的教材，也可以作为全国计算机等级考试、职业资格考试或认证考试等各种培训班的教材，还可用于读者自学。

图书在版编目 (CIP) 数据

SQL Server 2019数据库项目案例教程：微课视频版 / 杨洋编著 . —北京：清华大学出版社，2022.10

21世纪高等学校计算机类专业核心课程系列教材

ISBN 978-7-302-61465-4

Ⅰ. ① S… Ⅱ. ①杨… Ⅲ. ①关系数据库系统－高等学校－教材 Ⅳ. ① TP311.132.3

中国版本图书馆CIP数据核字(2022)第136120号

责任编辑：安 妮
封面设计：刘 键
责任校对：郝美丽
责任印制：沈 露

出版发行：清华大学出版社
网 址：http://www.tup.com.cn，http://www.wqbook.com
地 址：北京清华大学学研大厦A座 邮 编：100084
社 总 机：010-83470000 邮 购：010-62786544
投稿与读者服务：010-62776969，c-service@tup.tsinghua.edu.cn
质 量 反 馈：010-62772015，zhiliang@tup.tsinghua.edu.cn
课 件 下 载：http://www.tup.com.cn，010-83470236
印 装 者：三河市铭诚印务有限公司
经 销：全国新华书店
开 本：185mm×260mm 印 张：16.75 字 数：380千字
版 次：2022年11月第1版 印 次：2022年11月第1次印刷
印 数：1 ～ 1500
定 价：59.00元

产品编号：094119-01

前　言

SQL Server 2019 是 Microsoft 公司推出的 SQL Server 数据库管理系统，它提出了许多新的特性和关键的改进，集成了大数据、网络云、人工智能、Python 等技术，正以其易用性、安全性、高可编程性和相对低廉的价格得到越来越多用户的青睐，也有越来越多的院校开设 SQL Server 数据库相关的课程。基于这样的背景，编者编写了本书，将理论知识与实践技术紧密结合，力求全面、多方位、由浅入深地引导读者步入数据库技术的领域。

本书是编者基于多年来数据库技术教学经验编写而成的，结构完整，内容实用，思路清晰，形象生动，图文并茂，贴近教学和应用实践，强调技能，重在操作，实例与实训针对性强。本书既可以作为应用型本科、高职高专计算机及相关专业的教材，也可以作为等级考试、职业资格考试或认证考试等各种培训班的教材，还可用于读者自学。

本书共分为 11 个项目，主要包括数据库的基础知识、安装和配置 SQL Server 2019、学生管理数据库的操作、学生管理数据库数据表的操作、学生管理数据库数据的操作、学生管理数据库的查询、Transact-SQL 语言基础、学生管理数据库的视图与索引、学生管理数据库的存储过程与触发器、备份与还原学生管理数据库和学生管理数据库的安全管理。

本书的内容组织以关系数据库理论知识为基础，注重操作技能的培养和实际问题的解决，旨在使学生掌握 SQL Server 2019 的使用和管理。本书采用项目式教学，以“项目导入”“项目描述”“教学导航”“知识准备”“任务实施”“项目拓展训练”“项目小结”推进学习过程。每个项目针对一个数据库设计和实施中的工作过程环节，实现实践技能与理论知识的整合，将工作环境与学习环境有机地结合在一起。每个项目配有大量实训项目，帮助读者明确学习目标、巩固学习成果，将知识和技能转化为实际工作能力，达到学以致用的目的。

本书配套资源丰富，包括教学大纲、教学课件、电子教案、书中涉及的实例程序代码、样本数据库，并精心录制了 450 分钟左右的微课视频，供教学中参考使用。

全书的编写工作由南京城市职业学院的杨洋独立完成，杨洋负责录制项目三～项目十一的操作和案例的微课视频，李广娇负责录制项目一、项目三～项目六理论部分的微课视频，施福慧负责录制项目二、项目七～项目十一理论部分的微课视频，黄清参与全书微课视频的剪辑。

本书在编写过程中参阅了大量专家学者的著作以及许多互联网上的资料，而这些资料难以一一列举，在此向所有这些资料的作者表示衷心的感谢。

由于编者水平有限，虽然经过再三勘误，难免存在疏漏和不足，恳请读者批评指正。

编　者

2022 年 7 月

目 录

项目一　数据库的基础知识

项目导入

某高校日常管理工作的效率低下，教务科工作人员每学期在烦琐的纸质表格中更新、查询学生课程数据。为提高学校日常管理工作的效率，技术部门成立了信息管理工作小组，要求信息管理员王明设计出一个系统，使学生和教师可以通过该系统完成信息的查询和修改。

项目描述

（1）你听说过“数据库”吗？在日常生活和工作中，你是否用到了数据库？

（2）20 世纪的人类是如何管理数据的？现在又是如何管理数据的呢？

（3）人类是通过什么定义、操纵数据库中海量数据的？

（4）本书将研究哪种类型的数据库？它能给工作和生活带来什么样的变化？

（5）从不同的角度看，数据库系统结构各有什么特征？

教学导航

（1）掌握：数据库、数据库系统和数据库管理系统的概念，以及数据模型的组成要素。

（2）理解：概念结构设计、逻辑结构设计和数据库物理设计。

（3）了解：信息、数据与数据处理的概念，数据库系统的产生和发展，以及关系数据库的理论。

知识准备

1.1　数据库的基本概念

随着计算机技术的发展，信息技术的应用日益广泛，管理信息资源的数据库技术也得到迅速发展，应用范围涉及管理信息系统、专家系统、过程控制、联机分析处理等各个领域。数据库技术已成为计算机信息系统与应用系统的核心技术和重要基础，以及衡量社会信息化程度的重要标志。

1.1.1 数据、信息与数据处理

数据是数据库中存储的基本对象，是可以被计算机接受并能够被计算机处理的符号。数据的表现形式多样化，可以是数字、文字、图形、图像、声音等信息。例如，定义学生的姓名为“王明”，性别为“女”，年龄为“20”，“王明”“女”和“20”都是数据。

信息是对数据的解释，是经过加工处理后具有一定含义的数据集合，它具有超出事实数据本身之外的价值，能提高人们对事物认识的深刻程度，对决策或行为有现实或潜在的价值。

数据与信息既有联系又有区别。数据是信息的表现形式，信息是加工处理后的数据，是数据表达的内容。相同的数据可以因载体的不同表现出不同的形式，信息则不会随信息载体的不同而改变。

将数据转换成信息的过程称为数据处理，是指利用计算机对原始数据进行科学的采集、整理、存储、加工和传输等一系列活动，从繁杂的数据中获取所需的资料和有用的数据。

1.1.2 数据库、数据库系统、数据库管理系统

1. 数据库

数据库可以理解为存放数据的仓库，它是以一定的方式将相关数据组织在一起并存储在外存储器上，能为多个用户共享、与应用程序彼此独立的一组相互关联的数据集合。数据库中的数据按一定的数据模型组织、描述和存储，具有较小的冗余度、较高的数据独立性和易扩展性。

2. 数据库系统

数据库系统（database system，DBS）是由数据库及其管理软件组成的系统，它是一种为适应数据处理需要而发展起来的较为理想的数据处理的核心机构，能够有组织、动态地存储大量数据，提供数据处理和数据共享机制，是存储介质、处理对象和管理系统的集合体。

3. 数据库管理系统

数据库管理系统（database management system，DBMS）是处理数据访问的软件系统，它位于用户与操作系统之间，用户必须通过数据库管理系统统一管理和控制数据库中的数据。

数据库管理系统的功能主要包括以下 6 方面。

1）数据定义功能

数据定义功能是数据库管理系统面向用户的功能，数据库管理系统提供数据定义语言（data definition language，DDL）定义数据库中的数据对象，包括三级模式及其相互之间的映像等，如数据库、基本表、视图的定义、数据完整性和安全控制等约束。

2）数据操纵功能

数据操纵功能是数据库管理系统面向用户的功能，数据库管理系统提供数据操纵语言（data manipulation language，DML），用户可以使用 DML 对数据库中的数据进行各种操作，如存取、查询、插入、删除和修改等。DML 有两类：一类可以独立交互使用，不依赖任何程序设计语言，称为自主型或自含型 DML；另一类必须嵌入宿主语言中使用，称为宿主型 DML。在使用高级语言编写的应用程序中，需要使用宿主型 DML 访问数据库中的数据。

3）数据库运行管理功能

数据库运行管理功能是数据库管理系统的运行控制和管理功能，包括多用户环境下的并发控制、安全性检查和存取限制控制、完整性检查和执行、运行日志的组织管理、事务的管理和自动恢复。这是数据库管理系统的核心部分，所有数据库的操作都要在这些控制程序的统一管理和控制下进行，这些功能保证了数据库系统的正常运行。

4）数据维护功能

数据维护功能包括数据库数据的导入功能、转储功能、恢复功能、重新组织功能、性能监视和分析功能等，这些功能通常由数据库管理系统的应用程序提供给数据库管理员。

5）数据库的传输功能

数据库管理系统实现数据的传输，实现用户程序与数据库管理系统之间的通信，通常与操作系统协调完成。

6）数据通信接口

数据库管理系统需要提供与其他软件系统进行通信的功能。例如，提供与其他数据库管理系统或文件系统的接口，从而能够将数据转换为另一个数据库管理系统或文件系统能够接受的格式，或者接收其他数据库管理系统或文件系统的数据。

1.2 数据库管理技术及发展

数据管理是指数据的收集、整理、组织、存储、检索、维护和传送等各种操作，是数据处理中的基本环节，是任何数据处理任务必须具有的共同部分。

1.2.1 数据管理技术的发展阶段

视频讲解

随着社会的不断进步，人类社会积累的信息正以几何级数的速度增长。人们过去传统、落后的数据处理方法已经远远适应不了形势发展的需要，人们对数据处理的现代化的要求日益迫切。计算机的数据管理技术大致经历了三个阶段。

1. 人工管理阶段

在计算机出现之前，人们运用常规的手段记录、存储和加工数据，也就是利用纸张来记录，利用计算工具进行计算，并主要利用人的大脑管理和利用这些数据。20 世纪 50 年代中期以前，计算机主要用于数值计算，数据量较少，一般不需要长期保存。在硬件方面，外存只有卡片、磁带和纸带，还没有磁盘等直接存取的存储设备；在软件方面，没有专门管理数据的软件，数据的处理方式基本是批处理。人工管理阶段的数据与应用程序之间的关系是一一对应的，如图 1-1 所示。

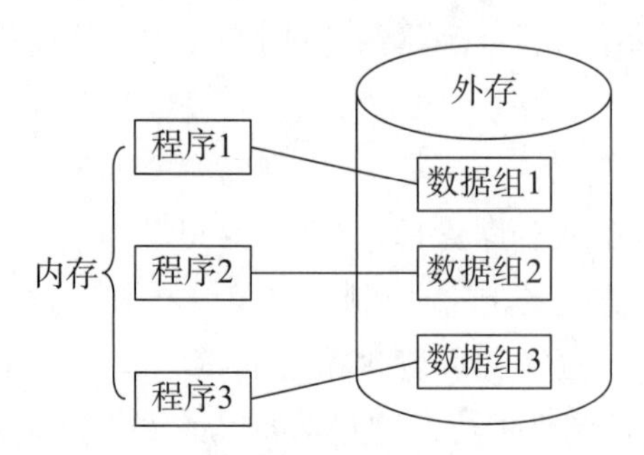

图 1-1　人工管理阶段数据与应用程序之间的关系

一组数据只对应一个应用程序。即使两个应用程序都涉及了某些相同的数据，也必须各自定义，无法相互利用和参照，数据无法共享，从而导致程序与程序之间存在大量的冗余。

2. 文件系统阶段

20 世纪 50 年代后期至 60 年代中后期，计算机不仅用于科学计算，还用于信息管理。在硬件方面，外存有了磁盘、磁鼓等直接存取的存储设备；在软件方面，操作系统中已经有了专门的数据管理软件，称为文件系统。数据处理方式有批处理和联机实时处理两种。文件系统阶段的数据与应用程序之间的关系如图 1-2 所示。

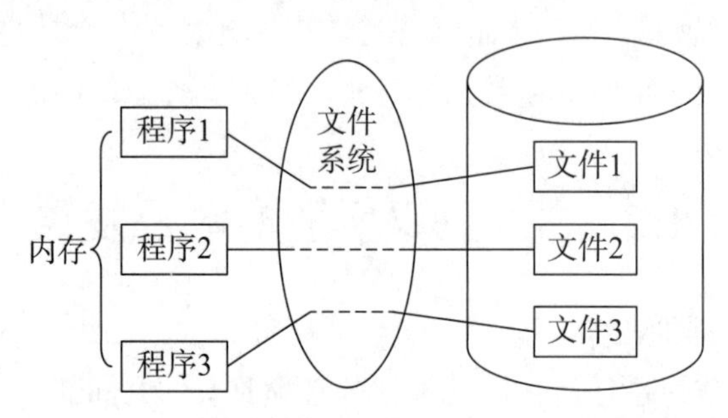

图 1-2　文件系统阶段数据与应用程序之间的关系

虽然文件系统阶段较人工管理阶段有了很大的改进，但仍显露出很多缺点。例如，由于应用程序的依赖性，因此导致编写应用程序很不方便；存储在文件中的数据如何存放由程序员自己定义，不统一，难于共享；数据冗余大，浪费了存储空间；不支持对文件的并发访问；文件间联系弱，必须通过应用程序来实现；难以按最终用户视图表示数据；无安全控制功能等。

3. 数据库系统阶段

20 世纪 60 年代后期，计算机管理的范围越来越广泛，数据量也急剧增加。在硬件方面，计算机性能得到进一步提高，出现了大容量磁盘，存储容量大大增加且价格下降；在软件方面，操作系统更加成熟，程序设计语言的功能更加强大。在此基础上，数据库技术应运而生，主要克服文件系统管理数据时的不足，满足和解决实际应用中多用户、多种应用程序共享数据的要求，从而使数据能为尽可能多的应用程序服务。也因此出现了统一管理数据的专门软件系统，即数据库管理系统。数据库系统阶段的数据与应用程序之间的关系如图 1-3 所示。

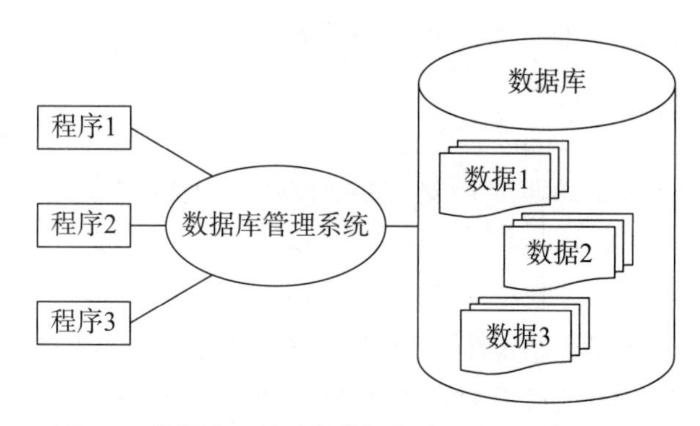

图 1-3 数据库系统阶段数据与应用程序之间的关系

1.2.2 数据库系统的特点

视频讲解

数据库系统的特点体现在以下 5 方面。

1. 数据共享

这是数据库系统区别于文件系统的最大特点之一，也是数据库系统技术先进性的重要体现。共享是指多用户、多种应用、多种语言互相覆盖的共享数据集合，所有用户可以同时存取数据库中的数据。数据库是面向整个系统的，以最优的方式服务于一个或多个应用程序，实现数据共享。

2. 数据结构化

在数据库中，数据不再像文件系统那样从属于特定的应用，而是按照某种数据模型组织成为一个结构化的整体。它不仅描述了数据本身的特性，还描述了数据与数据之间的种种联系，使数据库具备复杂的结构。

数据结构化有利于实现数据共享，数据实现集中统一的存储与管理，各种应用存取各自相关的数据子集，满足各种应用要求。

3. 数据独立性

在文件系统管理中，应用程序较依赖数据文件。如果把应用程序使用的磁带顺序文件改为磁盘索引文件，则必须对应用程序进行修改。而数据库技术的重要特征就是数据与程序相互独立，互不依赖，不因一方的改变而改变，这大大简化了应用程序的设计与维护的工作量。

4. 冗余度低、易扩充

在数据库中，数据共享减少了数据冗余造成的不一致现象。由于数据面向整个系统，它是有结构的数据，因此它不但可以被多个应用共享使用，而且增加新的应用变得容易，使数据库系统弹性大，易于扩充。

5. 统一数据控制功能

数据库是系统中各用户的共享资源，因而计算机的共享一般是并发的，即多个用户同时使用数据库。因此，数据库管理系统必须提供以下 4 方面的数据控制功能，保证整个系统的正常运转。

1）数据安全性控制

数据安全性控制是指采取一定的安全保密措施以确保数据库中的数据不被非法用户存取。

2）数据完整性控制

数据的完整性是指数据的正确性、有效性与相容性。系统要提供必要的功能，保证数据库中的数据在输入、修改过程中始终符合原来的定义和规定。

3）并发控制

当多个用户并发进程同时存取、修改数据库中的数据时，可能会互相干扰而得到错误结果，使数据库完整性遭到破坏，因此必须对多用户的并发操作加以控制和协调。

4）数据恢复

当系统出现故障或操作数据发生错误时，系统能进行应急处理，把数据库恢复到正确状态。

1.3 数据模型

模型是对现实世界中某个对象特征的模拟和抽象。数据模型与具体的数据库管理系统相关，可以说它是概念模型的数据化，是现实世界的计算机模拟。

1.3.1 数据模型的组成要素

数据模型通常有一组严格定义的语法，人们可以使用它定义、操纵数据库中的数据。数据模型的组成要素包括以下三部分。

1. 数据结构

数据结构是对系统静态特性的描述，是研究的对象和对象类型的集合。这些对象和对象类型是数据库的组成部分，一般可分为两类：一类是与数据类型、内容和其他性质有关的对象；另一类是与数据之间的联系有关的对象。

在数据库领域中，通常按照数据结构的类型命名数据模型，进而对数据库管理系统进行分类。例如，层次结构、网状结构和关系结构的数据模型分别称为层次模型、网状模型和关系模型，相应地，数据库分别称为层次数据库、网状数据库和关系数据库。

2. 数据操作

数据操作是对系统动态特性的描述，是指对各种对象类型的实例或值允许执行的操作的集合，包括操作及有关的操作规则。在数据库中，主要的操作有检索和更新（包括插入、删除、修改）两大类。数据模型定义了这些操作的定义、操作符号、操作规则和实现操作的语言。

3. 数据的完整性约束条件

数据的完整性约束条件是完整性规则的集合。完整性规则是指在给定的数据模型中，数据及其联系具有的制约条件和依存条件。它们用来限制符合数据模型的数据库的状态以及状态的变化，确保数据的正确性、有效性和一致性。

数据模型应该反映和规定符合本数据模型的必须遵守的基本、通用的完整性约束条件，还应该提供定义完整性约束条件的机制，用以反映特定的数据必须遵守特定的语义约束条件。

以上三个要素完整地描述了一个数据模型。数据模型不同，描述和实现方法也不同。

1.3.2 数据模型的类型

数据模型按不同的应用层次可分成概念模型、逻辑模型和物理模型三种类型。在概念模型中，最常用的是 E-R 模型、扩充的 E-R 模型、面向对象模型及谓词模型。在逻辑模型中，最常用的是层次模型、网状模型和关系模型。

1.3.3 概念模型

视频讲解

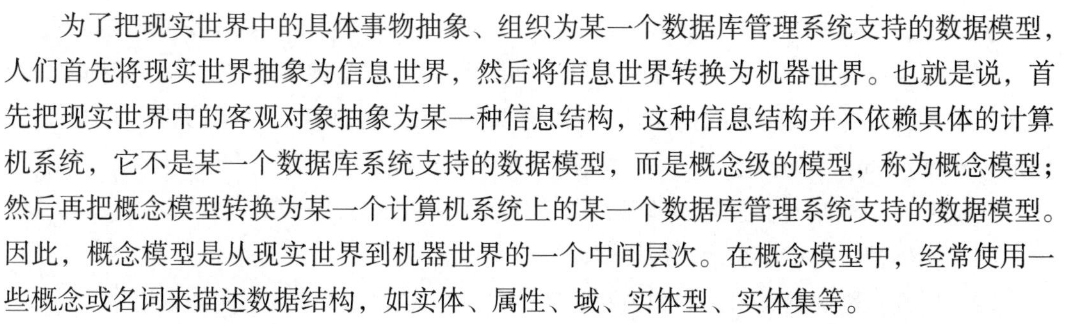
为了把现实世界中的具体事物抽象、组织为某一个数据库管理系统支持的数据模型，人们首先将现实世界抽象为信息世界，然后将信息世界转换为机器世界。也就是说，首先把现实世界中的客观对象抽象为某一种信息结构，这种信息结构并不依赖具体的计算机系统，它不是某一个数据库系统支持的数据模型，而是概念级的模型，称为概念模型；然后再把概念模型转换为某一个计算机系统上的某一个数据库管理系统支持的数据模型。因此，概念模型是从现实世界到机器世界的一个中间层次。在概念模型中，经常使用一些概念或名词来描述数据结构，如实体、属性、域、实体型、实体集等。

（1）实体：客观存在并可相互区别的事物称为实体。实体可以是具体的人、事、物，也可以是抽象的概念和联系。例如，一本书、一名学生、一台计算机等都是实体。

（2）属性：实体具有的各个特性称为实体的属性。例如，学生的学号、姓名、性别、身高等都是学生实体的属性。

（3）域：属性的取值范围称为该属性的域。例如，性别的域为（男，女）。

（4）实体型：具有相同属性的实体称为同型实体，对于同型实体，可以用实体名及其属性名的集合来描述，称为实体型。例如，每名学生都具有学号、姓名、性别和身高属性，他们是同型实体，“学生（学号、姓名、性别、身高）”描述了学生这些同型实体，它是一个实体型。

（5）实体集：同型实体的集合称为实体集。例如，所有学生就是一个实体集。

（6）码：能够唯一标识实体集中每个实体的属性或属性集称为实体的码。例如，学号就是学生实体的码。

（7）联系：在现实世界中，事物内部及事物之间存在普遍联系，这些联系在信息世界中表现为实体型内部各属性之间的联系以及实体型之间的联系。两个实体型之间的联系可分为以下三类。

- 一对一联系（1 ∶ 1）：若对于实体集 A 中的每一个实体，实体集 B 中至多有一个（也可以没有）实体与之联系，反之亦然，则称实体集 A 与实体集 B 具有一对一联系，记为 1 ∶ 1。例如，一个部门只有一个经理，而每个经理只在一个部门任职，则部门和经理之间具有一对一联系。
- 一对多联系（1 ∶ n）：若对于实体集 A 中的每一个实体，实体集 B 中有 n 个实体（$n \geqslant 0$）与之联系；反之，对于实体集 B 中的每一个实体，实体集 A 中至多只有一个实体与之联系，则称实体集 A 与实体集 B 有一对多联系，记为 1 ∶ n。例如，一个部门有若干职工，而每个职工只在一个部门上班，则部门与职工之间具有一对多联系。
- 多对多联系（m ∶ n）：若对于实体集 A 中的每一个实体，实体集 B 中有 n 个实体（$n \geqslant 0$）与之联系；反之，对于实体集 B 中的每一个实体，实体集 A 中也有 m 个实体（$m \geqslant 0$）与之联系，则称实体集 A 与实体集 B 具有多对多联系，记为 m ∶ n。例如，一门课程同时有若干学生选修，而一个学生可以同时选修多门课程，则课程与学生之间具有多对多联系。

实际上，一对一联系是一对多联系的特例，而一对多联系又是多对多联系的特例。

概念模型描述实体、实体的属性、实体间的联系，它是现实世界的第一级抽象，反映现实世界客观事物及事物间的联系。概念模型的表示方法很多，最常用的是实体 - 联系（entity-relationship，E-R）方法，该方法用 E-R 图表示概念模型。

构成 E-R 图的基本要素是实体型、属性和联系，表示方法分别为：

（1）实体型：用矩形表示，矩形框内写明实体名。

（2）属性：用椭圆表示，椭圆内写明属性名，用无向边将属性与实体相连。

（3）联系：用菱形表示，菱形框内写明联系名，用无向边与有关实体连接起来，同时在无向边上注明联系类型。

E-R 图示例如图 1-4 所示。

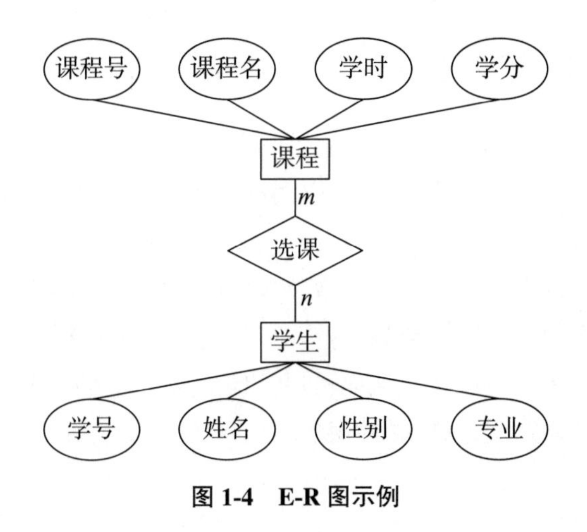

图 1-4　E-R 图示例

1.3.4　层次模型

层次模型是数据库系统中最早出现的数据模型，用树状结构表示实体之间的联系，这种结构方式反映了现实世界中数据的层次结构关系。

在现实世界中，许多实体之间的联系本身就是一种自然的层次结构关系，图 1-5 为某学院按层次模型组织的数据示例。

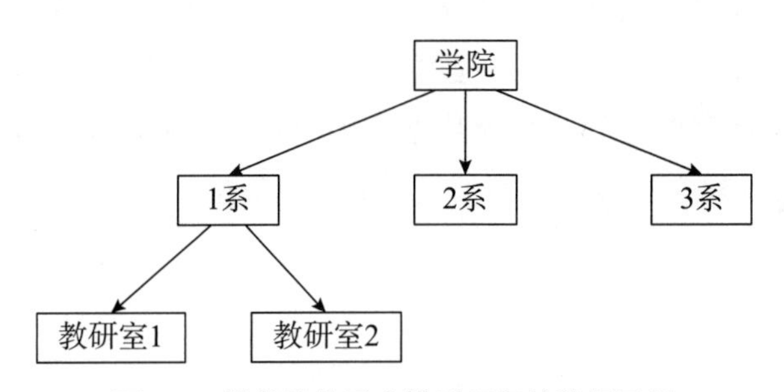

图 1-5　某学院按层次模型组织的数据示例

树中的每一个节点表示一个记录类型，连线表示双亲 - 子女关系。因此，层次模型实际上是以记录类型为节点的有向树。层次模型满足三个条件：有且仅有一个节点无双亲节点，称为根节点；根以外的其他节点有且仅有一个双亲节点；没有子女节点的节点，称为叶节点。

在层次模型中，由于是通过指针实现记录之间的联系，因此查询效率较高，其层次分明，结构清晰，不同层次间的数据关联直接简单。但其也存在着一定的缺点，由于从属节点有且只有一个双亲节点，因此它只能表示 1 ∶ n 联系，虽然有各种辅助手段实现 m ∶ n 联系，但较复杂，用户不易掌握；数据将不得不纵向向外扩展，节点之间很难建立横向的关联；由于严格和复杂的层次顺序，导致数据的查询和更新操作很复杂，因此应用程序的编写也比较复杂。

1.3.5 网状模型

每一个数据用一个节点表示，每个节点与其他节点都有联系，这样，数据库中的所有数据节点就构成了一个复杂的网络。用网状结构表示实体及其联系的模型称为网状模型。

网络中的每一个节点表示一个记录类型，联系用链接指针来实现。网状模型满足两个条件：允许有一个以上的节点无双亲节点；一个节点可以有多个双亲节点。这样，在网状模型中任何两个节点都可以有联系，从而可以方便地表示各种类型之间的联系。图 1-6 为一个简单的城市之间的铁路交通联系的网状模型。

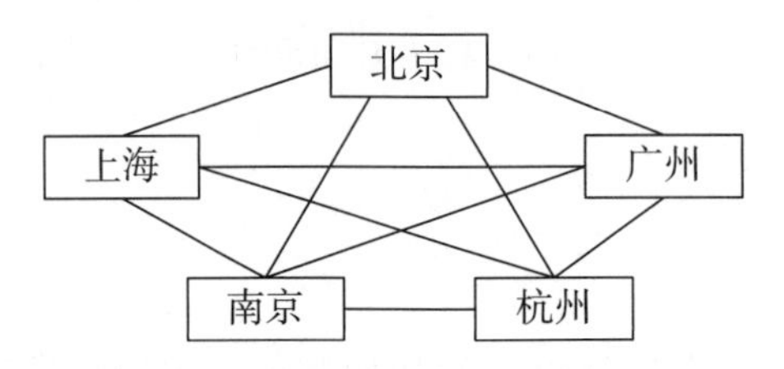

图 1-6 按网状模型组织的数据示例

在网状模型中，由于是通过指针实现记录之间的联系，因此查询效率较高，而且能表示多对多联系，直接描述复杂的关系。但其应用程序编写比较复杂，程序员必须熟悉数据库的逻辑结构；数据的独立性比较差，程序和数据没有完全独立；由于数据间的联系使用指针表示，指针数据项的存在使数据量大大增加，如果数据关系复杂，则指针部分会占用大量的数据库存储空间，修改数据库中的数据，指针也必须随之变化，因此网络型数据库中的指针的建立和维护成为相当大的额外负担。

1.3.6 关系模型

关系模型以关系数学理论为基础，它是用二维表结构表示实体及实体之间联系的模型。在关系模型中，把数据看成是二维表中的元素，操作的对象和结果都是二维表，一张二维表就是一个关系。经常使用一些概念或名词来描述关系模型的数据结构，关系、元组、属性、域、码（候选码或候选键）、主码（或主键）、主属性、关系模式等。

（1）关系（或表）：一个关系就是一张表，如教师信息表和课程表等。

（2）元组：表中的一行称为一个元组（不包括表头），一个元组对应现实世界的一个实体。

（3）属性：表中的一列称为一个属性，它对应实体的属性，一个表会有多个属性，每个属性有一个属性名，同一个表中不能有相同的属性名。

（4）域：属性的取值范围。

（5）分量：元组中的一个属性值。

（6）码：如果表中的某个属性或属性组的值可以唯一地确定一个元组，这样的属性或属性组称为关系的码（候选码或候选键）。

（7）主码：如果表中存在多个码，那么只能选择其中的一个码来区分元组，被选定的码称为主码或主键，其他候选码或候选键则称为备选键。

（8）主属性：被定义为主码的属性称为主属性，其他属性则称为非主属性。

（9）关系模式：对关系的描述，一般表示为“关系名（属性1，属性2，…，属性n）”。关系模型中没有层次模型中的链接指针，记录之间的联系是通过不同关系中的同名属性来实现的。

例如，在学生成绩管理系统中，有一个学生信息表，学生信息表的结构和部分数据见表1-1。

表1-1　学生信息表

学　号	姓　名	性　别	籍　贯	专　业
1101001	张三	女	南京	计算机
1101002	李四	男	徐州	网络
1101003	王五	男	无锡	通信工程
…	…	…	…	…

在这个表中，有5个不同的属性，分别是学号、姓名、性别、籍贯和专业，“1101001、张三、女、南京、计算机”描述的是一个实体（一个学生）的信息，称为一个元组。在这个关系的5个属性中，学号属性具有唯一识别每个学生的特性，是该关系的码。学生信息关系可以描述为“学生（学号，姓名，性别，籍贯，专业）”。

关系模型的特点为：建立在关系数据理论之上，有可靠的数据基础；可以描述一对一、一对多和多对多联系；表示的一致性，即实体本身和实体间联系都使用关系描述；关系的每个分量的不可分性，也就是不允许表中表。

关系模型概念清晰，结构简单，格式唯一，理论基础严格，实体、实体间联系和查询结果都采用关系表示，用户比较容易理解。另外，关系模型的存取路径对用户是透明的，程序员无须关心具体的存取过程，减轻了程序员的工作负担，具有较好的数据独立性和安全保密性。但在某些实际应用中，关系模型的查询效率有时不如层次模型和网状模型。因此，为了提高查询效率，有时需要对查询进行一些特别的优化。

1.4　关系数据库理论

关系数据库是建立在关系模型基础上的数据库，它是一种利用数据库进行数据组织的方式，是最有效率的数据组织方式之一。

1.4.1 关系操作

关系操作是一种集合操作方式，即操作的对象和结果都是集合。该方式也称为一次一集合的方式。关系操作主要是对关系数据的查询操作和更新操作。查询操作包括选择、投影、连接、除、并、交和差，更新操作包括对记录的增加、删除和修改。其中，以查询操作为核心。

1.4.2 关系运算

关系操作能力可以用关系代数来表示。关系代数直接用对关系的运算来表达操作目的。本书只介绍专门的关系运算。

1. 选择

选择是从指定关系中选取满足给定条件的若干元组组成一个新的关系。选择运算可表示为 $\sigma_F(R)$。其中，R 是关系名，F 是一个逻辑表达式，表示选择条件。

例如，从表 1-1 中查询所有女生的数据，表示为 $\sigma_{性别='女'}$（学生）。其运算结果为关系 $R1$，见表 1-2。

表 1-2 关系 *R*1

学　号	姓　名	性　别	籍　贯	专　业
1101001	张三	女	南京	计算机

选择运算是针对元组的运算。这种运算从水平方向抽取数据，从行的角度得到新的关系，新关系的关系模式不变，其元组是原关系元组的一个子集。

2. 投影

投影是从指定的关系中选取指定的若干属性组成一个新关系。投影运算可表示为 $\pi_A(R)$。其中，R 为关系名，A 为 R 中被投影的属性列。

例如，从表 1-1 中查询学生的学号、姓名和专业信息，表示为 $\pi_{学号，姓名，专业}$（学生）。其运算结果为关系 $R2$，见表 1-3。

表 1-3 关系 *R*2

学　号	姓　名	专　业
1101001	张三	计算机
1101002	李四	网络
1101003	王五	通信工程

投影运算是针对属性的运算。这种运算是从垂直方向抽取数据，对关系中的属性进行选择或重组得到新关系。新关系的关系模式包含的属性个数一般比原关系少，或者属性的排列顺序与原关系不同，其内容是原关系的一个子集。

需要注意的是，经过投影运算后，属性减少，元组也可能减少，因为取消了某些属性列后，有可能出现重复元组。按照关系的定义，应取消重复元组。新关系和原关系不是同类关系。

3. 连接

连接是从两个关系中选取属性满足给定条件的元组连接在一起组成一个新关系。连接运算可以表示为$R\underset{A\theta B}{\bowtie}S$。其中，$R$ 和 S 是两个关系的关系名，A 是 R 中的属性，B 是 S 中的属性，θ 代表比较运算符（＞、≥、＜、≤、＝、≠），$A\theta B$ 是一个逻辑表达式，表示给定的条件。

当比较运算符 θ 为“＝”，且进行连接运算的两个关系 R 和 S 中用于比较的两个属性 A 和 B 相同时，称为自然连接，记作$R\bowtie S$。在自然连接得到的新关系中，保持了原来两个关系中的所有属性，并且原来两个关系中用于比较的相同属性只出现一次。

例如，表 1-3 所示的关系 $R2$ 和表 1-4 所示的关系 $R3$ 进行自然连接运算，其结果为关系 $R4$，见表 1-5。

表 1-4　关系 *R3*

学　号	成　绩
1101001	80
1101002	77
1101003	67
1101005	76

表 1-5　关系 *R4*

学　号	姓　名	专　业	成　绩
1101001	张三	计算机	80
1101002	李四	网络	77
1101003	王五	通信工程	67

1.4.3 关系完整性

关系完整性是为保证数据库中数据的正确性和相容性，对关系模型提出的某种约束条件或规则。完整性通常包括实体完整性、域完整性、参照完整性和用户定义完整性。

1. 实体完整性

若属性 A 是基本关系 R 的主属性，则属性 A 不能取空值。例如学生关系中，学号是主属性，因此，学号的值不能取空值。

一个关系对应现实世界中一个实体集，关系中的一个元组对应一个实体。实体是可区分的，它们具有某种唯一性标识。如果关系中某一个元组的某个主属性值为空值，则这个元组不可标识，这就意味着这个元组对应的实体没有其唯一性标识，即存在不可区分的实体，这与客观事实矛盾，这样的实体不是一个完整实体。按照完整性规则要求，主属性不能取空值，如果主关键字是多个属性的组合，则所有主属性均不能取空值。

2. 域完整性

域完整性是指属性被有效性约束，要求关系中的属性值必须具有正确的数据类型、格式及有效的范围，保证输入值的有效性。例如，性别为字符数据类型，只能是“男”或“女”；成绩是数值类型，并且不能为负数。

3. 参照完整性

参照完整性是指定义建立关系之间联系的主关键字与外部关键字引用的约束条件。对于两个关系 R 和 S，R 中存在属性 F，它是基本关系 R 的外键，与基本关系 S 的主键对应，则对于 R 中每个元组在 F 上的值必须为空值或者等于 S 中某个元组的主键值。

例如，如果在学生表和选修表之间用学号建立关联，学生表是主表，选修表是从表，那么，在向从表中输入一条新记录时，系统要检查新记录的学号是否在主表中已存在，如果存在，则允许执行输入操作，否则拒绝输入，这就是参照完整性。

参照完整性还体现在对主表中的删除操作和更新操作。例如，如果删除主表中的一条记录，则从表中外键值与主表的主键值相同的记录也会被同时删除，称为级联删除；如果修改主表中主关键字的值，则从表中相应记录的外键值也随之被修改，称为级联更新。

4. 用户定义完整性

用户定义完整性是根据应用环境的要求和实际需要，针对具体的应用提出的约束条件。这些约束不是关系模型自身要求的，而是具体应用要求的。这样的完整性约束需要用户自己定义，故称为用户定义完整性。用户定义完整性可以通过定义列之间的有效性约束来实现。

1.5 数据库系统结构

数据库系统结构可以有多种不同的层次或不同的角度。从数据库管理系统角度，数据库系统通常采用三级模式结构，这是数据库系统内部的体系结构，通常称为数据库系统的模式结构；从数据库最终用户角度，数据库系统的结构可以分为单机结构、主从式结构、分布式结构、客户机 / 服务器结构和浏览器 / 服务器结构等，这是数据库系统外部的体系结构，简称为数据库系统的体系结构。

视频讲解

1.5.1 数据库系统的模式结构

尽管实际的数据库管理系统使用的环境、内部数据的存储结构、使用的语言不同，但它们都采用了三级模式结构，并提供两级映像功能。

1. 三级模式结构

数据库系统的三级模式结构包括外模式、模式和内模式，它们是对数据的三个抽象层次，其结构如图 1-7 所示。三级模式结构把对数据的具体组织留给数据库管理系统管理，使用户能逻辑、抽象地处理数据，而不必关心数据在计算机中的具体表示与存储。

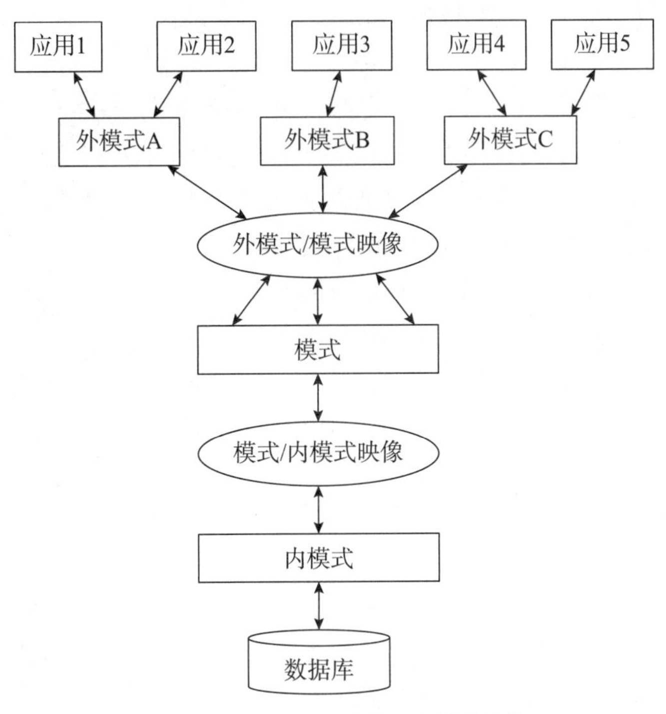

图 1-7 数据库系统的三级模式结构

外模式（也称子模式或用户模式）是三级模式结构的最外层，也是面向具体用户或应用程序的数据视图，即特定用户或应用程序涉及的数据的逻辑结构。外模式是模式的子集，不同用户使用不同的外模式。一个数据库可以有多个外模式，每一个外模式都是为不同的用户建立的数据视图。由于各用户的需求和权限不同，各个外模式的描述也是不同的。即使是对模式中的同一数据，其在不同外模式中的结构、密级等都可以不同。每个用户只能调用对应的外模式涉及的数据，其余数据是无法访问的。数据库管理系统提供外模式描述语言来定义外模式。

模式（也称逻辑模式）是数据库中全部数据的逻辑结构和特征的描述，也是所有用户的公共数据视图。它通常以某种数据模型为基础，定义数据库全部数据的逻辑结构，如数据记录的名称、数据项的名称、类型、值域等。还要定义数据项之间的联系、不同记录之间的联系，以及与数据有关的安全性、完整性等要求。一个数据库系统只能有一个逻辑模式，它不涉及硬件环境和物理存储细节，也不与任何计算机语言有关。数据库管理系统提供模式描述语言来定义模式。

内模式（也称存储模式或物理模式）既定义了数据库中全部数据的物理结构，也定义了数据的存储方法、存取策略等。内模式的设计目标是将系统的逻辑模式组织成最优的物理模式，以提高数据的存取效率，改善系统的性能指标。数据库管理系统提供内模式描述语言来描述和定义内模式。

2. 两级映像功能

为了能够在内部实现这三个抽象层次的联系和转换，数据库系统在这三级模式结构之间提供了两层映像：外模式 / 模式映像和模式 / 内模式映像。

外模式 / 模式映像实现了从外模式到模式之间的相互转换。对于每一个外模式，数据库系统都有一个外模式 / 模式映像，它定义了该外模式与模式之间的对应关系。这些映像定义通常包含在各自外模式的描述中。当模式改变时，只要相应改变外模式 / 模式映像，就可以使外模式保持不变。应用程序是依据数据的外模式编写的，外模式不变，应用程序就没必要修改。这种用户数据独立于全局的逻辑数据的特性叫作数据的逻辑独立性，外模式 / 模式映像功能保证了数据的逻辑独立性。

模式 / 内模式映像实现了从模式到内模式之间的相互转换。模式 / 内模式映像是唯一的，它定义了数据库全局逻辑结构与存储结构之间的对应关系。当数据库的存储结构改变时，只要相应改变模式 / 内模式映像，就可使模式保持不变。这种全局的逻辑数据独立于物理数据的特性叫作数据的物理独立性。模式不变，建立在模式基础上的外模式就不会变，与外模式相关的应用程序也就不需要改变，模式 / 内模式映像功能保证了数据的物理独立性。

数据库的三级模式结构是数据库组织数据的结构框架，依照结构框架组织的数据才是数据库的内容。在设计数据库时，主要是定义数据库的各级模式；而用户使用数据时，关心的只是数据库的内容。数据库的模式通常是稳定的，而数据库中的数据经常是变化的。

3. 三级模式结构的优点

三级模式结构有以下 4 个优点。

1）保证数据的独立性

将模式和内模式分开，保证了数据的物理独立性；将外模式和模式分开，保证了数据的逻辑独立性。

2）简化了用户接口

按照外模式编写应用程序或输入命令，不需要了解数据库的逻辑结构，更不需要了解数据库内部的存储结构，方便用户的使用。

3）有利于数据共享

不同的外模式为不同的用户提供不同的数据视图，从而实现不同的用户对数据库中全部数据的共享，减少了数据冗余。

4）有利于数据的安全保密

在外模式下根据要求进行操作，只能对限定的数据进行限定的操作，保证了其他数据的安全性与保密性。

1.5.2 数据库系统的体系结构

视频讲解

一个数据库应用系统通常包括数据存储层、应用层与用户界面层三个层次。数据存储层一般由数据库管理系统承担对数据库的各种维护操作；应用层是使用某种程序设计语言实现用户要求的各项工作的程序；用户界面层提供用户的可视化图形操作界面，便于用户与数据库系统之间的交互。

从最终用户角度看，数据库系统可分为以下 5 种。

1. 单机结构

单机结构是一种比较简单的数据库系统。在单机系统中，整个数据库系统包括的应用程序、数据库管理系统和数据库都安装在一台计算机上，由一个用户独占，不同机器之间不能共享数据。这种数据库系统也称桌面系统。在这种桌面型数据库管理系统中，数据的存储层、应用层和用户界面层的所有功能都存储在单机上，容易造成大量的数据冗余。

2. 主从式结构

主从式系统是指一台大型主机带着若干终端的多用户结构。在这种结构中，全部数据都集中存放在主机中，数据库管理系统和应用程序也存放在主机中，所有处理任务都由主机完成。各终端用户可以并发地访问主机上的数据库，共享其中的数据。

在主从式结构的数据库管理系统中，数据的存储层和应用层都放在主机中，用户界面层放在各个终端上。当终端用户数目增加到一定程度后，主机的任务将十分繁重，常处于超负荷状态，这样会使系统性能大大降低。

主从式结构的优点是简单、可靠、安全；缺点是主机的任务很重，终端数目有限，当主机出现故障时，会影响整个系统的使用。

3. 分布式结构

分布式结构是指地理上或物理上分散而逻辑上集中的数据库系统。每台计算机上都装有分布式数据库管理系统和应用程序，可以处理本地数据库中的数据，也可以处理异地数据库中的数据。在分布式数据库系统中，大多数处理任务由本地计算机访问本地数据库完成局部应用。对于少量本地计算机不能胜任的处理任务，通过网络同时存取和处理多个异地数据库中的数据执行全局应用。分布式数据库系统适应了地理上分散的组织对于数据库应用的需求。

分布式结构的优点是体系结构灵活，能适应分布式管理和控制，经济性能好，可靠性高，在一定的条件下，响应速度快，可扩充性好；其缺点是系统开销较大，存取结构复杂，数据的安全性和保密性难以解决等。

4. 客户机 / 服务器结构（client/server 结构，C/S 结构）

随着工作站功能的增强和广泛使用，人们开始把数据库管理系统的功能和应用分开。网络中专门用于执行数据库管理系统的功能的计算机称为数据库服务器，简称为服务器（server），其他安装数据库应用程序的计算机称为客户机（client），这种结构称为客户机 /

服务器结构。

在 C/S 结构的数据库系统中，数据存储层位于服务器上，而应用层和用户界面层位于客户机上。服务器的任务是完成数据管理、信息共享、安全管理等，它接受并处理来自客户机的数据访问请求，然后将结果返回给用户；客户机的任务是提供用户界面，提交数据访问请求，接收和处理数据库的返回结果。由于服务器对数据服务请求进行处理后只返回结果，而不是返回整个系统，因此减少了网络上的数据传输量，提高了系统的性能和负载能力。

C/S 结构的优点有两个：可以减少网络流量，提高系统的性能、吞吐量和负载能力；使数据库更加开放，客户机和服务器可以在多种不同的硬件和软件平台上运行。C/S 结构的缺点是系统的客户机程序的更新升级有一定困难。

5. 浏览器 / 服务器结构

浏览器 / 服务器结构（browser/server 结构，B/S 结构）是随着互联网技术的兴起，对客户机 / 服务器结构的变化或改进的结构。

浏览器 / 服务器结构由浏览器（browser）、Web 服务器、数据库服务器三层结构组成。在这三层结构中，Web 服务器担任中间层应用服务器的角色，它是连接数据库服务器的通道。在浏览器 / 服务器结构中，用户通过浏览器向 Web 服务器发出请求，服务器对浏览器的请求进行处理，将用户所需的信息返回浏览器。

B/S 结构的优点是具有分布性特点，可以随时随地进行查询、浏览等业务处理；业务扩展简单方便，通过增加网页便可增加服务器功能；维护简单方便，只需要改变网页即可实现所有用户的同步更新；开发简单，共享性强。

项目拓展训练

1. 拓展训练内容

设计一个学生管理数据库，涉及学生、系部、课程、班级等的相关信息。

2. 拓展训练目的

掌握概念模型和逻辑模型的设计。

项目小结

本项目对数据、信息和数据处理的定义，数据库、数据库系统和数据库管理系统的概念、特点，数据模型的定义、组成要素和类型，概念模型、层次模型、网状模型和关系模型的定义、特点，关系数据库的理论和数据库系统结构等，均做了详细的讨论。

数据是数据库中存储的基本对象，是可以被计算机接受并能够被计算机处理的符号。信息是对数据的解释，是经过加工处理后具有一定含义的数据集合。将数据转换成信息的过程称为数据处理。

数据库是以一定的方式将相关数据组织在一起并存储在外存上，能为多个用户共享、与应用程序彼此独立的一组相互关联的数据集合。数据库系统是由数据库及其管理软件组成的系统，它能够有组织、动态地存储大量数据，提供数据处理和数据共享机制，是存储介质、处理对象和管理系统的集合体。数据库管理系统是处理数据访问的软件系统，它位于用户与操作系统之间。数据库管理系统的功能体现在数据定义、数据操纵、数据库运行管理、数据维护、数据库的传输和数据通信接口 6 个方面。

计算机数据管理技术大致经历了人工管理、文件系统和数据库系统三个阶段。

数据模型按不同的应用层次分成概念模型、逻辑模型和物理模型三种类型。

关系数据库是建立在关系模型基础上的数据库，是利用数据库进行数据组织的一种方式。完整性通常包括实体完整性、域完整性、参照完整性和用户定义完整性。

数据库系统结构可以有多种不同的层次或不同的角度。从数据库管理系统角度，数据库系统通常采用三级模式结构；从数据库最终用户角度，数据库系统的结构可以分为单机结构、主从式结构、分布式结构、客户机 / 服务器结构和浏览器 / 服务器结构，简称为数据库系统体系结构。

项目二　安装和配置 SQL Server 2019

项目导入

信息管理员王明根据工作要求，需要在计算机上安装和配置 SQL Server 2019。

项目描述

（1）你所了解的 SQL Server 有哪些版本？本书研究的 SQL Server 2019 又有哪些版本？它们的特性你了解吗？

（2）你会安装 SQL Server 2019 吗？它对软硬件有什么样的要求？

（3）成功安装 SQL Server 2019 后，如何对它进行配置？

（4）SQL Server 2019 有哪些管理工具？它们如何使用？

（5）怎样才能连接到 SQL Server 2019 数据库引擎？

教学导航

（1）掌握：SQL Server 2019 的安装。

（2）理解：SQL Server 2019 管理工具的使用方法，以及系统数据库的分类。

（3）了解：SQL Server 2019 的特点和版本。

知识准备

2.1　SQL Server 2019 概述

SQL Server 2019 是 Microsoft 公司于 2019 年正式发布的关系数据库管理系统，它建立在原先的 SQL Server 版本基础之上，对原有的功能进行了扩充，在性能、稳定性、易用性等方面都有相当大的改进。

SQL Server 2019 是一个可信任、高效、智能的数据平台，帮助用户随时随地管理数据，而不用管数据存储位置。它为所有数据工作负载带来了创新的安全性和合规性的功能、业界领先的性能、任务关键型可用性和高级分析，还支持内置的大数据。

2.1.1 SQL Server 2019 的基本服务

视频讲解

SQL Server 2019 的基本服务如下。

1. 数据库引擎

数据库引擎是用于存储、处理和保护数据的核心服务，也就是数据库管理系统。利用数据库引擎可控制访问权限并快速处理事务，从而满足企业内大多数需要处理大量数据的应用程序的要求。使用数据库引擎创建用于联机事务处理或联机分析处理数据的关系数据库，包括创建用于存储数据的表以及用于查看、管理和保护数据安全的数据库对象（如索引、视图和存储过程）。可以使用 SQL Server Management Studio 管理数据库对象，使用 SQL Server Profiler 捕获服务器事件。

2. 分析服务

分析服务支持本地多维数据引擎，可以在内置计算支持的单个统一逻辑模型中，设计、创建和管理来自多个数据源的详细信息和聚合数据的多维结构，通过对多维数据进行多角度的分析，使管理人员对业务数据有更全面的理解。分析服务还提供联机分析处理和数据挖掘功能，可以完成数据挖掘模型的构造和应用，实现知识的发现、表示和管理等。

3. 集成服务

SQL Server 集成服务（SQL Server Integration Services，SSIS）是一个数据集成平台，负责完成有关数据的提取、转换和加载等操作。使用集成服务可以高效地处理各种各样的数据源，如 SQL Server 、Oracle、Excel、XML 文档及文本文件等。这个服务为构建数据仓库提供了强大的数据清理、转换、加载与合并等功能。

4. 复制技术

复制是将一组数据从一个数据源复制到多个数据源的技术，它是将一份数据发布到多个存储站点上的有效方式。通过数据同步复制技术，让简单宽带技术构建起各分公司的集中交易模式，数据必须实时同步，保证数据的一致性。

5. 通知服务

通知服务是一个应用程序，可以向上百万的订阅者发布个性化的消息，通过文件、邮件等方式向各种设备传递信息。

6. 报表服务

SQL Server 报表服务（SQL Server Reporting Services，SSRS）基于服务器的解决方案，从多种关系数据源和多维数据源提取数据、生成报表。它提供了各种现成可用的工具和服务，帮助数据库管理员创建、部署和管理单位的报表，并提供了能够扩展和自定义报表功能的编程功能。

7. 服务代理

服务代理是 SQL Server 的一个标准服务，作用是代理执行所有 SQL 的自动化任务，以及数据库事务性复制等无人值守任务。这个服务在默认安装情况下是停止状态，需要手动启动，或改为自动运行，否则 SQL 的自动化任务都不会执行。此外，还要注意服务的启动账户。

8. 全文搜索

全文搜索（Full-Text Search）是基于分词的文本检索功能，依赖全文索引。全文索引不同于传统的 B 树（B-tree）索引和列存储索引，它是由数据表构成的，称作倒排索引（Inverted Index），存储分词和行的唯一键的映射关系。

视频讲解

2.1.2 SQL Server 2019 的新功能

SQL Server 2019 在早期版本的基础上构建，旨在将 SQL Server 发展成一个平台，以提供开发语言、数据类型、本地或云环境及操作系统选项。SQL Server 2019 为 SQL Server 引入了大数据群集，它还为 SQL Server 数据库引擎、SQL Server Analysis Services、SQL Server 机器学习服务、Linux 上的 SQL Server 和 SQL Server Master Data Services 提供了附加功能和改进。

1. 数据虚拟化和大数据群集

利用 SQL Server 2019 大数据群集，可以从所有数据中获得近乎实时的见解，该群集提供了一个完整的环境处理包括机器学习和 AI 功能在内的大量数据。

2. 智能数据库

从智能查询处理到对永久性内存设备的支持，SQL Server 智能数据库功能提高了所有数据库工作负荷的性能和可伸缩性，无须更改应用程序或数据库设计。

3. 智能查询处理

通过智能查询处理，可以发现关键的并行工作负荷在大规模运行时，其性能得到了改进。同时，它们仍可适应不断变化的数据世界。默认情况下，最新的数据库兼容性级别设置上支持智能查询处理，这会产生广泛影响，可通过最少的实现工作量改进现有工作负荷的性能。

4. 内存数据库

内存数据库利用现代硬件创新提供无与伦比的性能和规模。SQL Server 2019 在此领域早期创新的基础上构建，如内存中联机事务处理（on-line transaction processing, OLTP），旨在为所有数据库工作负荷实现新的可伸缩性级别。

5. 智能性能

SQL Server 2019 在早期版本的智能数据库创新的基础上构建，旨在确保提高运行速度。这些改进有助于克服已知的资源瓶颈，并提供配置数据库服务器的选项，以在所有工作负荷中提供可预测性能。

6. 开发人员体验

SQL Server 2019 继续提供一流的开发人员体验，并增强了图形和空间数据类型、UTF-8 支持以及新扩展性框架，该框架使开发人员可以使用他们选择的语言获取其所有数据的见解。

7. 任务关键安全性

SQL Server 提供安全的体系结构，旨在使数据库管理员和开发人员能够创建安全的数据库应用程序并应对威胁。每个版本的 SQL Server 都在其早期版本基础上进行了改进，并引入了新的特性和功能，SQL Server 2019 在此基础上继续进行构建。

8. 高可用性

每位用户在部署 SQL Server 时都需要执行一项常见任务，即确保所有任务关键型 SQL Server 实例及其中的数据库在企业和最终用户需要时随时可用。可用性是 SQL Server 平台的关键，SQL Server 2019 引入了许多新功能和增强功能，使企业能够确保其数据库环境高度可用。

9. SQL Server Analysis Services

SQL Server 2019 引入了新功能和针对性能、资源管理和客户端支持的改进。

10. SQL Server Reporting Services

SQL Server 2019 的 SQL Server Reporting Services 功能支持 Azure SQL 托管实例、Power BI Premium 数据集、增强的可访问性、Azure Active Directory 应用程序代理以及透明数据库加密。它还会更新 Microsoft 报表生成器。

2.1.3 SQL Server 2019 的版本

视频讲解

SQL Server 2019 有不同的版本，用户可以根据不同的应用需求选择、安装。SQL Server 2019 的可用版本见表 2-1。

表 2-1 SQL Server 2019 可用版本

版　本	描　述
Enterprise Edition	作为高级产品 / 服务，该版本提供了全面的高端数据中心功能，具有极高的性能和无限虚拟化，还具有端到端商业智能，可以为任务关键工作负载和最终用户访问数据见解提供高服务级别
Standard Edition	该版本提供了基本数据管理和商业智能数据库，供部门和小型组织运行其应用程序，并支持将常用开发工具用于本地和云，有助于以最少的 IT 资源进行有效的数据库管理
Web Edition	对于 Web 主机托管服务提供商和 Web VAP 而言，该版本是一项总拥有成本较低的选择，它可针对从小规模到大规模 Web 资产等内容提供可伸缩性、经济性和可管理性等能力
Express Edition	该版本是入门级的免费数据库，适合学习和构建桌面及小型服务器的数据驱动应用程序，是独立软件供应商、开发人员和热衷于构建客户端应用程序的人员的最佳选择。如果需要使用更高级的数据库功能，则可以将该版本无缝升级到其他更高端的 SQL Server 版本。SQL Server Express LocalDB 是该版本的一种轻型版本，它具备所有可编程性的功能，在用户模式下运行，并且具有快速的零配置安装和必备组件要求较少的特点
Developer Edition	该版本支持开发人员基于 SQL Server 构建任意类型的应用程序。它包括 Enterprise Edition 的所有功能，但有许可限制，只能用作开发和测试系统，而不能用作生产服务器。该版本是构建和测试应用程序的人员的理想之选

2.1.4　SQL Server 2019 的硬件要求

1. 硬盘要求

SQL Server 2019 要求最少 6GB 的可用硬盘空间。磁盘空间要求将随安装的 SQL Server 组件不同而发生变化。

2. 内存要求

SQL Server 2019 必备的内存最低需要 512MB。Microsoft 推荐 1GB 或者更大的内存，建议使用 4GB 或以上的内存。

3. CPU 要求

安装 SQL Server 2019 的 CPU 需要 Intel Pentium 4 或更高速度的处理器，最低要求 x64 处理器为 1.4GHz。推荐使用 2GHz 或以上的处理器。

2.1.5　SQL Server 2019 的软件要求

1. 操作系统要求

操作系统要求为 Windows 10 TH1 1507 或更高版本、Windows Server 2016 或更高版本。

2. 组件要求

最低版本操作系统包括最低版本 .NET 框架、SQL Server Native Client、SQL Server 安装程序支持文件。

3. 网络软件要求

SQL Server 2019 支持的操作系统具有内置网络软件。独立安装项的命名实例和默认实例支持共享内存、命名管道和 TCP/IP 三个网络协议。

任务实施

2.2　SQL Server 2019 的安装

本书以 SQL Server 2019 Enterprise Evaluation Edition 为例，介绍 SQL Server 2019 的安装过程。该版本为企业评估版，由开发人员试用体验，试用期为 180 天。安装前需将附加组件 .NET Framework 3.5 SP1、Microsoft Windows Installer 4.5 或更高版本等安装至操作系统中。

2.2.1　安装过程

从光盘或网络中获取 SQL Server 2019 Enterprise Evaluation Edition 的安装文件，即可

开始进行安装，步骤如下。

（1）双击 SQL Server 2019 Enterprise Evaluation Edition 的应用程序文件，进入 SQL Server 安装类型的选择界面，如图 2-1 所示。

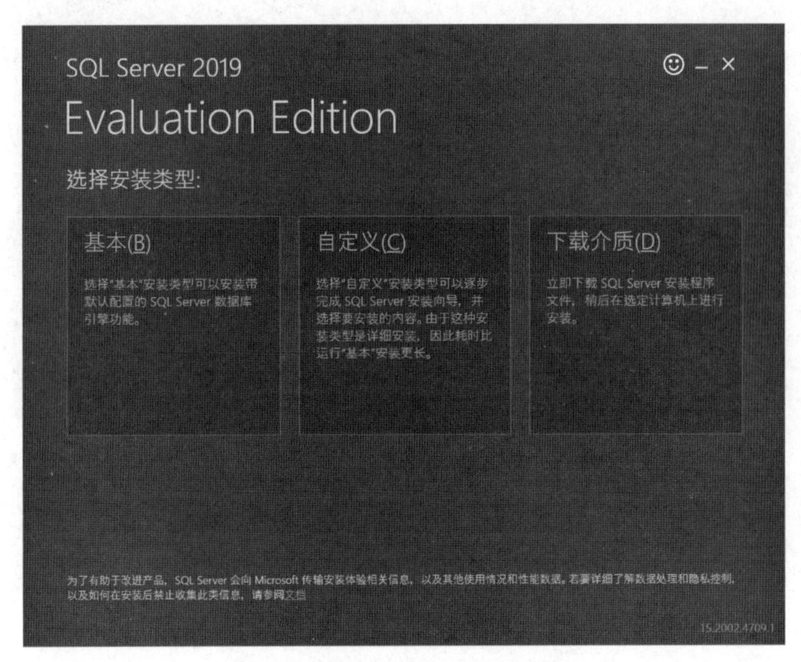

图 2-1　选择 SQL Server 安装类型

（2）单击图 2-1 左边的“基本”选项卡，弹出 SQL Server 许可条款，单击面板中的“接受”按钮，选择安装位置，如图 2-2 所示。再单击“安装”按钮。

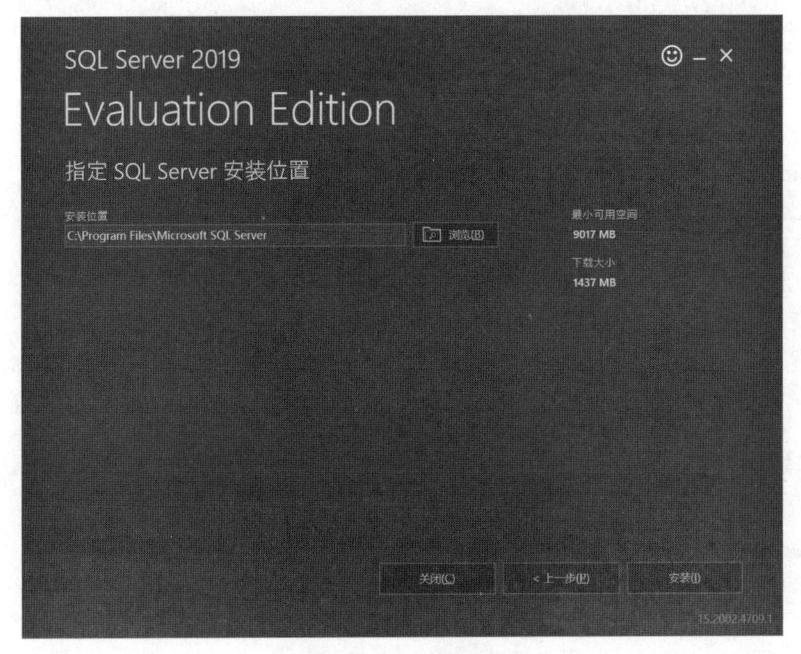

图 2-2　选择安装位置

（3）下载完成后，即开始安装，如图 2-3 所示。

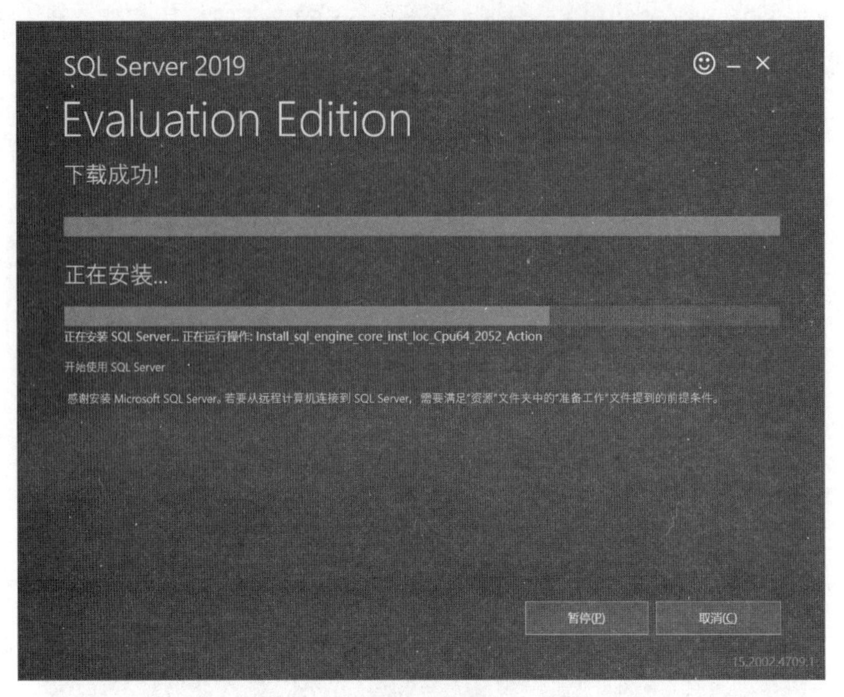

图 2-3　安装界面

（4）安装完成后，单击“安装 SSMS”按钮，下载 SQL Server Management Studio（SSMS），如图 2-4 所示。

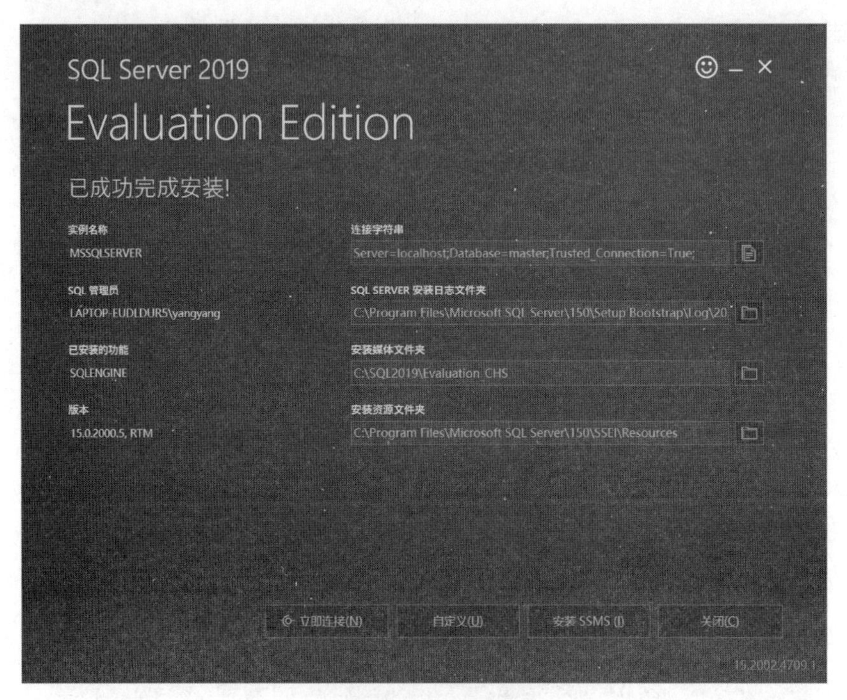

图 2-4　完成安装

（5）下载完成后，双击安装文件进行安装，如图 2-5 所示。单击“安装”按钮，开始安装 SSMS。

图 2-5　安装 SSMS 窗口

（6）如图 2-6 所示，SSMS 安装完成后，单击“重新启动”按钮，完成安装。

图 2-6　重新启动完成安装

2.2.2 检验安装

安装完成后，需要检验是否安装成功。

1. 检验安装的服务

选择“控制面板”→“管理工具”→“服务”选项，弹出“服务”对话框，在服务列表中找到与 SQL Server 2019 相关的服务，确保每一项服务都按照配置启动，根据需要可更改启动选项，如图 2-7 所示。

SQL Server (MSSQLSERVER)	提供数...	正在运行	自动	NT Ser...
SQL Server Browser	将 SQL...		禁用	本地服务
SQL Server CEIP 服务 (MSSQLSERVER)	SQL Se...	正在运行	自动	NT Ser...
SQL Server VSS Writer	提供用...	正在运行	自动	本地系统
SQL Server 代理 (MSSQLSERVER)	执行作...		手动	NT Ser...

图 2-7 查看安装的服务

2. 检验安装的工具

选择“开始”→“所有程序”→ Microsoft SQL Server 2019，检验安装的组件和工具，如图 2-8 所示。

图 2-8 SQL Server 2019 组件和工具

2.3 配置 SQL Server 2019

配置服务是指管理 SQL Server 2019 的启动状态和使用哪一种账户启动。配置 SQL Server 2019 服务的方法有两种：使用系统的方法；使用 SQL Server 2019 自带的 SQL Server 配置管理器工具。

（1）使用系统的方法。选择“控制面板”→“管理工具”→“服务”选项，弹出“服务”对话框，在服务列表中找到与 SQL Server 2019 相关的服务，右击相应的服务名称，弹出快捷菜单，选择“属性”菜单项，可以启动、停止和暂停服务，如图 2-9 所示。

图 2-9 “SQL Server 代理的属性”对话框

（2）使用 SQL Server 配置管理器工具的方法。选择“开始”→“所有程序”→ Microsoft SQL Server 2019 →“SQL Server 配置管理器”，在该窗口的左边窗格中选择“SQL Server 服务”，在右边窗格中出现服务列表，即可进行操作，如图 2-10 所示。

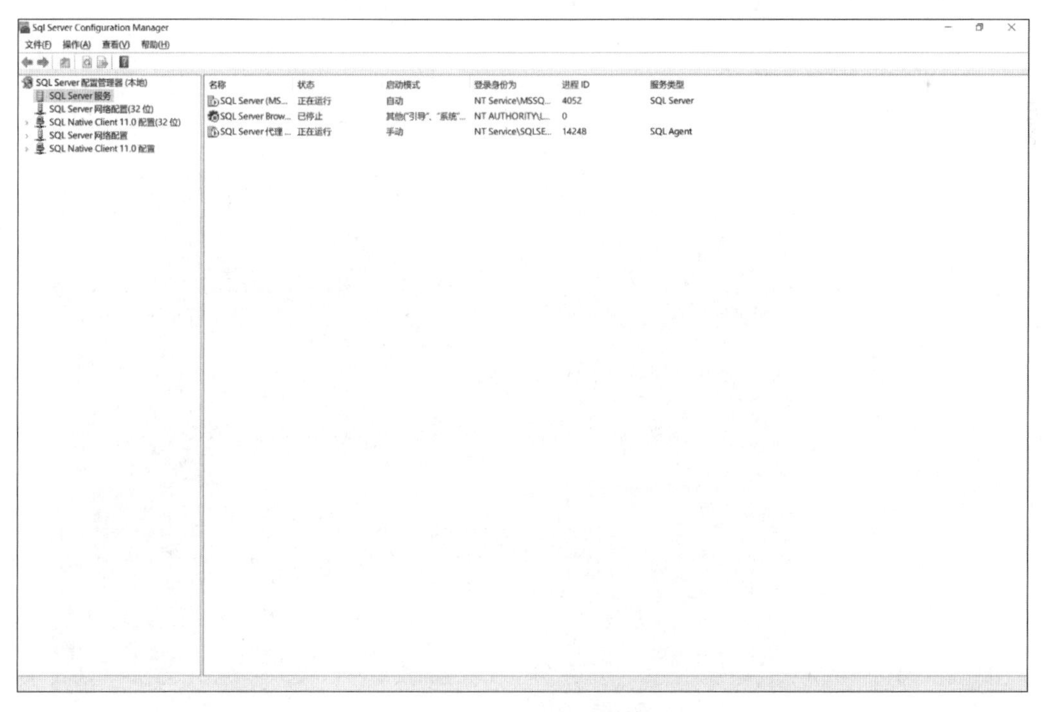

图 2-10 SQL Server 配置管理器

配置服务器主要是针对安装后的 SQL Server 2019 实例进行的，可以使用 SQL Server Management Studio、sp_configure 系统存储过程、SET 语句等方式设置服务器选项。一般使用 SQL Server Management Studio 工具配置服务器。

（1）选择“开始”→“所有程序”→ Microsoft SQL Server Tools 18 → SQL Server Management Studio，弹出“连接到服务器”对话框，如图 2-11 所示。

图 2-11 “连接到服务器”对话框

（2）将该对话框中的“服务器类型”设置为“数据库引擎”，“服务器名称”设置为本地计算机名称，“身份验证”选择“Windows 身份验证”。

（3）单击“连接”按钮，服务器进入 SQL Server Management Studio 窗口，如图 2-12 所示。

图 2-12 SQL Server Management Studio 窗口

（4）在 SQL Server Management Studio 窗口的左边窗格中右击要设置的服务器名称，在弹出的快捷菜单中选择“属性”菜单项，如图 2-13 所示。

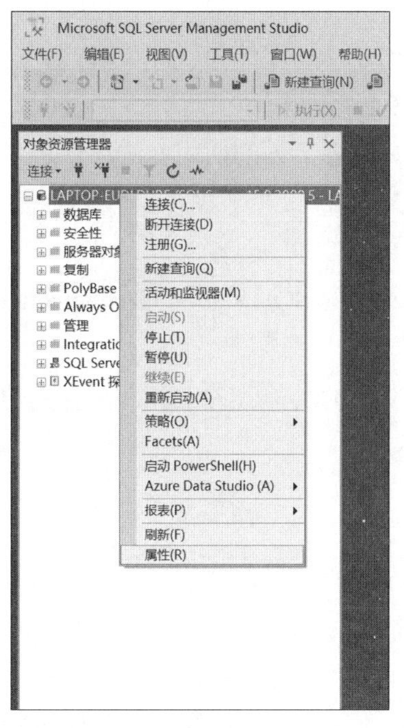

图 2-13 “属性”菜单项

（5）弹出“服务器属性”对话框，该对话框中的“常规”选择页列出了当前服务的产品、操作系统、平台、版本等信息，如图 2-14 所示。

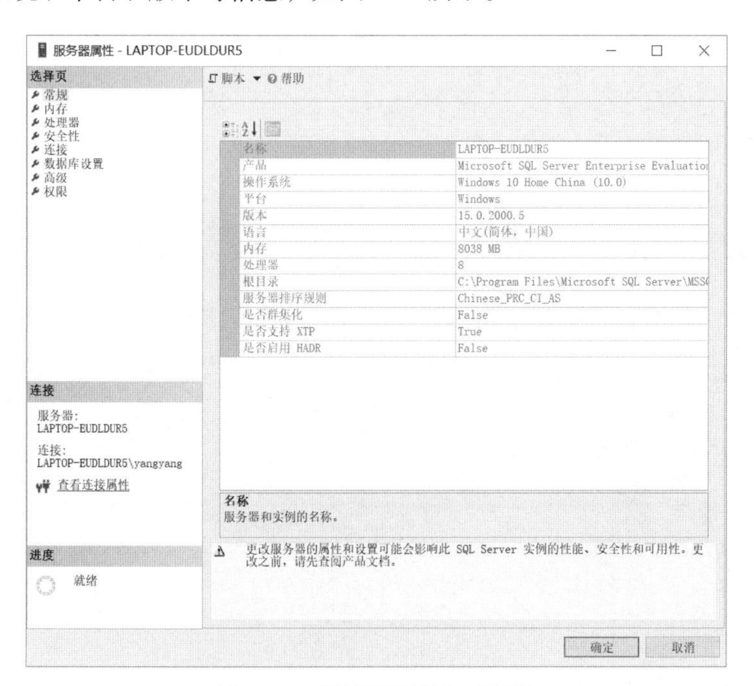

图 2-14 “服务器属性”对话框

项目拓展训练

1. 拓展训练目的

（1）了解安装 SQL Server 2019 的硬件和软件要求。

（2）掌握 SQL Server 2019 的安装过程。

（3）掌握 SQL Server 2019 管理工具的使用方法。

2. 拓展训练内容

（1）安装 SQL Server 2019。

（2）启动 SQL Server 2019 中的 SQL Server Management Studio，查看各个组件并进行操作。

（3）操作 SQL Server 2019 中的其他管理工具，体会其功能。

项目小结

本项目介绍了 SQL Server 2019 的基本服务、特性，以及 SQL Server 2019 的安装环境、安装步骤，并对如何配置 SQL Server 2019、SQL Server 2019 管理工具等做了讨论。

SQL Server 2019 在 Microsoft 的数据平台上发布，是一个可信任、高效、智能的数据平台，帮助用户随时随地管理数据，而不用管数据存储位置。SQL Server 2019 的安装环境对硬件和软件要求都较高。

项目三　学生管理数据库的操作

项目导入

信息管理员王明已经建立了学生管理数据库模型，接下来他要使用 SQL Server 2019 创建学生管理数据库。

该数据库名称为 stuMIS，其中数据文件 stu_data 初始大小为 10MB，文件增长设置为按 10% 增长，最大文件大小设置为 500MB；日志文件 stu_log 初始大小为 5MB，文件增长设置为按 10MB 增长，最大文件大小设置为“不限制文件增长”。以上文件路径均为默认值。

项目描述

（1）已经学会连接 SQL Server 2019，SQL Server 2019 是如何分配数据库空间的？数据库的对象又有哪些？

（2）如何使用 SQL Server 2019 创建和管理数据库？

教学导航

（1）掌握：数据库的创建和管理、分离和附加。

（2）理解：SQL Server 数据库的结构。

知识准备

3.1　SQL Server 数据库的结构

SQL Server 数据库的结构包括数据存储、数据库文件、文件组和数据库对象，它主要描述 SQL Server 2019 如何分配数据库空间。

3.1.1　数据存储

SQL Server 2019 有两种存储结构：逻辑存储结构和物理存储结构。逻辑存储结构是指数据库中包含哪些对象，这些对象可以实现什么功能，SQL Server 的数据库不仅是数据的存储，所有与数据处理操作相关的信息都存储在数据库中；物理存储结构讨论数据库文件在磁盘中如何存储——数据库在磁盘上是以文件为单位存储的。

3.1.2 数据库的逻辑存储结构

SQL Server 数据库是由表、视图、索引等各种不同的数据库对象组成的，它们分别用来存储特定信息并支持特定功能，构成数据库的逻辑存储结构。SQL Server 中包含的对象及对各对象的简要说明如下。

1. 表

表是 SQL Server 中最重要的数据库对象。表由行和列组成，它定义了具有关联列的行的集合，用来存储和操作数据的逻辑结构。

2. 数据类型

数据类型定义列或变量。SQL Server 提供了系统数据类型，并允许用户自定义数据类型。

3. 视图

视图也称为虚拟表，是从一个或多个基本表中引出的表，本身不存储实际数据。经过定义的视图，可以进行查询、修改、删除和更新。数据库中只存放视图的定义而不存放视图对应的数据，这些数据存放在导出视图的基本表中。当基本表中的数据发生变化时，根据视图查询出的数据也发生变化。

4. 索引

索引是一种存储结构，能够在无须扫描整个数据表的情况下实现对表中数据的快速访问。索引是关系数据库的内部实现技术，存放于存储文件中。

5. 约束

约束定义列可取的值的规则，约束机制保障了数据库中数据的一致性和完整性。

6. 默认值

默认值是为列提供的。

7. 存储过程

存储过程是执行预编译交互式 SQL 语句的集合，也是封装了可重用代码的模块或例程。语句集合经过编译后存储在数据库中，能够接收输入参数、输出参数、返回结果和消息等。

8. 触发器

触发器是一种特殊的存储过程的形式，它与表紧密关联，当用户对表或视图中的数据进行修改时，触发器将自动执行。触发器能够实现更为复杂的数据操作，有效保障数据库中数据的完整性和一致性。

3.1.3 数据库的物理存储结构

SQL Server 中的物理存储结构主要有文件、文件组、页和盘区等，主要描述 SQL Server 如何为数据库分配空间。

1. 主数据文件

主数据文件简称主文件，是数据库的起点，指向数据库中的其他文件，包含了数据库的启动信息，用于存储数据。每个数据库都必须有一个主数据文件，其默认扩展名是 .mdf。

2. 次要数据文件

次要数据文件用于辅助主文件存储数据，存储未包含在主文件内的其他数据。某些数据库可能不需要次要数据文件，而有些数据库则需要多个次要数据文件。当数据库主文件足够大时，可以容纳所有数据，则不需要次要数据文件；当数据库非常大时，则可能需要多个次要数据文件。次要数据文件的默认扩展名是 .ndf。

3. 日志文件

日志文件用于保存日后恢复数据库的所有日志信息。每个数据库必须至少有一个日志文件。日志文件的默认扩展名是 .ldf。

在 SQL Server 2019 中，一个数据库至少包含一个主数据文件和一个日志文件。一般情况下，数据库具有一个主数据文件和一个或多个日志文件，可能还具有次要数据文件。

4. 文件组

文件组是在数据库中组织文件的一种管理机制，它将多个数据文件集合成一个整体，便于管理和分配数据。SQL Server 有两种类型的文件组：主文件组和用户定义文件组。

（1）主文件组：包含主数据文件和未明确分配给其他文件组的其他文件。系统表的所有页都分配在主文件组中。

（2）用户定义文件组：是通过在 CREATE DATABASE 或 ALTER DATABASE 语句中使用 FILEGROUP 关键字指定的任何文件组。

在创建数据表时，用户可以指定表到某个文件组，并且通过设置文件组，可以提高数据库的性能。用户可以指定默认文件组，如果用户没有指定默认文件组，则主文件组是默认文件组。

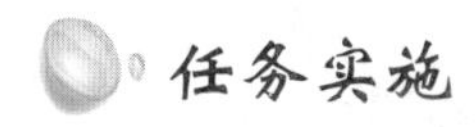

3.2 使用 SSMS 操作学生管理数据库

可以用 SSMS 创建和管理数据库，对数据库进行操作主要包括数据库的创建、修改、删除、分离和附加。

3.2.1 使用SSMS创建学生管理数据库

视频讲解

在创建数据库时，必须为其确定名称，为每一个文件指定逻辑名、物理名和大小等。具体步骤如下。

（1）打开 SSMS，连接到 SQL Server 上的数据库引擎。

（2）展开服务器，右击“数据库”文件夹，在弹出的快捷菜单中选择“新建数据库”菜单项，如图 3-1 所示。

图 3-1 “新建数据库”菜单项

（3）弹出“新建数据库”对话框，如图 3-2 所示。在“常规”页中，输入学生管理数据库名称 stutest，在“数据库文件”栏中确定数据库文件的逻辑名称、初始大小、自动增长 / 最大大小、路径等。

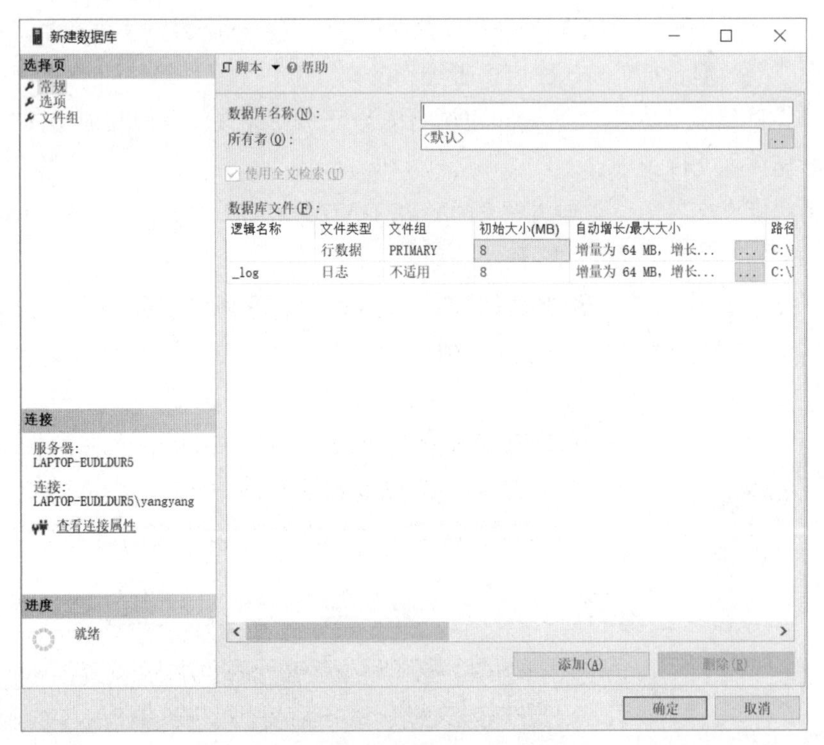

图 3-2 “新建数据库”对话框

（4）若要添加数据文件或日志文件，可单击“新建数据库”对话框下方的“添加”按钮，输入相应的信息。

（5）若要添加文件组，选择“文件组”页，单击“添加”按钮，输入文件组名称，如图 3-3 所示。

图 3-3　“添加文件组”界面

（6）单击“确定”按钮，完成学生管理数据库 stutest 的创建。

单击图 3-3 中的“选项”页，可以看到有很多数据库选项，下面介绍创建数据库时常用的数据库选项以及它们的默认值。

1. 自动选项

表 3-1 是每个数据库都可使用的自动选项。

表 3-1　自动选项

选　项	说　明	默认值
自动关闭	当设置为 True 时，数据库将在最后一个用户断开连接后完全关闭，它占用的资源也将释放。当用户尝试再次使用该数据库时，该数据库将自动重新打开	False
自动创建统计信息	当设置为 True 时，将自动创建所有缺少的统计信息；如果设置为 False，将不自动创建统计信息	True
自动更新统计信息	当设置为 True 时，在查询优化中会重建所有过期统计信息；当设置为 False 时，统计信息必须手动创建	True
自动收缩	当设置为 True 时，数据库文件在 30 分钟后自动收缩，并且当数据库未使用空间超过 25% 时释放空间。数据文件和日志文件都可以通过 SQL Server 自动收缩	False
自动异步更新统计信息	当设置为 True 时，异步更新统计信息	False

2. 游标选项

表 3-2 是游标选项。

表 3-2 游标选项

选　项	说　明	默认值
提交时关闭游标功能已启用	当设置为 True 时，所有打开的游标都将在提交或回滚事务时关闭；当设置为 False 时，打开的游标将在提交事务时仍保持打开，回滚事务将关闭所有游标，但定义为 INSENSITIVE 或 STATIC 的游标除外	False
默认游标	如果指定了 LOCAL，而创建游标时没有将其定义为 GLOBAL，那么游标的作用域将局限于创建游标时所在的批处理、存储过程或触发器，游标名仅在该作用域内有效；如果指定了 GLOBAL，而创建游标时没有将其定义为 LOCAL，那么游标的作用域将是相应连接的全局范围，在由连接执行的任何存储过程或批处理中，都可以引用该游标名称	GLOBAL

3. 状态选项

状态选项控制数据库是在线还是离线、何人可以连接到数据库以及数据库是否处于只读模式。表 3-3 是状态选项。

表 3-3 状态选项

选　项	说　明	默认值
数据库状态	SQL Server 数据库状态指定该数据库的当前运行模式	NORMAL
数据库为只读	当指定为 True 时，用户可以从数据库中读取数据，但不能修改它；当指定为 False 时，允许对数据库执行读写操作	False
限制访问	当指定为 SINGLE_USER 时，只允许一个用户连接到数据库；当指定为 RESTRICTED_USER 时，只允许 db_owner 固定数据库角色的成员及 dbcreator 和 sysadmin 固定服务器角色的成员连接到数据库；当指定为 MULTI_USER 时，允许所有具有相应权限的用户连接到数据库	MULTI_USER
已启用加密	当指定为 True 时，数据库启用加密；当指定为 False 时，数据库不启用加密	False

4. 恢复选项

恢复选项用来控制数据库的恢复模式。表 3-4 是恢复选项。

表 3-4 恢复选项

选　项	说　明	默认值
目标恢复时间（秒）	在发生介质故障后进行恢复的时间	60
页验证	当指定为 CHECKSUM 时，数据库引擎将在页写入磁盘时，计算整个页的内容的校验和并存储页头中的值，从磁盘中读取页时，将重新计算校验和，并与存储在页头中的校验和进行比较；当指定为 TORN_PAGE_DETECTION 时，在页面写入磁盘时，每 512 字节的扇区就有一位被反写；当指定为 NONE 时，数据库页写入将不生成 CHECKSUM 或 TORN_PAGE_DETECTION 值，即使 CHECKSUM 或 TORN_PAGE_DETECTION 值在页头中出现，读取页面时也不作验证	CHECKSUM

3.2.2 使用SSMS修改和删除学生管理数据库

数据库创建后，数据文件名和日志文件名就不能修改。有时需要对数据库其他选项进行修改，如增加或删除数据文件和日志文件、修改数据文件和日志文件的大小、修改增长方式、修改数据库选项等。

随着数据库系统的长时间使用，运行效率逐渐下降，有一些数据库不再需要使用，或者其已被移到其他数据库或服务器上时，可以删除这些数据库。删除数据库之后，文件及其数据都被删除，及时释放所占的资源和空间。

【例 3.1】 在已创建好的 stutest 数据库中，将其主文件的初始大小修改为 5MB，主文件增长方式修改为按百分比增长，每次增长 10%，最大可增长到 500MB；并向该数据库中添加数据文件 stutest_data，其属性取默认值；再向该数据库添加一个名为 stugroup 的文件组，设置其为只读。

（1）打开 SSMS，连接到 SQL Server 上的数据库引擎。

（2）展开服务器，展开“数据库”文件夹。

（3）右击要修改的数据库 stutest，在弹出的快捷菜单中选择“属性”菜单项。

（4）打开“数据库属性 -stutest”对话框，在“文件”页中，在主文件的“初始大小”文本框内输入 5，单击主文件“自动增长 / 最大大小”栏后的按钮，弹出“更改 stutest 的自动增长设置”对话框，将其增长方式设置为按百分比增长，每次增长 10%，限制文件增大到 500MB，如图 3-4 所示。单击“确定”按钮。

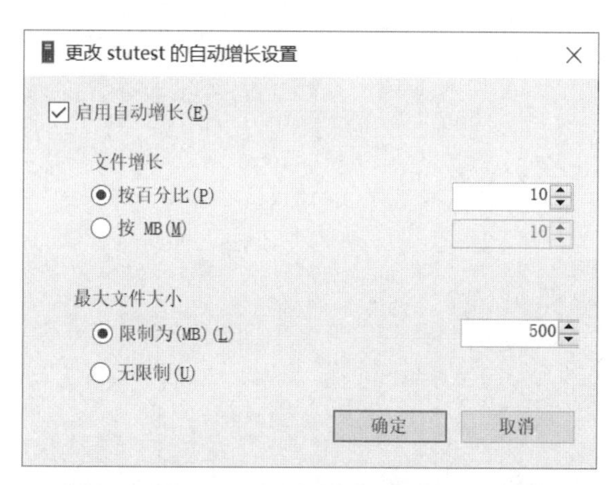

图 3-4 “更改 stutest 的自动增长设置”对话框

（5）单击“文件”页右下方的“添加”按钮，在数据库文件下方增加一行文件项，如图 3-5 所示。在该文件项的“逻辑名称”文本框中输入 stutest_data，其他属性不变，单击“确定”按钮。

（6）单击“文件组”页右下方的“添加”按钮，在文件组下方增加一行文件组项，如图 3-6 所示。在该文件组项的“名称”文本框中输入 stugroup，勾选“只读”，单击“确定”按钮，完成数据库的修改。

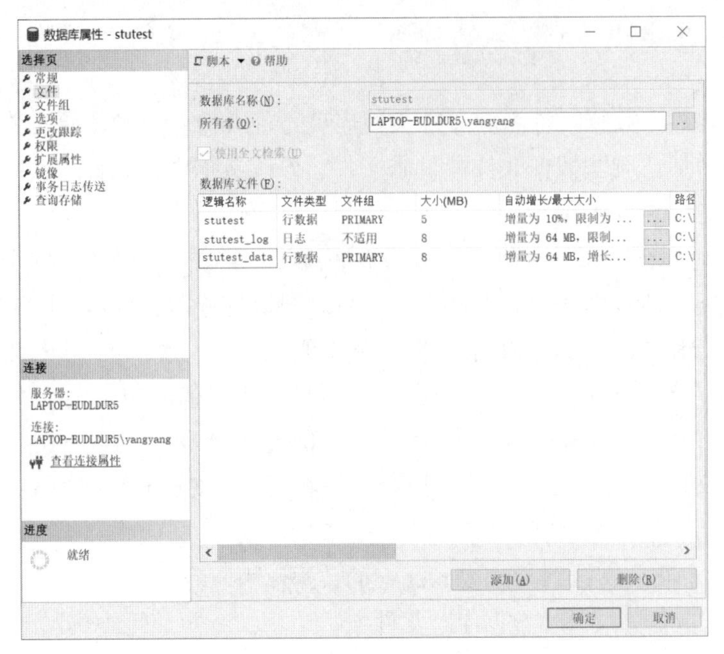

图 3-5　添加数据文件界面

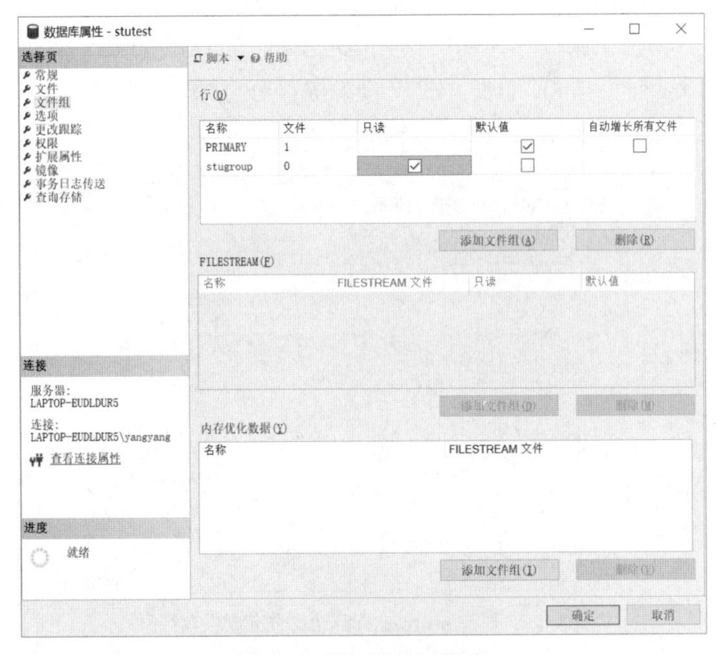

图 3-6　添加文件组界面

【例 3.2】 将创建的数据库 stutest 修改名称为 stutest1。

（1）打开 SSMS，连接到 SQL Server 上的数据库引擎。

（2）展开服务器，再展开“数据库”文件夹。

（3）右击要修改的数据库 stutest，在弹出的快捷菜单中选择“重命名”菜单项，如图 3-7 所示。

（4）输入新的数据库名称“stutest1”，成功修改数据库的名称。

【例 3.3】 删除 stutest1 数据库。

（1）打开 SSMS，连接到 SQL Server 上的数据库引擎。

（2）展开服务器，再展开“数据库”文件夹。

（3）右击 stutest1 数据库，在弹出的快捷菜单中选择“删除”菜单项，如图 3-8 所示。

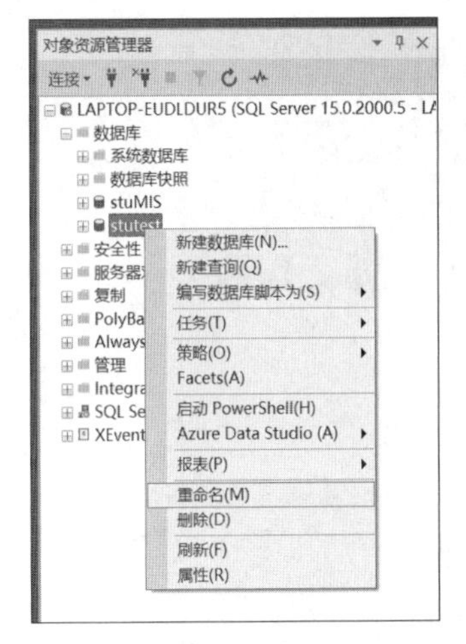

图 3-7　数据库的“重命名”菜单项

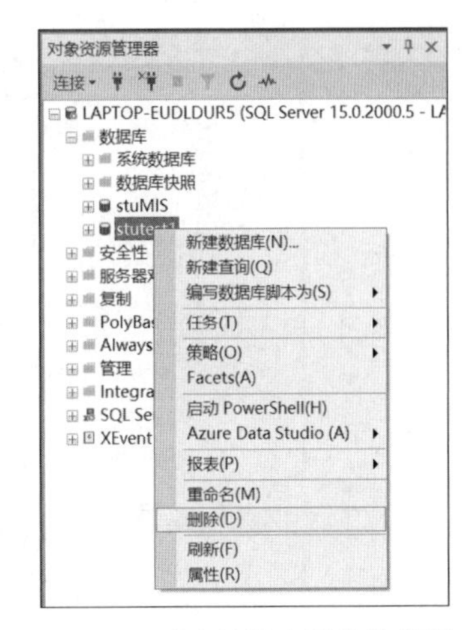

图 3-8　删除数据库的快捷菜单

（4）弹出“删除对象”对话框，单击“确定”按钮，删除 stutest1 数据库。

修改数据库文件的初始大小时，新指定的空间大小值需大于或等于当前文件初始空间的值。修改数据库后，最好及时备份 master 数据库。如果要删除数据库文件或文件组，选中需删除的文件或文件组，单击窗口右下方的“删除”按钮，再单击“确定”按钮后即可删除，但不能删除主文件组（PRIMARY）。

重命名数据库的前提条件是确保没有人使用该数据库，并且将数据库设置为单用户模式。由于数据库创建之后，大多数应用程序可能已经使用该名称，因此，不建议用户重命名已经创建好的数据库。

数据库删除之后，它将被永久删除，将不能再对该数据库进行任何操作。当有用户正在使用某个数据库时，该数据库是不能被删除的。此外，系统数据库是不能删除的。删除数据库后应及时备份 master 数据库。

3.2.3　使用 SSMS 分离和附加学生管理数据库

视频讲解

在实际应用中，需要通过数据库的分离和附加来实现将数据库移到另一台计算机上。分离和附加功能允许在实例和服务器之间移动和复制数据库，也可以在不删除关联数据文件和日志文件的情况下从实例中移走数据库。SQL Server 2019 数据库可以通过复制数据库的逻辑文件和日志文件进行备份。使用已经备份的数据库文件恢复数据库的方式叫作附加数据库。

【例 3.4】 分离 stutest 数据库（假设 stutest 数据库存在）。

（1）打开 SSMS，连接到 SQL Server 上的数据库引擎。

（2）展开服务器，再展开“数据库”文件夹。

（3）右击 stutest 数据库，在弹出的快捷菜单中选择“任务”→“分离”菜单项，如图 3-9 所示。

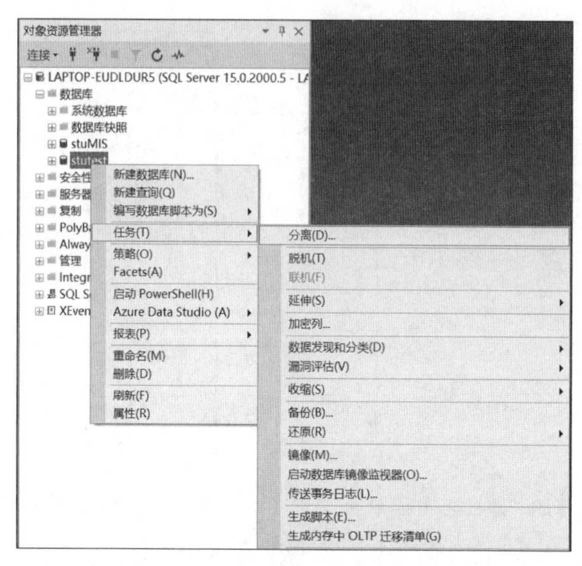

图 3-9 “分离”数据库菜单项

（4）弹出“分离数据库”对话框，如图 3-10 所示。

图 3-10 “分离数据库”对话框

（5）单击“确定”按钮，完成数据库的分离。

【例 3.5】 将例 3.4 分离的 stutest 数据库附加至本地服务器中。

（1）打开 SSMS，连接到 SQL Server 上的数据库引擎。

（2）展开服务器，右击“数据库”文件夹，在弹出的快捷菜单中选择“附加”菜单项，如图 3-11 所示。

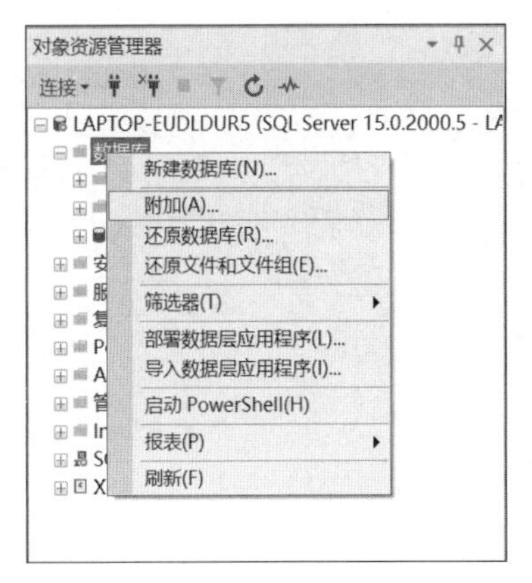

图 3-11 “附加”数据库菜单项

（3）弹出“附加数据库”对话框，在该对话框中单击“添加”按钮。在弹出的“定位数据库文件”对话框中，选择要导入的数据库文件 stutest.mdf，如图 3-12 所示。

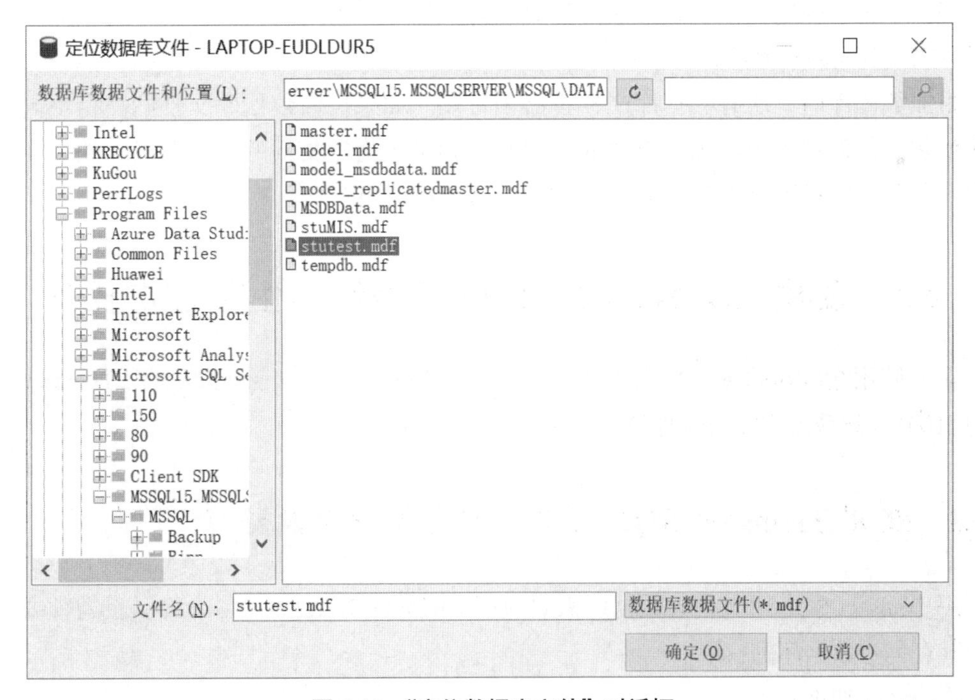

图 3-12 “定位数据库文件”对话框

（4）在图 3-12 中，单击“确定”按钮，返回“附加数据库”对话框，此时数据库文件已经被添加进来，如图 3-13 所示。

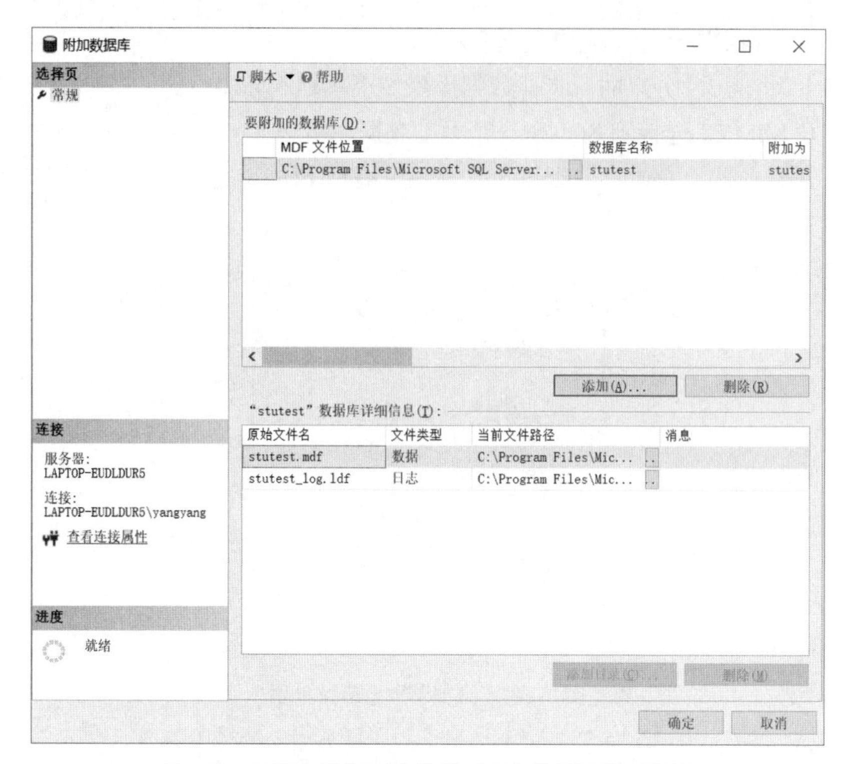

图 3-13　已添加数据库文件的“附加数据库”对话框

（5）单击“确定”按钮，开始附加 stutest 数据库。附加成功后，在“数据库”文件夹下可以找到 stutest 数据库。

附加数据库时，所有数据库文件都必须可用。如果任何数据库文件的路径不同于第一次创建数据库或上次附加数据库时的路径，则必须指定文件的当前路径。如果当前数据库中存在与要附加的数据库同名的数据库，附加操作将失败。

3.3　使用 Transact-SQL 语句操作学生管理数据库

除了使用 SSMS 的图形界面方式创建和管理数据库以外，还可以使用 Transact-SQL 语句创建和管理数据库，下面将进行介绍。

3.3.1　使用 Transact-SQL 语句创建学生管理数据库

视频讲解

用 Transact-SQL 语句创建数据库需要使用 CREATE DATABASE 命令，创建前要确保用户具有创建数据库的权限。

语法格式如下：

```
CREATE DATABASE database_name
    [ ON
                { [ PRIMARY ] [ <filespec> [ ,...n ]
```

```
            [ , <filegroup> [ ,...n ] ]
        [ LOGON { <filespec> [ ,...n ] } ] }
        ]
        [ COLLATE collation_name ]
        [ WITH <external_access_option> ]
        [FOR { ATTACH | ATTACH_REBUILD_LOG }
    ]
    [;]
```

其中，

```
    <filespec> ::=
    {(
        NAME = logical_file_name ,
            FILENAME = { 'os_file_name' | 'filestream_path' }
            [ , SIZE = size [ KB | MB | GB | TB ] ]
            [ , MAXSIZE = { max_size [ KB | MB | GB | TB ] | UNLIMITED } ]
            [ , FILEGROWTH = growth_increment[ KB | MB | GB | TB | % ] ]
    ) [ ,...n ]
    }
    <filegroup> ::=
    {
         FILEGROUP filegroup_name [ CONTAINS FILESTREAM ] [ DEFAULT ]
         <filespec> [ ,...n ]
    }
    <external_access_option> ::=
    {
      [ DB_CHAINING { ON | OFF } ]
      [ , TRUSTWORTHY { ON | OFF } ]
    }
```

Transact-SQL 语言的约定和说明见表 3-5。

表 3-5　Transact-SQL 语言的约定和说明

约　定	用　途
|	分隔括号或大括号中的语法项，只能选其一
[]	可选语法项
{}	必选语法项
[,...n]	前面的项可以重复 n 次，每一项由逗号分隔
[...n]	前面的项可以重复 n 次，每一项由空格分隔
[;]	可选的终止符
<label>::=	语法块的名称
语法中的大写部分	Transact-SQL 语言中的关键语法

创建数据库的语法格式说明如下。

（1）database_name：新创建的数据库的名称。数据库名称在 SQL Server 的实例中必须唯一，并且必须符合标识符规则，长度不可超过 128 个字符。

（2）ON 子句：指定用来存储数据库的数据文件和文件组。其中，PRIMARY 用来指定主文件。

（3）<filespec>：控制数据库文件的属性。其中，logical_file_name 指定文件的逻辑名称；'os_file_name' 是创建文件时由操作系统使用的路径和文件名；'filestream_path'：对于 FILESTREAM 文件组，FILENAME 指向将存储 FILESTREAM 数据的路径；size 指定文件的大小；max_size 指定文件可增大到的最大大小；growth_increment 指定文件的自动增量。

（4）<filegroup>：控制数据库文件组的属性。其中，filegroup_name 是文件组的逻辑名称；CONTAINS FILESTREAM 指定文件组在文件系统中存储 FILESTREAM 二进制大型对象 (BLOB)；DEFAULT 指定命名文件组为数据库中的默认文件组。

（5）<external_access_option>：控制外部与数据库之间的双向访问。其中，对于 DB_CHAINING { ON | OFF }，当指定为 ON 时，数据库可以为跨数据库所有权链接的源或目标，当为 OFF 时，数据库不能参与跨数据库所有权链接，默认值为 OFF；对于 TRUSTWORTHY { ON | OFF }，当指定为 ON 时，使用模拟上下文的数据库模块（如视图、用户定义函数或存储过程）可以访问数据库以外的资源，当为 OFF 时，模拟上下文中的数据库模块不能访问数据库以外的资源，默认值为 OFF。

（6）FOR 子句：FOR ATTACH 指定通过附加一组现有的操作系统文件来创建数据库，必须指定数据库的主文件；FOR ATTACH_REBUILD_LOG 指定通过附加一组现有的操作系统文件来创建数据库，此选项不需要所有日志文件。

视频讲解

【例 3.6】 创建学生管理数据库，名为 stutest，其他值均取默认值。

（1）打开 SSMS，连接到 SQL Server 上的数据库引擎。

（2）在 SSMS 窗口单击左上方的“新建查询”按钮，新建一个查询窗口。

（3）在查询分析器中，输入以下 Transact-SQL 语句：

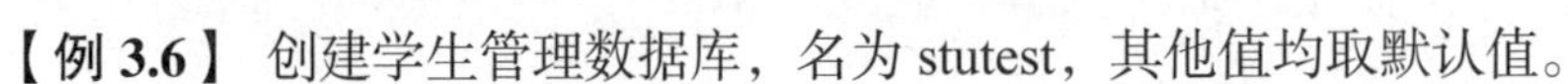

```
CREATE DATABASE stutest
```

（4）输入完毕后，单击 SSMS 窗口上方的“执行”按钮。

（5）在对象资源管理器中，右击“数据库”，在弹出的快捷菜单中选择“刷新”菜单项，即可看到创建的 stutest 数据库，如图 3-14 所示。

【例 3.7】 创建一个名为 stuMIS_test 的学生管理数据库，其初始大小为 2MB，最大大小为 100MB，允许数据库自动增长，增长方式是按 10% 增长。日志文件初始大小为 2MB，最大可增长到 50MB，按 2MB 增长。数据库文件存放位置为 C:\Program Files\Microsoft SQL Server \MSSQL15.MSSQLSERVER\MSSQL\DATA。

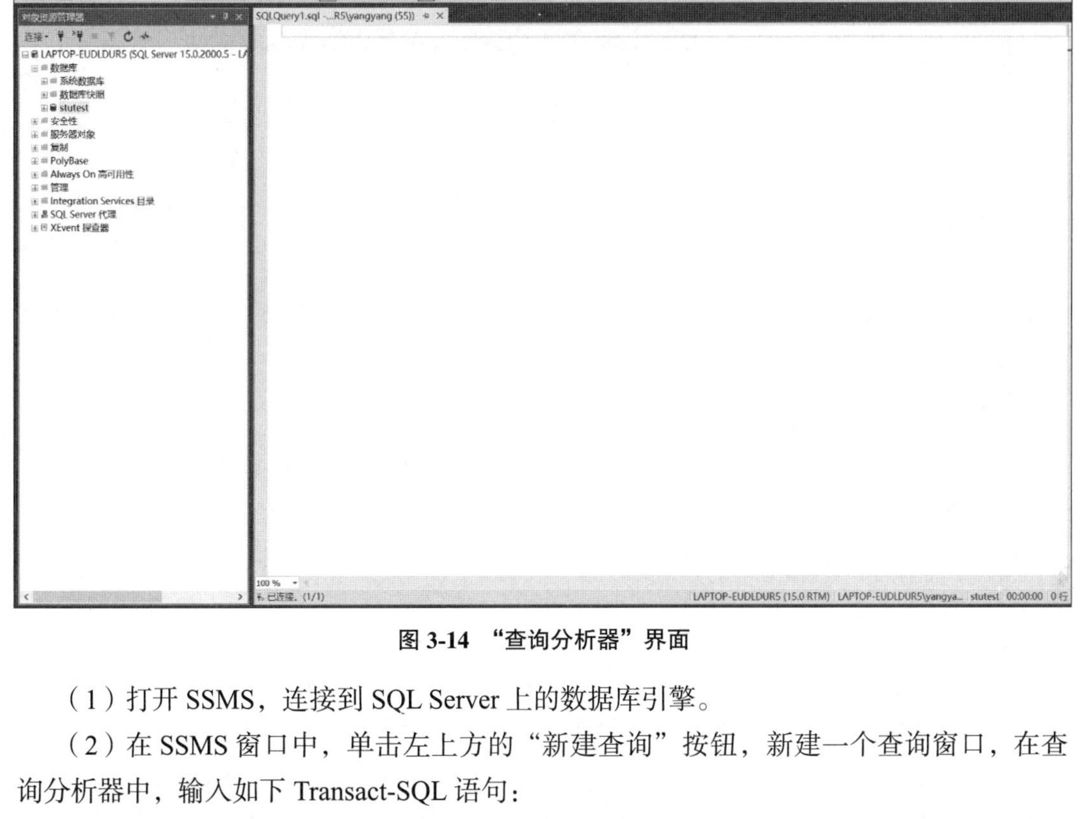

图 3-14 “查询分析器”界面

（1）打开 SSMS，连接到 SQL Server 上的数据库引擎。

（2）在 SSMS 窗口中，单击左上方的“新建查询”按钮，新建一个查询窗口，在查询分析器中，输入如下 Transact-SQL 语句：

```
CREATE DATABASE stuMIS_test
ON
(
NAME='stuMIS_data',
FILENAME='C:\Program Files\Microsoft SQL Server\MSSQL15.MSSQLSERVER\
MSSQL\DATA\stuMIS.mdf',
SIZE=2MB,
MAXSIZE=100MB,
FILEGROWTH=10%)
LOG ON
(
NAME='stuMIS_log',
FILENAME='C:\Program Files\Microsoft SQL Server\MSSQL15.MSSQLSERVER\
MSSQL\DATA\stuMIS.ldf',
SIZE=2MB,
MAXSIZE=50MB,
FILEGROWTH=2MB
);
```

（3）输入完毕后，单击 SSMS 窗口上方的“执行”按钮，成功创建 stuMIS_test 数据库，如图 3-15 所示。


```
SQLQuery1.sql -...R5\yangyang (55))*
CREATE DATABASE stuMIS_test
ON
(
NAME='stuMIS_data',
FILENAME='C:\Program Files\Microsoft SQL Server\MSSQL15.MSSQLSERVER\MSSQL\DATA\stuMIS.mdf',
SIZE=2MB,
MAXSIZE=100MB,
FILEGROWTH=10%)
LOG ON
(
NAME='stuMIS_log',
FILENAME='C:\Program Files\Microsoft SQL Server\MSSQL15.MSSQLSERVER\MSSQL\DATA\stuMIS.ldf',
SIZE=2MB,
MAXSIZE=50MB,
FILEGROWTH=2MB
);

100 %
消息
命令已成功完成。

完成时间: 2021-05-28T10:03:05.8283900+08:00
```

图 3-15　成功创建 stuMIS_test 数据库

视频讲解

【例 3.8】创建一个名为 stu_test 的学生管理数据库，其初始大小为 5MB，最大大小为 100MB，允许数据库自动增长，增长方式是按 5% 增长。日志文件初始大小为 3MB，最大可增大到 50MB，按 1MB 增长。数据库文件存放位置为 C:\DATA。

（1）在 C 盘下创建 DATA 文件夹。

（2）打开 SSMS，连接到 SQL Server 上的数据库引擎。

（3）在 SSMS 窗口中，单击左上方的“新建查询”按钮，新建一个查询窗口，在查询分析器中，输入如下 Transact-SQL 语句：

```
CREATE DATABASE stu_test
ON
(
NAME='stu_data',
FILENAME='C:\DATA\stu.mdf',
SIZE=5MB,
MAXSIZE=100MB,
FILEGROWTH=5%)
LOG ON
(
NAME='stu_log',
FILENAME='C:\DATA\stu.ldf',
```

```
SIZE=3MB,
MAXSIZE=50MB,
FILEGROWTH=1MB
);
```

（4）输入完毕后，单击 SSMS 窗口上方的“执行”按钮，成功创建 stu_test 数据库，如图 3-16 所示。

```
SQLQuery2.sql -...R5\yangyang (51))*    SQLQuery1.sql -...R5\yangyang (55))*
CREATE DATABASE stu_test
ON
(
NAME='stu_data',
FILENAME='C:\DATA\stu.mdf',
SIZE=5MB,
MAXSIZE=100MB,
FILEGROWTH=5%)
LOG ON
(
NAME='stu_log',
FILENAME='C:\DATA\stu.ldf',
SIZE=3MB,
MAXSIZE=50MB,
FILEGROWTH=1MB
);

100 %
消息
命令已成功完成。

完成时间: 2021-05-28T10:17:02.4886286+08:00
```

图 3-16　成功创建 stu_test 数据库

说明：Transact-SQL 语句末尾的“;”是可选项，可加，也可以不加。

【例 3.9】 创建一个名为 test 的数据库，它有 3 个数据文件。其中，test_data1 是主文件，初始大小为 5MB，最大大小不限，按 10% 增长；test_data2 是次要数据文件，初始大小为 8MB，最大大小不限，按 5% 增长；test_log 是日志文件，初始大小为 5MB，最大大小为 50MB，按 1MB 增长。数据文件存放位置为 C:\DATA。

在查询分析器中，输入如下 Transact-SQL 语句并执行：

```
CREATE DATABASE test
ON
PRIMARY(
NAME='test_data1',
FILENAME='C:\DATA\test_data1.mdf',
SIZE=5MB,
MAXSIZE=UNLIMITED,
FILEGROWTH=10%
),
```

```
(
NAME='test_data2',
FILENAME='C:\DATA\test_data2.ndf',
SIZE=8MB,
MAXSIZE=UNLIMITED,
FILEGROWTH=5%
)
LOG ON
(
NAME='test_log',
FILENAME='C:\DATA\test_log.ldf',
SIZE=5MB,
MAXSIZE=50MB,
FILEGROWTH=1MB
);
```

执行结果如图 3-17 所示。

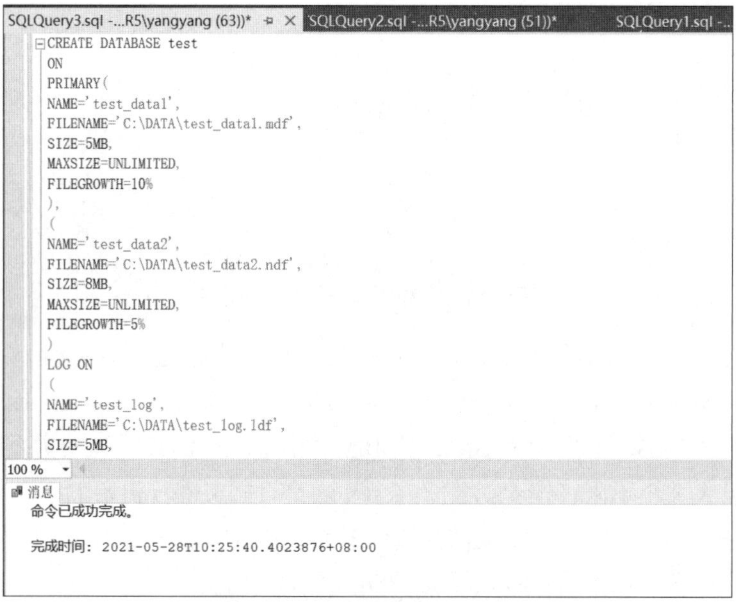

```
SQLQuery3.sql -...R5\yangyang (63))*   SQLQuery2.sql -...R5\yangyang (51))*   SQLQuery1.sql -...
CREATE DATABASE test
ON
PRIMARY(
NAME='test_data1',
FILENAME='C:\DATA\test_data1.mdf',
SIZE=5MB,
MAXSIZE=UNLIMITED,
FILEGROWTH=10%
),
(
NAME='test_data2',
FILENAME='C:\DATA\test_data2.ndf',
SIZE=8MB,
MAXSIZE=UNLIMITED,
FILEGROWTH=5%
)
LOG ON
(
NAME='test_log',
FILENAME='C:\DATA\test_log.ldf',
SIZE=5MB,
100 %
消息
命令已成功完成。

完成时间: 2021-05-28T10:25:40.4023876+08:00
```

图 3-17　成功创建 test 数据库

【例 3.10】 创建一个具有两个文件组的数据库 test2。其中，主文件组包括文件 test2_data1，初始大小为 10MB，最大大小为 100MB，按 10MB 增长；1 个文件组名为 test2group1，包括文件 test2_data2，文件初始大小为 5MB，最大为 50MB，按 10% 增长。数据文件存放位置为 C:\DATA。

在查询分析器中，输入如下 Transact-SQL 语句并执行：

```
CREATE DATABASE test2
ON
```

```
PRIMARY(
NAME='test2_data1',
FILENAME='C:\DATA\test2_data1.mdf',
SIZE=10MB,
MAXSIZE=100MB,
FILEGROWTH=10MB
),
FILEGROUP test2group1
(
NAME='test2_data2',
FILENAME='C:\DATA\test2_data2.ndf',
SIZE=5MB,
MAXSIZE=50MB,
FILEGROWTH=10%
);
```

执行结果如图 3-18 所示。

图 3-18　成功创建 test2 数据库

3.3.2　使用 Transact-SQL 语句修改学生管理数据库

使用 ALTER DATABASE 命令可以对数据库进行修改，包括增加或删除数据文件，改变数据文件、日志文件的大小和增长方式，增加或删除日志文件，增加或删除文件组。语法格式如下：

```
ALTER DATABASE database_name
```

```
{ADD FILE <filespec>[,...n][TO FILEGROUP filegroup _name]
 | ADD LOG FILE <filespec>[,...n]
 | REMOVE FILE logical_file_name
 | ADD FILEGROUP filegroup _name[CONTAINS FILESTREAM]
 | REMOVE FILEGROUP filegroup_name
 | MODIFY FILE <filespec>
 | MODIFY NAME=new_dbname
 | MODIFY FILEGROUP filegroup_name
{<filegroup_updatability_option>
 | DEFAULT
 | NAME=new_filegroup_name
}
}
[;]
```

其中，

```
<filegroup_updatability_option>::=
{
   {READONLY | READWRITE}
 | {READ_ONLY | READ_WRITE}
}
```

语法说明如下。

（1）database_name：数据库名。

（2）ADD FILE 子句：添加数据文件。<filespec> 给出文件的属性，TO FILEGROUP 指出添加的数据文件所在的文件组 filegroup _name，若省略，则为主文件组。

（3）ADD LOG FILE 子句：添加日志文件。<filespec> 给出日志文件的属性。

（4）REMOVE FILE 子句：删除数据文件，logical_file_name 给出删除的数据文件的参数。

（5）ADD FILEGROUP 子句：添加文件组，filegroup_name 给出添加的文件组的参数。

（6）REMOVE FILEGROUP 子句：删除文件组，filegroup_name 给出删除的文件组的参数。

（7）MODIFY FILE 子句：修改数据文件的属性，<filespec> 给出文件的属性。

（8）MODIFY NAME 子句：更改数据库名，new_dbname 给出新的数据库名。

（9）MODIFY FILEGROUP 子句：更改文件组的属性。filegroup_name 是要修改的文件组名称，READONLY 和 READ_ONLY 选项用于设置文件组为只读，READWRITE 和 READ_WRITE 选项用于设置文件组为读 / 写模式。DEFAULT 选项表示将默认数据库文件组改为 filegroup_name。NAME 选项用于将文件组名称改为 new_filegroup_name。

视频讲解

【例 3.11】 在例 3.9 中，已经创建了 test 数据库，其中 test_data1 主文件，初始大小为 5MB，最大大小不限，按 10% 增长。现将其最大大小改为 500MB，增长方式改为按

10MB 增长。

在查询分析器中，输入如下 Transact-SQL 语句并执行：

```
ALTER DATABASE test
MODIFY FILE
(
NAME=test_data1,
MAXSIZE=500MB,
FILEGROWTH=10MB
);
```

执行结果如图 3-19 所示。

图 3-19　成功修改 test 数据库的数据文件

【例 3.12】 先从 test 数据库中删除 test_data2 数据文件，然后再增加次要数据文件 test_data2，要求初始大小为 2MB，最大大小为 50MB，按 10% 增长。

在查询分析器中，输入如下 Transact-SQL 语句并执行：

```
ALTER DATABASE test
REMOVE FILE test_data2
```

在查询分析器中，输入如下 Transact-SQL 语句并执行：

```
ALTER DATABASE test
ADD FILE
(
```

```
NAME='test_data2',
FILENAME='C:\DATA\test_data2.ndf',
SIZE=2MB,
MAXSIZE=50MB,
FILEGROWTH=10%
);
```

执行结果如图 3-20 所示。

图 3-20　成功增加数据文件

视频讲解

【**例 3.13**】 为 test 数据库添加文件组 testgroup，并为该文件组添加一个数据文件 test_data3，初始大小为 2MB，最大大小为 50MB，按 10% 增长。

在查询分析器中，输入如下 Transact-SQL 语句并执行：

```
ALTER DATABASE test
ADD FILEGROUP testgroup
GO
ALTER DATABASE test
ADD FILE
(NAME='test_data3',
FILENAME='C:\DATA\test_data3.ndf',
SIZE=2MB,
MAXSIZE=50MB,
FILEGROWTH=10%
)
TO FILEGROUP testgroup
```

执行结果如图 3-21 所示。

图 3-21　成功添加文件组和数据文件

【例 3.14】 删除例 3.13 中创建的 testgroup 文件组。

在查询分析器中，输入如下 Transact-SQL 语句并执行：

```
ALTER DATABASE test
REMOVE FILE test_data3
GO
ALTER DATABASE test
   REMOVE FILEGROUP testgroup
```

注意：被删除的文件组中的数据文件必须先删除，主文件组是不能删除的。

【例 3.15】 为 test 数据库添加日志文件 test_log2，初始大小为 2MB，最大大小为 50MB，按 5% 增长。

在查询分析器中，输入如下 Transact-SQL 语句并执行：

```
ALTER DATABASE test
ADD LOG FILE
(
NAME='test_log2',
FILENAME='C:\DATA\test_log2.ldf',
SIZE=2MB,
MAXSIZE=50MB,
FILEGROWTH=5%
     )
```

【例 3.16】 删除例 3.15 中创建的日志文件 test_log2。

在查询分析器中输入如下 Transact-SQL 语句并执行：

```
ALTER DATABASE test
    REMOVE FILE test_log2
```

注意：主日志文件不能删除。

3.3.3 使用 Transact-SQL 语句查看学生管理数据库信息

在 SQL Server 2019 中，可以使用存储过程查看数据库的属性。

1. 使用 sp_helpdb 查看数据库信息

语法格式如下：

```
sp_helpdb [database_name]
```

语法说明：database_name 是指定的数据库名称，若不给出指定数据库，则显示服务器中所有数据库的信息。

【例 3.17】 查看 test2 数据库的信息。

在查询分析器中，输入如下 Transact-SQL 语句并执行：

```
EXEC sp_helpdb test2
```

【例 3.18】 查看服务器中所有数据库的信息。

在查询分析器中，输入如下 Transact-SQL 语句并执行：

```
EXEC sp_helpdb
```

执行结果如图 3-22 所示。

2. 使用 sp_databases 查看可以使用的数据库的信息

语法格式如下：

```
sp_databases
```

该语法显示所有可以使用的数据库的名称和大小。

【例 3.19】 查看有哪些数据库可以使用。

在查询分析器中，输入如下 Transact-SQL 语句并执行：

```
EXEC sp_databases
```

3. 使用 sp_helpfile 查看数据库文件信息

语法格式如下：

```
sp_helpfile [filename]
```

该语法显示与当前数据库关联的文件的物理名称及属性。若不指定文件名，则显示数据库的所有文件的信息。

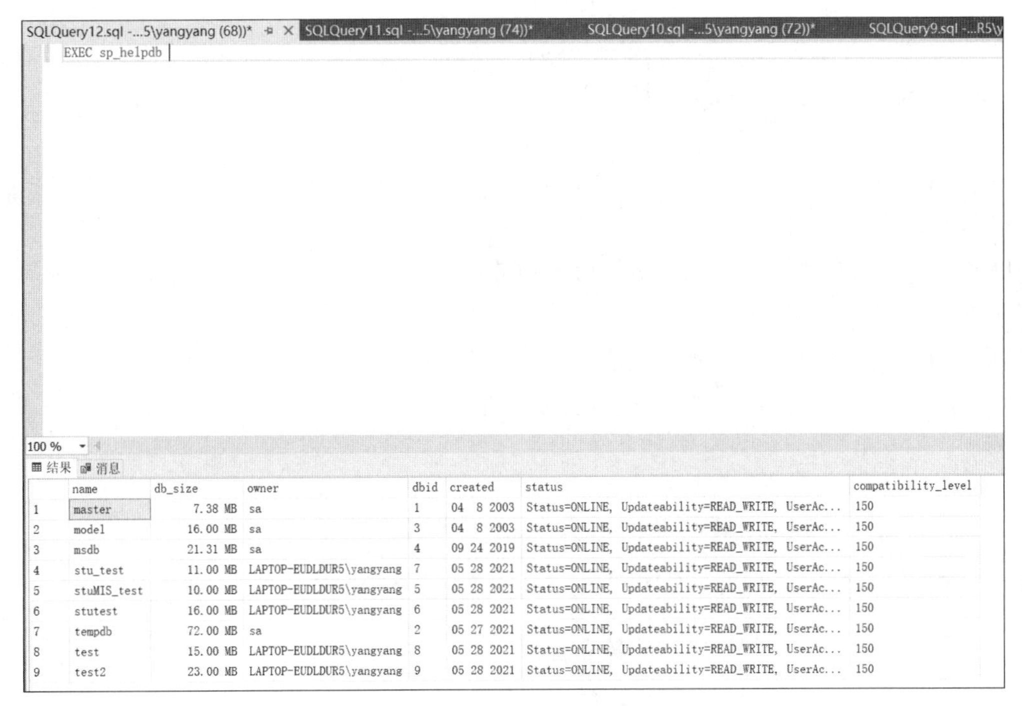

	name	db_size	owner	dbid	created	status	compatibility_level
1	master	7.38 MB	sa	1	04 8 2003	Status=ONLINE, Updateability=READ_WRITE, UserAc...	150
2	model	16.00 MB	sa	3	04 8 2003	Status=ONLINE, Updateability=READ_WRITE, UserAc...	150
3	msdb	21.31 MB	sa	4	09 24 2019	Status=ONLINE, Updateability=READ_WRITE, UserAc...	150
4	stu_test	11.00 MB	LAPTOP-EUDLDUR5\yangyang	7	05 28 2021	Status=ONLINE, Updateability=READ_WRITE, UserAc...	150
5	stuMIS_test	10.00 MB	LAPTOP-EUDLDUR5\yangyang	5	05 28 2021	Status=ONLINE, Updateability=READ_WRITE, UserAc...	150
6	stutest	16.00 MB	LAPTOP-EUDLDUR5\yangyang	6	05 28 2021	Status=ONLINE, Updateability=READ_WRITE, UserAc...	150
7	tempdb	72.00 MB	sa	2	05 27 2021	Status=ONLINE, Updateability=READ_WRITE, UserAc...	150
8	test	15.00 MB	LAPTOP-EUDLDUR5\yangyang	8	05 28 2021	Status=ONLINE, Updateability=READ_WRITE, UserAc...	150
9	test2	23.00 MB	LAPTOP-EUDLDUR5\yangyang	9	05 28 2021	Status=ONLINE, Updateability=READ_WRITE, UserAc...	150

图 3-22　查看所有数据库的信息

【**例 3.20**】 查看 test2 数据库中的日志文件的信息。

在查询分析器中，输入如下 Transact-SQL 语句并执行：

```
EXEC sp_helpfile test2_log
```

执行结果如图 3-23 所示。

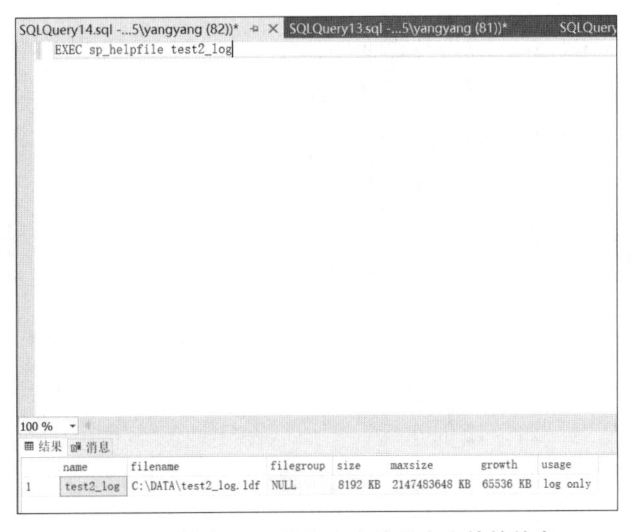

	name	filename	filegroup	size	maxsize	growth	usage
1	test2_log	C:\DATA\test2_log.ldf	NULL	8192 KB	2147483648 KB	65536 KB	log only

图 3-23　查看 test2 数据库中的日志文件的信息

【例 3.21】 查看 test2 数据库中的所有文件的信息。

在查询分析器中，输入如下 Transact-SQL 语句并执行：

```
EXEC sp_helpfile
```

4. 使用 sp_helpfilegroup 查看文件组信息

语法格式如下：

```
sp_helpfilegroup [filename]
```

该语法显示与当前数据库关联的文件组的物理名称及属性。若不指定文件组名，则显示当前数据库的所有文件组的信息。

【例 3.22】 查看 test2 数据库中所有文件组的信息。

在查询分析器中，输入如下 Transact-SQL 语句并执行：

```
EXEC sp_helpfilegroup
```

【例 3.23】 查看 test2 数据库中 test2group1 文件组的信息。

在查询分析器中，输入如下 Transact-SQL 语句并执行：

```
EXEC sp_helpfilegroup test2group1
```

3.3.4 使用 Transact-SQL 语句重命名学生管理数据库

可以使用 ALTER DATABASE 语句重命名数据库，语法格式如下：

```
ALTER DATABASE database_name
  MODIFY NAME = new_database_name
```

语法格式说明如下。

（1）database_name：要修改的数据库的名称。

（2）new_database_name：新数据库名称。

【例 3.24】 将数据库 test2 修改名为 test1。

在查询分析器中，输入如下 Transact-SQL 语句并执行：

```
ALTER DATABASE test2
   MODIFY NAME=test1
```

执行结果如图 3-24 所示。

注意：重命名数据库名称的前提是没有用户使用该数据库，并且该数据库设置为单用户模式。一般情况下，数据库创建后，不要轻易更改其名称，因为数据库名称是许多相关数据库应用程序访问和使用该数据库的基础。

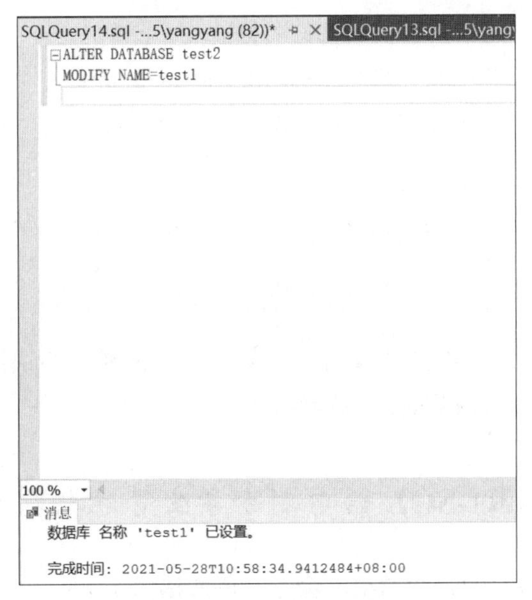

图 3-24　修改数据库名

3.3.5　使用 Transact-SQL 语句分离和附加学生管理数据库

1．用 Transact-SQL 语句分离数据库

可以使用存储过程 sp_detach_db 实现数据库的分离，**语法格式如下：**

```
sp_detach_db database_name
```

【例 3.25】 将学生管理数据库 stuMIS_test 从服务器上分离。

在查询分析器中，输入如下 Transact-SQL 语句并执行：

```
EXEC sp_detach_db stuMIS_test
```

在对象资源管理器中，右击“数据库”文件夹，在弹出的快捷菜单中选择“刷新”菜单项，此时可以看到 stuMIS_test 已被分离。

2．用 Transact-SQL 语句附加数据库

可以使用 CREATE DATABASE 语句里的 FOR ATTACH 子句完成数据库的附加。语法格式如下：

```
CREATE DATABASE database_name
ON (FILENAME='os_file_name')
FOR ATTACH
```

语法说明如下。

（1）database_name：即将要附加的数据库名称。

（2）'os_file_name'：主文件的物理文件名称。

【例 3.26】 附加例 3.25 中分离出去的数据库 stuMIS_test。

在查询分析器中，输入如下 Transact-SQL 语句并执行：

```
CREATE DATABASE stuMIS_test
ON (FILENAME='C:\Program Files\Microsoft SQL Server\MSSQL15.MSSQLSERVER\
MSSQL\DATA\stuMIS.mdf')
FOR ATTACH
```

在对象资源管理器中，右击“数据库”文件夹，在弹出的快捷菜单中选择“刷新”菜单项，此时可以看到 stuMIS_test 已被附加。

3.3.6 使用 Transact-SQL 语句删除学生管理数据库

删除数据库使用 DROP DATABASE 命令。**语法格式如下：**

```
DROP DATABASE database_name [,...n ]
```

其中，database_name 是要删除的数据库名称。

【例 3.27】 删除学生管理数据库 stuMIS_test。

在查询分析器中，输入如下 Transact-SQL 语句并执行：

```
DROP DATABASE stuMIS_test
```

注意：删除数据库时要特别小心，因为使用 DROP DATABASE 命令不会出现确认信息。系统数据库不能删除。

项目拓展训练

1. 拓展训练目的

（1）了解 SQL Server 中数据库文件的组成。

（2）掌握使用 SSMS创建和管理数据库的方法。

（3）掌握使用 Transact-SQL 语句创建和管理数据库的方法。

2. 拓展训练内容

（1）使用 SSMS 创建一个名为 stuMIS 的数据库。

（2）使用 SSMS 将 stuMIS 数据库的主文件的逻辑名称修改为 stu，存储路径修改为 C:\DATA，物理名称修改为 stu.mdf，文件初始大小为 10MB，最大大小为 500MB，按 5MB 增长。将日志文件的逻辑名称修改为 stu_log，存储路径修改为 C:\DATA，物理名称修改为 stu_log.ldf，文件初始大小为 2MB，最大大小为 100MB，按 10% 增长。

（3）使用 SSMS 在 stuMIS 数据库中添加次要数据文件 stuNew，存储路径为 C:\

DATA，物理名称为 stuNew.ndf，其他值均取默认值。

（4）使用 SSMS 将数据库名 stuMIS 修改为 stu。

（5）使用 SSMS 将 stu 数据库删除。

（6）使用 Transact-SQL 语句创建一个名为 DBTEST 的数据库，要求该数据库有一个主文件和一个日志文件，存储路径为 C:\DATA，其中主文件的初始大小为 5MB，最大大小为 100MB，按 5% 增长；日志文件的初始大小为 2MB，最大大小为 50MB，按 1MB 增长。

（7）使用 Transact-SQL 语句修改 DBTEST 数据库，添加初始大小为 5MB 的数据文件 dbtest_data1.ndf 和一个名为 group1 的文件组。

（8）使用 Transact-SQL 语句查看 DBTEST 数据库中所有文件的信息，以及该数据库中文件组的信息。

（9）使用 Transact-SQL 语句数据库名 DBTEST 修改为 DBDATA。

（10）使用 Transact-SQL 语句和 SSMS 分离 DBDATA 数据库，再附加至服务器。

（11）使用 Transact-SQL 将 DBDATA 数据库删除。

项目小结

本项目介绍了 SQL Server 数据库的结构，以及如何使用 SSMS 和 Transact-SQL 语句操作和管理数据库。

SQL Server 2019 有两种存储结构，分别是逻辑存储结构和物理存储结构。逻辑存储结构说明数据库是由哪些性质的信息组成，SQL Server 的数据库不仅是数据的存储，所有与数据处理操作相关的信息都存储在数据库中；物理存储结构是讨论数据库文件在磁盘中是如何存储的——数据库在磁盘上是以文件为单位存储的。

项目四　学生管理数据库数据表的操作

项目导入

信息管理员王明已完成了学生管理数据库的创建，接下来需要创建表，包括系部表 department、班级表 class、学生表 student、课程表 course、成绩表 grade，每一张表都需要根据教务科工作人员的需求来定义，要实现合理的字段、数据类型和长度。

项目描述

（1）数据库中最基本的对象是什么？表的定义是什么？在创建它之前，你需要掌握哪些知识？

（2）如何通过 SQL Server 2019 创建和管理表？

教学导航

（1）掌握：数据表的创建、修改和删除。

（2）理解：表的定义及 SQL Server 2019 数据类型。

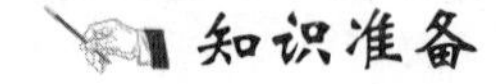

知识准备

4.1　表的概述

视频讲解

创建数据库之后，需要创建数据表和定义数据类型。表用于存储数据库中的所有数据，它是数据库中最基本、最主要的数据对象。数据类型用来定义数据的存储格式。

4.1.1　表的定义

每个数据库都包含了若干表。在逻辑上，数据库由大量的表组成，表由行和列组成；在物理上，表存储在文件中，表中的数据存储在页中。表中数据的组织方式和在电子表格中类似，每一行代表一条唯一的记录，每一列代表记录中的一个字段。表 4-1 是一个 student 表。

表 4-1　student 表

学　　号	姓　　名	性　　别	籍　　贯	专　　业
2101001	王萌	女	南京	计算机应用
2101002	李刚	男	徐州	计算机网络
2101003	张岚	女	无锡	移动通信

student 表代表学生实体，在该实体中存储每个学生的基本信息。

4.1.2　SQL Server 2019 数据类型

在创建表之前，必须为表中的每一列定义一个数据类型。表 4-2 列出了 SQL Server 2019 的数据类型。

表 4-2　SQL Server 2019 的数据类型

类　　型	类型名称	描　　述
整数数据类型	tinyint	1 字节，取值范围 0~255
	smallint	2 字节，取值范围 -2^{15}~$2^{15}-1$
	int	4 字节，取值范围 -2^{31}~$2^{31}-1$
	bigint	8 字节，取值范围 -2^{63}~$2^{63}-1$
浮点数据类型	real	4 字节
	float	格式是 float [(n)]，n 的取值范围 1~53，当 n 在 1~24，精度为 7 位有效数字，占 4 字节；当 n 在 25~53，精度为 15 位有效数字，占 8 字节
	decimal	格式是 [(p[,s])]，p 为精度，s 为小数位数
	numeric	等同于 decimal
日期和时间数据类型	date	3 字节，从公元元年 1 月 1 日到 9999 年 12 月 31 日，只存储日期数据
	datetime	8 字节，从 1753 年 1 月 1 日到 9999 年 12 月 31 日，存储日期和时间值
	datetime2	8 字节，从公元元年 1 月 1 日到 9999 年 12 月 31 日，存储日期和时间值，精度到 100ns
	smalldatetime	4 字节，从 1900 年 1 月 1 日到 2079 年 6 月 6 日，存储日期和时间值，精确到分钟
	datetimeoffset	存储日期和时间值，取值范围等同于 datetime2
	time	5 字节，格式为 hh:mm:ss[.nnnnnnn]，hh 表示小时，范围为 0~23；mm 表示分钟，范围 0~59；ss 表示秒，范围 0~59；n 是 0~7 位数字，范围为 0~9999999，表示秒的小数部分
字符数据类型	char	固定长度，长度为 *n* 字节，*n* 的取值范围为 1~8000
	varchar	可变长度，取值范围为 1~8000
	nchar	*n* 个字符的固定长度的 Unicode 字符数据，取值范围为 1~4000
	nvarchar	可变长度 Unicode 字符数据，取值范围为 1~4000
文本和图形数据类型	text	用于存储文本数据，最大长度为 $2^{31}-1$ 个字符
	ntext	与 text 类型作用相同，最大长度为 $2^{30}-1$ 个 Unicode 字符

续表

类　型	类型名称	描　述
文本和图形数据类型	image	用于存储照片、目录图片或图画，二进制字符的可变大小存储，每个字符占 2 字节
二进制数据类型	binary	长度为 *n* 字节的固定长度二进制数据，*n* 的取值范围为 1~8000
	varbinary	可变长度二进制数据，取值范围为 1~8000
货币数据类型	smallmoney	4 字节，取值范围为 -2^{31}~$2^{31}-1$
	money	8 字节，取值范围为 -2^{63}~$2^{63}-1$
其他数据类型	cursor	游标数据类型，用来存储对变量中的游标或存储过程输出参数的引用
	rowversion	反映原先的时间戳数据类型的功能，占 8 字节
	uniqueidentifier	16 字节长的二进制数据，唯一标识符类型
	sql_variant	用于存储 SQL Server 支持的各种数据类型的值，除了 varchar(max)、nvarchar(max)、varbinary(max)、xml、text、ntext、image、rowversion、sql_variant
	xml	用于存储 xml 文档和片段的一种类型
	table	用于存储声明变量中的表或存储过程输出参数

4.1.3 别名数据类型

别名数据类型，又称为用户定义数据类型，它是基于系统提供的数据类型进行自定义的。别名数据类型并不是真正的数据类型，它只是提供在各种表或数据库中处理公共数据元素时的一致性的机制。别名数据类型允许进一步细化数据类型，以确保在各种表或数据库中处理公共数据元素时的一致性；允许在特定数据库中定义，并且在数据库内必须有唯一的名称。

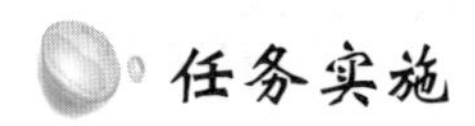

4.2 管理数据类型

可以通过使用 SSMS 和 Transact-SQL 语句管理数据类型。

视频讲解

4.2.1 创建别名数据类型

创建别名数据类型时，必须提供数据类型的名称、基于的系统数据类型和是否允许为空三个参数。

视频讲解

1. 使用 SSMS 创建别名数据类型

【例 4.1】 基于 char 数据类型创建别名数据类型，名称为 stu_ID，不允许为空。

（1）打开 SSMS，连接到 SQL Server 上的数据库引擎。

（2）展开服务器，展开“数据库”→ stuMIS →“可编程性”→“类型”节点，右击“用户定义数据类型”节点，在弹出的快捷菜单中单击“新建用户定义数据类型”菜单项，如图 4-1 所示。

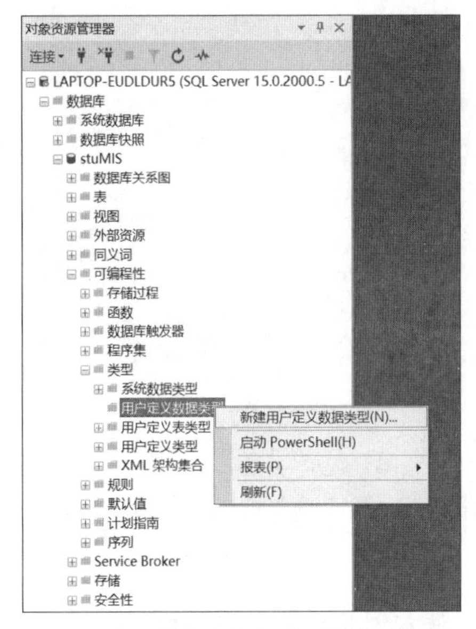

图 4-1 “用户定义数据类型”快捷菜单

（3）弹出“新建用户定义数据类型”对话框，输入名称 stu_ID，“数据类型”选择 char，“长度”为 12，如图 4-2 所示。

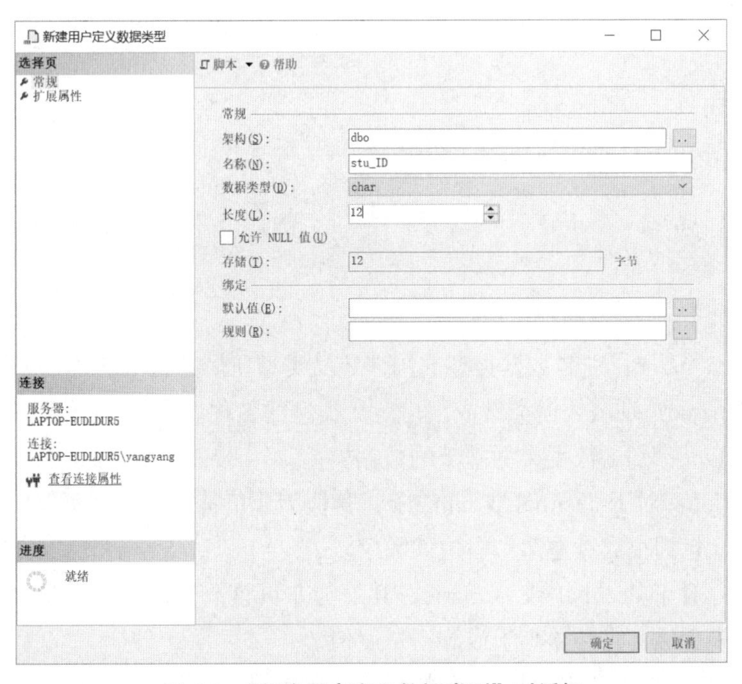

图 4-2 “新建用户定义数据类型”对话框

（4）设置完成后，单击“确定”按钮。

（5）在对象资源管理器中，展开“数据库”→stuMIS→“可编程性”→“类型”→“用户定义数据类型”节点，即可看到创建的stu_ID数据类型，如图4-3所示。

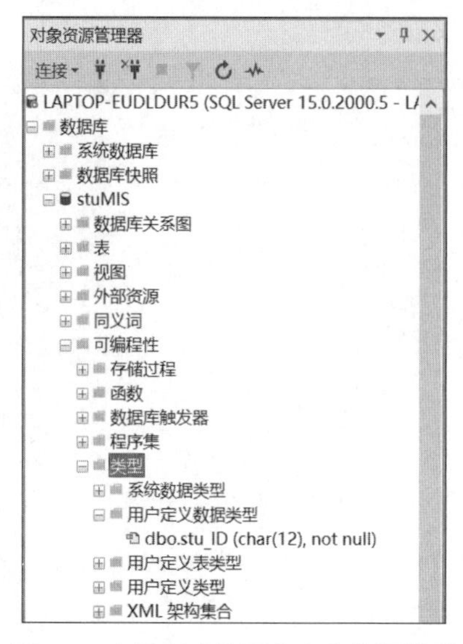

图 4-3　查看创建的用户定义数据类型

2. 使用 Transact-SQL 语句创建别名数据类型

使用Transact-SQL语句创建别名数据类型的语法格式如下：

```
CREATE TYPE [ schema_name. ] type_name
{
    FROM base_type
    [ ( precision [ ,scale ] ) ]
    [ NULL | NOT NULL ]
  | EXTERNAL NAME assembly_name[.class_name]
  | AS TABLE ( { <column_definition> | <computed_column_definition> }
        [ <table_constraint> ] [ ,...n ] )
}
```

语法说明如下。

（1）schema_name：别名数据类型或用户定义类型所属架构的名称。

（2）type_name：别名数据类型或用户定义类型的名称。

（3）base_type：别名数据类型基于的数据类型。

（4）precision：对于decimal或numeric，其值为非负整数，指出可保留的十进制数字位数的最大值，包括小数点左边和右边的数字。

（5）scale：对于decimal或numeric，其值为非负整数，指出十进制数字的小数点右边最多可保留多少位，它必须小于或等于精度值。

（6）NULL | NOT NULL：指定此类型是否可容纳空值。如果未指定，则默认值为

NULL。

（7）assembly_name：指定可在公共语言运行库中引用用户定义类型的实现的 SQL Server 程序集。

（8）[.class_name]：指定实现用户定义类型的程序集内的类。

（9）<column_definition>：定义用户定义表类型的列。

（10）<computed_column_definition>：将计算列表达式定义为用户定义表类型中的列。

（11）<table_constraint>：定义用户定义表类型的表约束。

【例 4.2】 使用 Transact-SQL 语句创建别名数据类型，名称为 stu_name，不允许为空。

在查询分析器中，输入如下 Transact-SQL 语句并执行：

```
USE stuMIS
CREATE TYPE [dbo].[stu_name]
FROM [char](20)
NOT NULL
```

执行结果如图 4-4 所示。

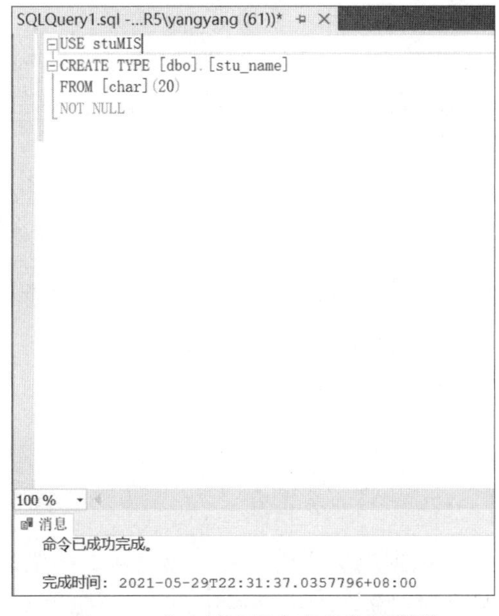

图 4-4　成功创建用户定义数据类型

4.2.2　删除别名数据类型

删除别名数据类型同样可以使用 SSMS 和 Transact-SQL 语句两种方法。

1. 使用 SSMS 删除别名数据类型

【例 4.3】 使用 SSMS 删除例 4.1 中创建的 stu_ID 用户定义的数据类型。

（1）打开 SSMS，连接到 SQL Server 上的数据库引擎。

视频讲解

（2）展开服务器，展开“数据库”→stuMIS→“可编程性”→“类型”→“用户定义数据类型”节点，右击 dbo.stu_ID，在弹出的快捷菜单中选择“删除”菜单项，如图 4-5 所示。

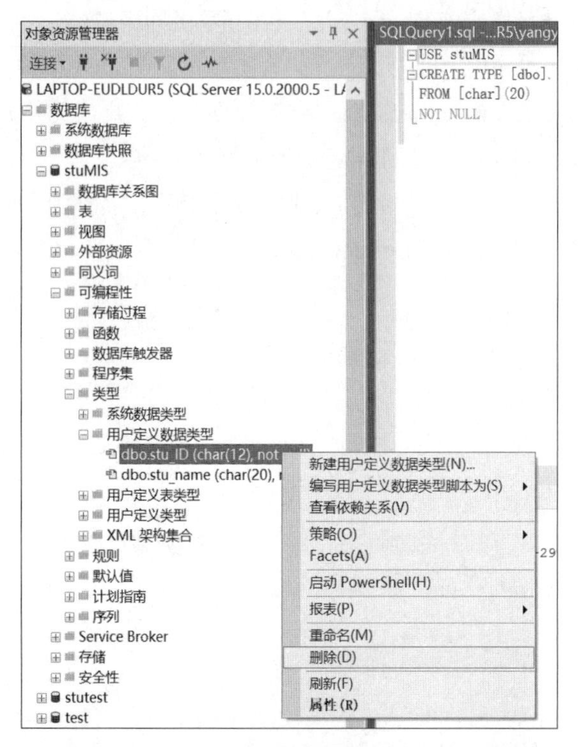

图 4-5　stu_ID“用户定义数据类型”快捷菜单

（3）弹出“删除对象”对话框，单击“确定”按钮，完成删除操作。

2. 使用 Transact-SQL 语句删除别名数据类型

使用 Transact-SQL 语句删除别名数据类型，语法格式如下。

```
DROP TYPE [ schema_name. ] type_name [ ; ]
```

语法说明如下。

（1）schema_name：别名数据类型或用户定义类型所属的架构名。

（2）type_name：要删除的别名数据类型或用户定义类型的名称。

【例 4.4】 使用 Transact-SQL 语句删除例 4.2 中创建的别名数据类型 stu_name。

在查询分析器中，输入如下 Transact-SQL 语句并执行：

```
DROP TYPE [dbo].[stu_name]
```

注意：创建用户数据类型时，指定相应的可空性很重要。当表中的列正在使用用户定义的数据类型时，或者在其上面还绑定有默认值或者规则时，是不能删除该用户定义的数据类型的。

4.3 使用 SSMS 操作学生管理数据库的数据表

可以通过 SSMS 创建表、修改表结构、重命名表和删除表。

4.3.1 使用 SSMS 创建学生管理数据库的数据表

视频讲解

【例 4.5】 在学生管理数据库 stuMIS 中创建一个名为 student 的表，该表有 5 个字段：stuid（学号）、stuname（姓名）、stusex（性别）、stuage（年龄）和 address（家庭地址）。

（1）打开 SSMS，连接到 SQL Server 上的数据库引擎。

（2）展开服务器，展开“数据库”→ stuMIS，右击“表”节点，在弹出的快捷菜单中选择“新建表”菜单项，弹出“表设计器”窗口。

（3）在“列名”中输入“stuid”，在“数据类型”下拉列表框中选择 char 选项，长度设置为 12，不允许为空。

（4）继续设置列，在“列名”中输入 stuname，在“数据类型”下拉列表框中选择 char 选项，长度设置为 8。

（5）继续设置列，在“列名”中输入 stusex，在“数据类型”下拉列表框中选择 char 选项，长度设置为 2。

（6）继续设置列，在“列名”中输入 stuage，在“数据类型”下拉列表框中选择 int 选项。

（7）继续设置列，在“列名”中输入 address，在“数据类型”下拉列表框中选择 varchar 选项，长度设置为 50。

（8）右击 stuid 列，在弹出的快捷菜单中选择“设置主键”菜单项，如图 4-6 所示。

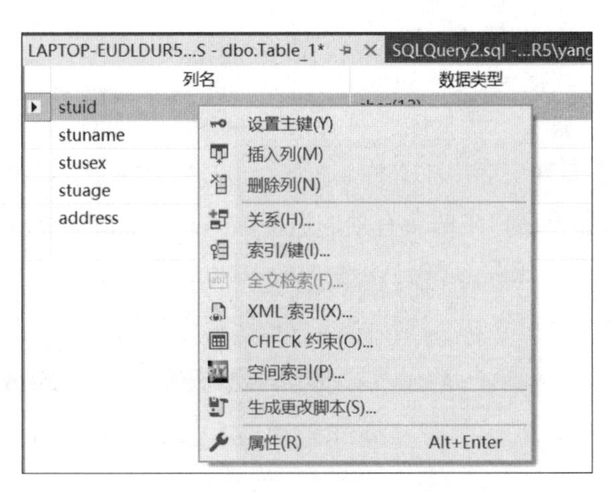

图 4-6　设置 student 表的主键

（9）单击工具栏中的“保存”按钮，在弹出的对话框中输入表的名称 student，单击“确定”按钮。

4.3.2 使用SSMS修改学生管理数据库的数据表

数据表创建之后，在使用过程中可能需要对表结构做一些修改。数据表修改包括更改表的定义，添加、删除列，更改列名、数据类型、长度等。

1. 重命名表

可以使用SSMS重命名表。

【例4.6】 将学生管理数据库stuMIS中的表名student修改为stu。

视频讲解

(1)打开SSMS，连接到SQL Server上的数据库引擎。

(2)展开服务器，展开“数据库”→stuMIS→“表”节点。

(3)右击student表，在弹出的快捷菜单中选择“重命名”菜单项，如图4-7所示。

(4)输入stu作为新的表名，按Enter键即可修改。

注意：如果现有的查询、视图、用户定义函数、存储过程或程序引用了该表，则表名修改后将使这些对象无效。

图4-7 “重命名”快捷菜单

2. 添加列

在使用过程中，如果表中需要添加项目，可以给表添加列。

【例4.7】 向例4.6中的表stu添加stumajor(专业)列，数据类型为char，长度为30，允许为空值。

(1)打开SSMS，连接到SQL Server上的数据库引擎。

(2)展开服务器，展开“数据库”→stuMIS→“表”节点。

(3)右击stu表，在弹出的快捷菜单中选择“设计”菜单项，打开“表设计器”窗口。

(4)在“表设计器”窗口中的所有列的后面输入列名stumajor，在“数据类型”下拉列表框中选择char选项，长度为30，勾选“允许Null值”。

(5)单击工具栏中的“保存”按钮添加列，如图4-8所示。

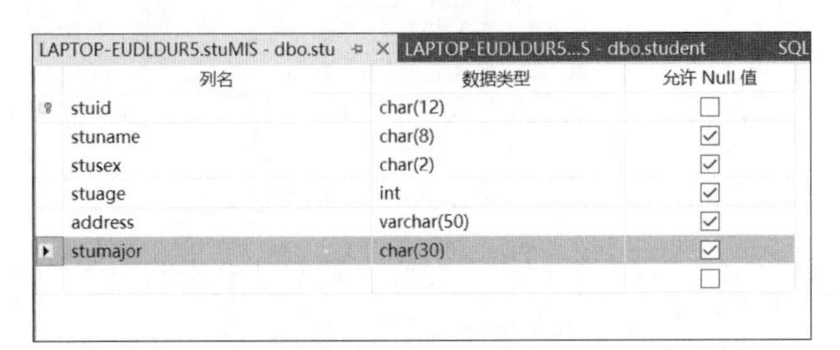

列名	数据类型	允许 Null 值
stuid	char(12)	☐
stuname	char(8)	☑
stusex	char(2)	☑
stuage	int	☑
address	varchar(50)	☑
stumajor	char(30)	☑
		☐

图4-8 向stu表添加列

3. 删除列

在使用过程中，表中不再需要的列可以进行删除。

【例 4.8】 删除例 4.7 中 stu 表添加的 stumajor（专业）列。

（1）打开 SSMS，连接到 SQL Server 上的数据库引擎。

（2）展开服务器，展开“数据库”→ stuMIS →“表”节点。

（3）右击 stu表，在弹出的快捷菜单中选择“设计”菜单项，打开“表设计器”窗口。

（4）在“表设计器”窗口中，右击 stumajor 列，在弹出的快捷菜单中选择“删除列”菜单项，如图 4-9 所示。

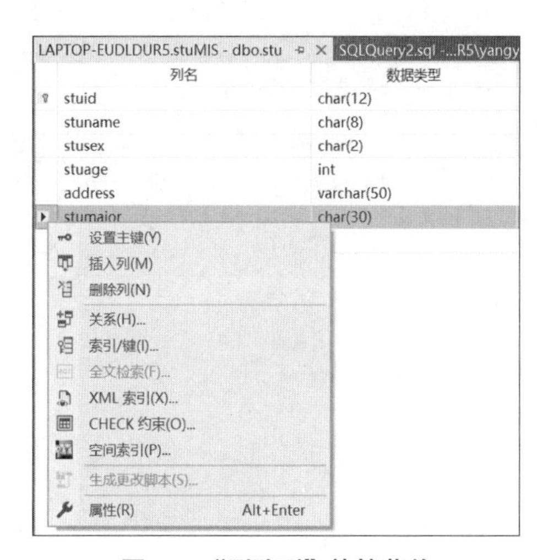

图 4-9 “删除列”快捷菜单

（5）执行后，stumajor 列被删除，单击工具栏中的“保存”按钮。

注意：删除表中列时，具有以下特征的列不能删除。

- 用于索引；
- 用于 CHECK、FOREIGN KEY、UNIQUE 或 PRIMARY KEY 约束；
- 与 DEFAULT 定义关联或绑定到某一默认对象；
- 绑定到规则；
- 已注册支持全文；
- 用作表的全文键。

4. 修改列属性

修改列属性包括更改列名、数据类型、长度和是否允许为空值等属性。

【例 4.9】 在 stu 表中，将 stuage 修改为 birthday，将数据类型修改为 datetime。

（1）打开 SSMS，连接到 SQL Server 上的数据库引擎。

（2）展开服务器，展开“数据库”→ stuMIS →“表”节点。

（3）右击 stu 表，在弹出的快捷菜单中选择“设计”菜单项，打开“表设计器”窗口。

（4）选择 stuage 列，输入列名 birthday，在“数据类型”下拉列表框中选择 datetime 选项，如图 4-10 所示。

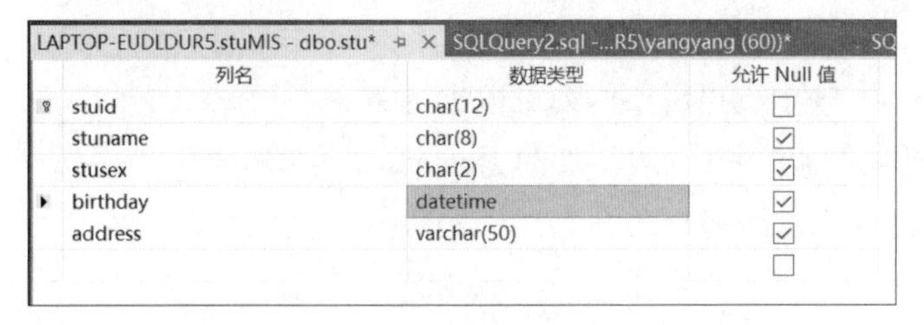

图 4-10　修改列后的表设计器窗口

（5）单击工具栏中的“保存”按钮，弹出“保存”对话框，如图 4-11 所示。

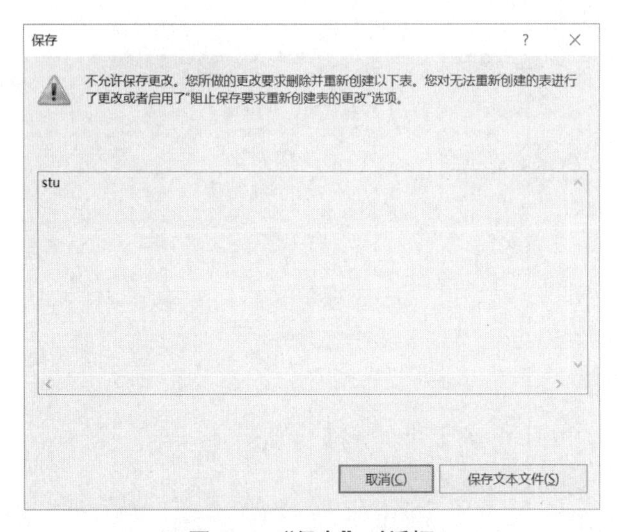

图 4-11　“保存”对话框

（6）在 SSMS 窗口中，选择主界面菜单栏中的“工具”→“选项”命令，弹出“选项”对话框，选择“设计器”下的“表设计器和数据库设计器”选项卡，取消勾选“阻止保存要求重新创建表的更改”复选框，如图 4-12 所示。单击“确定”按钮。

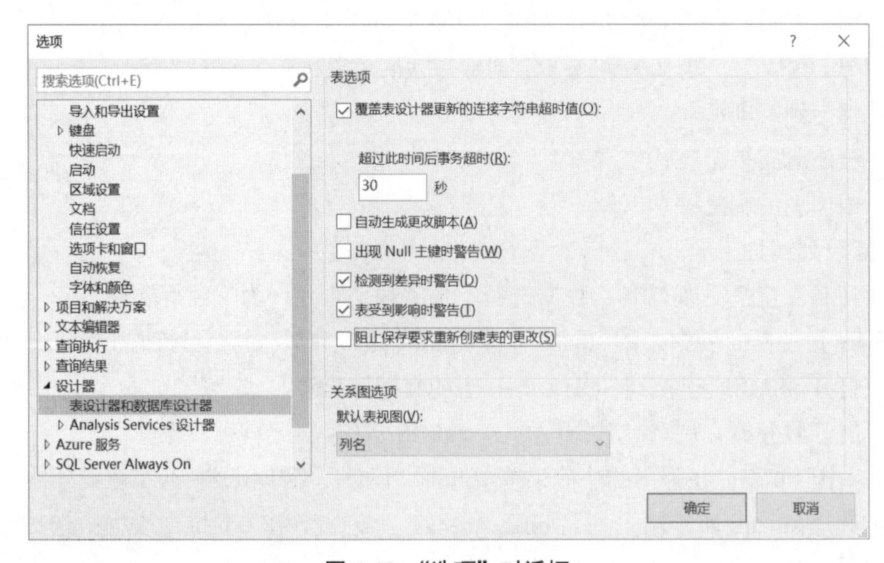

图 4-12　“选项”对话框

（7）单击工具栏中的“保存”按钮，保存修改后的表。

注意：表中没有记录值时，可以修改表结构；当表中有记录时，建议不要轻易修改表结构，以免出现错误。

4.3.3 使用 SSMS 删除学生管理数据库的数据表

在使用过程中，有时需要删除表。删除表后，该表的结构定义、数据、全文索引、约束和索引都从数据库中永久删除。

【例 4.10】 使用 SSMS 删除 stu 表。

（1）打开 SSMS，连接到 SQL Server 上的数据库引擎。

（2）展开服务器，展开“数据库”→ stuMIS →“表”节点。

（3）右击 stu 表，在弹出的快捷菜单中选择“删除”菜单项，弹出“删除对象”对话框，单击“确定”按钮即可删除 stu 表。

4.4 使用 Transact-SQL 语句操作学生管理数据库的数据表

除了使用 SSMS 操作表外，还可以使用 Transact-SQL 语句操作表。

4.4.1 使用 Transact-SQL 语句创建学生管理数据库的数据表

视频讲解

使用 Transact-SQL 语句创建表的语法格式如下。

```
CREATE TABLE
    [ database_name. [ schema_name] . | schema_name. ] table_name
        ( { <column_definition> }[ <table_constraint> ] [ ,...n ] )
        [ ON {partition_scheme_name(partition_column_name) | filegroup
         | "default"} ]
```

语法说明如下。

（1）database_name：在其中创建表的数据库的名称。database_name 必须指定现有数据库的名称，如果未指定，则 database_name 默认为当前数据库。

（2）schema_name：新表所属架构的名称，如未指定，则默认是 dbo。

（3）table_name：新表的名称。

（4）column_definition：数据列的语句结构。

（5）table_constraint：对数据表的约束进行设置。

（6）partition_scheme_name(partition_column_name)：用于为表分区。

列的定义格式如下。

```
<column_definition> ::=
column_name <data_type>
    [ FILESTREAM ]
    [ COLLATE collation_name ]
    [ NULL | NOT NULL ]
    [
        [ CONSTRAINT constraint_name ] DEFAULT constant_expression ]
      | [ IDENTITY [ ( seed ,increment ) ] [ NOT FOR REPLICATION ]
    ]
    [ ROWGUIDCOL ] [ <column_constraint> [ ...n ] ]
    [ SPARSE ]
```

定义说明如下。

（1）column_name 为列名，data_type 为列的数据类型。

（2）FILESTREAM：指定 FILESTREAM 属性。

（3）COLLATE collation_name：指定列的排序规则。

（4）NULL | NOT NULL：指定是否为空值。

（5）DEFAULT constant_expression：为所在列指定默认值。constant_expression 用作字段的默认值的常量、NULL 值或者系统函数。

（6）IDENTITY (seed ,increment)：指出该列为标识符列，为该列提供一个唯一的增量值。seed 是标识字段的起始值，默认值为 1；increment 是标识增量，默认值为 1。

（7）NOT FOR REPLICATION：在 CREATE TABLE 语句中，可为 IDENTITY 属性、FOREIGN KEY 约束和 CHECK 约束指定 NOT FOR REPLICATION 子句。

（8）ROWGUIDCOL：指出新列是行的全局唯一标识符列。

（9）column_constraint：指定列的完整性约束、主键、外键等。

（10）SPARSE：指定列为稀疏列。

【例 4.11】 使用 Transact-SQL 语句在学生管理数据库 stuMIS 中创建 student 表，该表有 5 个字段：stuid（学号）、stuname（姓名）、stusex（性别）、stuage（年龄）、stuaddress（家庭地址）。

视频讲解

在查询分析器中，输入如下 Transact-SQL 语句并执行：

```
USE stuMIS
GO
CREATE TABLE student
(
stuid char(12) NOT NULL PRIMARY KEY,
stuname char(8),
stusex char(2),
stuage int,
stuaddress varchar(100)
)
```

执行结果如图 4-13 所示。

```
SQLQuery3.sql -...R5\yangyang (67))*
USE stuMIS
GO
CREATE TABLE student
(
stuid char(12) NOT NULL PRIMARY KEY,
stuname char(8),
stusex char(2),
stuage int,
stuaddress varchar(100)
)

100 %
消息
命令已成功完成。

完成时间: 2021-05-29T23:25:19.2877117+08:00
```

图 4-13　成功创建 student 表

4.4.2　使用 Transact-SQL 语句修改学生管理数据库的数据表

视频讲解

使用 Transact-SQL 语句修改表结构的语法格式如下。

```
ALTER TABLE [ database_name. [ schema_name] . | schema_name. ]table_name
{
    ALTER COLUMN column_name
    {
        [ type_schema_name. ] type_name [ ( { precision [ , scale ] ) ]
        [ COLLATE collation_name ]
        [ NULL | NOT NULL ]
    | {ADD | DROP }
        { ROWGUIDCOL | PERSISTED | NOT FOR REPLICATION | SPARSE }
    }
        | ADD
    {
      <column_definition>
      |column_name AS computed_column_expression[PERSISTED[NOT NULL]]
      | <table_constraint>
        } [ ,...n ]
    | DROP
```

```
    {
        [ CONSTRAINT ] constraint_name
        [ WITH ( <drop_clustered_constraint_option> [ ,...n ] ) ]
        | COLUMN column_name
} [ ,...n ]
    | [ WITH { CHECK | NOCHECK } ] { CHECK | NOCHECK } CONSTRAINT
        { ALL | constraint_name[ ,...n ] }
```

语法说明如下。

（1）table_name：需要修改的表名。

（2）ALTER COLUMN 子句：修改表中指定列的属性，column_name 给出要修改的列名。

（3）precision：指定的数据类型的精度。

（4）scale：指定数据类型的小数位数。

（5）ADD 子句：向表中添加新列。

（6）DROP 子句：从表中删除列或约束。column_name 是要删除的列名，constraint_name 是要删除的约束名。

（7）WITH 子句：[WITH { CHECK | NOCHECK }] 指定表中的数据是否用新添加的或重新启用的 FOREIGN KEY 或 CHECK 约束进行验证。ALL 指定启用或禁用所有约束。

1. 增加列

【例 4.12】 使用 Transact-SQL 语句向例 4.11 创建的 student 表中增加 stumajor（专业）列，数据类型为 char，长度为 30，允许为空值。

视频讲解

在查询分析器中，输入如下 Transact-SQL 语句并执行：

```
USE stuMIS
GO
ALTER TABLE student
    ADD stumajor char(30) NULL
```

执行后，查看 student 表结构，如图 4-14 所示。

LAPTOP-EUDLDUR5...S - dbo.student　SQLQuery4.sql -...R5\yangyang (56))*

列名	数据类型	允许 Null 值
stuid	char(12)	☐
stuname	char(8)	☑
stusex	char(2)	☑
stuage	int	☑
stuaddress	varchar(100)	☑
stumajor	char(30)	☑
		☐

图 4-14　添加列之后的表结构

【例 4.13】 使用 Transact-SQL 语句向 student 表中增加 stugrade1（成绩 1）列和 stugrade2（成绩 2）列，数据类型为 int，允许为空值。

在查询分析器中，输入如下 Transact-SQL 语句并执行：

```
USE stuMIS
GO
ALTER TABLE student
ADD stugrade1 int NULL,
stugrade2 int NULL
```

执行后，查看 student 表结构，如图 4-15 所示。

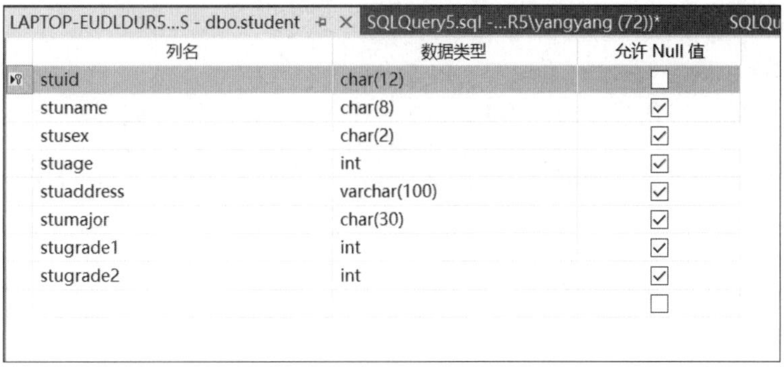

LAPTOP-EUDLDUR5...S - dbo.student　SQLQuery5.sql -...R5\yangyang (72))*　SQLQu

列名	数据类型	允许 Null 值
stuid	char(12)	☐
stuname	char(8)	☑
stusex	char(2)	☑
stuage	int	☑
stuaddress	varchar(100)	☑
stumajor	char(30)	☑
stugrade1	int	☑
stugrade2	int	☑
		☐

图 4-15　添加两列之后的表结构

2. 删除列

【例 4.14】 使用 Transact-SQL 语句删除 student 表的 stugrade1（成绩 1）列。

在查询分析器中，输入如下 Transact-SQL 语句并执行：

```
USE stuMIS
GO
ALTER TABLE student
DROP COLUMN stugrade1
```

3. 修改列属性

【例 4.15】 在 student 表中，将 stuage 的数据类型修改为 datetime，将 stuname 的长度改为 12。

在查询分析器中，输入如下 Transact-SQL 语句并执行：

```
USE stuMIS
GO
ALTER TABLE student
ALTER COLUMN stuage datetime
GO
ALTER TABLE student
ALTER COLUMN stuname char(12)
```

执行后，查看 student 表结构，如图 4-16 所示。

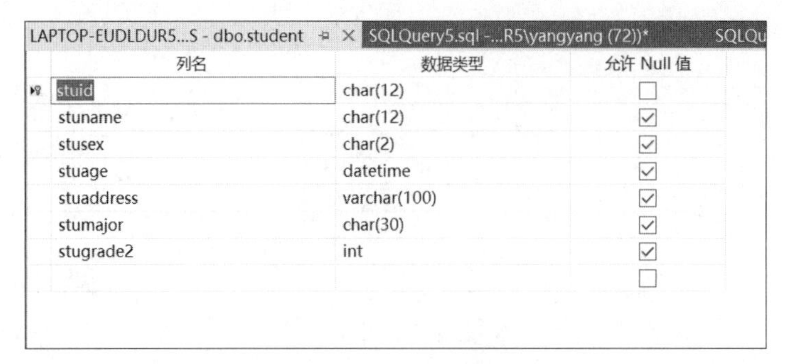

图 4-16　修改列后的表结构

4. 重命名表

在使用过程中，可通过存储过程对表进行重命名。语法格式如下。

```
sp_rename 'object_name','new_name'
```

语法说明如下。

（1）object_name：旧对象名。

（2）new_name：新对象名。

【例 4.16】 将 student 表的名称修改为 stu。

在查询分析器中，输入如下 Transact-SQL 语句并执行：

```
USE stuMIS
EXEC sp_rename 'student','stu'
```

执行结果如图 4-17 所示。

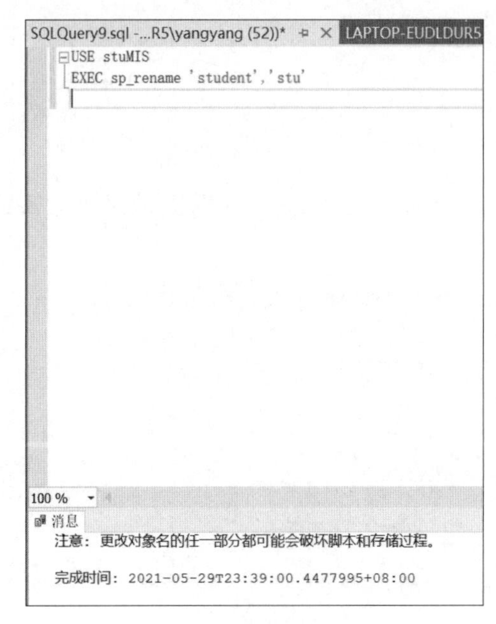

图 4-17　成功修改表名

4.4.3 使用 Transact-SQL 语句删除学生管理数据库的数据表

删除表的语法格式如下。

```
DROP TABLE [ database_name. [ schema_name] . | schema_name. ]
    table_name[ ,...n ]
```

语法说明如下。

（1）database_name：要在其中删除表的数据库的名称。

（2）schema_name：表所属架构的名称。

（3）table_name：要删除的表的名称。

【例 4.17】 将 stu 表删除。

在查询分析器中，输入如下 Transact-SQL 语句并执行：

```
USE stuMIS
GO
DROP TABLE dbo.stu
```

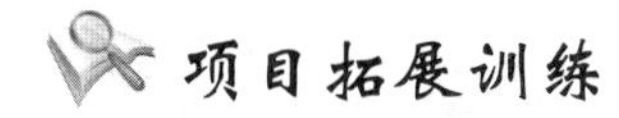

项目拓展训练

1. 拓展训练目的

（1）了解数据表的结构特点。

（2）掌握使用 SSMS 创建和管理数据表的方法。

（3）掌握使用 Transact-SQL 语句创建和管理数据表的方法。

2. 拓展训练内容

（1）创建 stuMIS 数据库，使用 SSMS 在 stuMIS 数据库中创建 department（系部）表，其定义如表 4-3 所示。

表 4-3 department（系部）表

列 名	类 型	长 度	允 许 空	描 述
DepartID	char	8	否	系号
DepartName	char	20	是	系名
Chairman	char	10	是	系主任
Office	char	30	是	系办公室

（2）使用 SSMS 将 department（系部）表重命名为 depart。

（3）使用 SSMS 将 depart 表中的 DepartID 设置为主键。

（4）使用 SSMS 将 depart 表中的 DepartName 长度修改为 30。

（5）使用 Transact-SQL 语句创建 student（学生）表，其定义如表 4-4 所示。

表 4-4　student（学生）表

列　名	类　型	长　度	允 许 空	描　述
StudentID	char	10	否	学号
StudentName	char	12	是	姓名
Sex	char	2	是	性别
Age	int	2	是	年龄
DepartID	char	8	否	系号

（6）使用 Transact-SQL 语句将 student（学生）表重名为 stu。

（7）使用 Transact-SQL 语句将 StudentID 的长度修改为 12，并设置其为主键。

（8）使用 Transact-SQL 语句向表 stu 添加 DepartName 列，要求见表 4-3。

（9）使用 Transact-SQL 语句将 DepartName 列删除。

（10）自行练习创建班级表 class、课程表 course 和成绩表 grade。

项目小结

本项目介绍了数据表的定义、SQL Server 2019 数据类型及如何用 SSMS 和 Transact-SQL 语句创建、管理表。

表用于存储数据库中的所有数据，是数据库中最基本、最主要的数据对象。在逻辑上，数据库由大量的表组成，表由行和列组成；在物理上，表存储在文件中，表中的数据存储在页中。在创建表之前，必须为表中的每一列定义一个数据类型。

项目五　学生管理数据库数据的操作

项目导入

信息管理员王明已将系部表 department、班级表 class、学生表 student、课程表 course、成绩表 grade 都创建好了，接下来需要完成所有表中的记录录入。

另外，教务科工作人员需要对现有记录进行添加、删除，并希望做到当输入不符合要求数据时，系统提示不能存储在数据库中。

项目描述

（1）表已经创建好了，可它是空的，怎样才能往表里添加数据？添加数据之后，又如何进行管理？

（2）对表中数据进行操作时，有没有考虑过怎样才能避免输入无效的数据？

（3）数据完整性有哪些类型？它们分别可以避免哪些类型的无效数据？

（4）如何在实际操作时实现数据完整性？

教学导航

（1）掌握：表数据的插入、修改和删除，以及使用约束实现数据完整性的方法。

（2）理解：数据完整性的概念。

（3）了解：数据完整性的类型。

知识准备

5.1　数据完整性概述

数据库中的数据是从外界输入的，在向数据库中添加、修改和删除数据时，难免会由于手工输入产生各种错误。如何保证和维护数据的正确性、一致性和可靠性，成为数据库系统关注的问题。利用约束、默认和规则来维护数据的完整性，可以避免大部分无效的数据。

5.1.1 数据完整性的概念

数据完整性用于保证数据库中数据的正确性、一致性和可靠性，防止数据库中存在不符合语义规定的数据以及因错误信息的输入、输出导致无效操作或错误信息。

5.1.2 数据完整性的类型

1. 实体完整性

实体完整性又称为行完整性，规定表的每一行在表中是唯一的实体。实体完整性通过索引、PRIMARY KEY 约束、UNIQUE 约束或 IDENTITY 属性实现。

2. 域完整性

域完整性又称为列完整性，保证指定列的数据具有正确的数据类型、格式和有效的数据范围。域完整性通过 FOREIGN KEY 约束、CHECK 约束、DEFAULT 约束、NOT NULL 定义和规则实现。

3. 参照完整性

参照完整性又称为引用完整性，是指两个表的主键和外键的数据应对应一致。它确保了有主关键字的表中对应其他表的外关键字的行存在，即保证了表之间的数据的一致性。参照完整性是建立在外关键字和主关键字之间或外关键字和唯一性关键字之间的关系上的，包含外关键字的表称为从表，被从表引用或参照的表称为主表。参照完整性的作用体现在三个方面：若主表中无关联的记录时，则不能将记录添加或更改到相关表中；若可能导致相关表中生成孤立记录时，则不能更改主表中的该值；若存在与某记录匹配的相关记录时，则不能从主表中删除该记录。

4. 用户自定义完整性

用户自定义完整性是指针对某个特定关系数据库的约束条件，它反映某一具体应用所涉及的数据必须满足的语义要求。所有完整性类别都支持用户定义完整性，如 CREATE TABLE 中的所有列级和表级约束、存储过程和触发器。

5.2 实现约束

视频讲解

约束是强制实现数据完整性的首选方法。它通过限制列中数据、行中数据以及表之间数据取值从而实现数据完整性。约束可以在创建表时设置，也可以在修改表时添加。

5.2.1 PRIMARY KEY（主键）约束

PRIMARY KEY 约束在表中定义一个主键，它唯一地标识表中的行。一张表应有且只能有一个 PRIMARY KEY 约束。PRIMARY KEY 约束中的列不能接受空值和重复值。

若已有 PRIMARY KEY 约束，要将新列作为主键，则必须先删除现有的 PRIMARY KEY 约束，然后再创建新的主键。当 PRIMARY KEY 约束由另一张表的 FOREIGN KEY 约束引用时，不能删除被引用的 PRIMARY KEY 约束，要删除它，必须先删除引用的 FOREIGN KEY 约束。主键可以是一列，也可以是多列组合的复合主键。

5.2.2 DEFAULT（默认）约束

DEFAULT 约束是在用户未提供某些列的数据时，数据库系统为用户提供的默认值。

表的每一列都可包含一个 DEFAULT 定义。如果想修改或删除现有的 DEFAULT 定义，必须先删除已有的 DEFAULT 定义，然后通过新定义重新创建。默认值必须与 DEFAULT 定义适用的列的数据类型一致，每一列只能定义一个默认值。

5.2.3 CHECK（检查）约束

CHECK 约束限制用户输入某一列的数据取值，即该列只能输入一定范围的数据，也就是只有符合 CHECK 约束条件的数据才能被输入。CHECK 约束可以作为表定义的一部分在创建表时创建，也可以添加到现有表中。在一张表中可以创建多个 CHECK 约束，在一列上也可以创建多个 CHECK 约束。

5.2.4 UNIQUE（唯一）约束

由于一张表只能定义一个主键，而在实际应用中，表中可能有多列的值需要是唯一的，可以使用 UNIQUE 约束确保在非主键列中不输入重复值。要强制一列或多列组合（不是主键）的唯一性时应使用 UNIQUE 约束；与 PRIMARY KEY 约束不同的是，一张表可以定义多个 UNIQUE 约束，允许列为空值，但空值只能出现一次。

5.2.5 NULL（空值）与 NOT NULL（非空值）约束

在设计表时，表中列可以定义为允许或不允许空值。如果允许某列可以不输入数据，则该列定义为 NULL 约束；如果某列必须输入数据，则该列定义为 NOT NULL 约束。默认情况下，列允许为 NULL。为 NULL 通常表示值未知或未定义。NULL 不同于 0、空白或长度为 0 的字符串，它表示用户还没有为该列输入值。

5.2.6 FOREIGN KEY（外键）约束

FOREIGN KEY 约束用于强制实现参照完整性，保证数据库中表数据的一致性和正确性。FOREIGN KEY 约束可以规定表中的某列参照同一张表或另外一张表中已有的 PRIMARY KEY 约束或 UNIQUE 约束的列。FOREIGN KEY 约束可以在创建表时创建，也可以向现有表添加 FOREIGN KEY 约束。一张表可以有多个 FOREIGN KEY 约束。

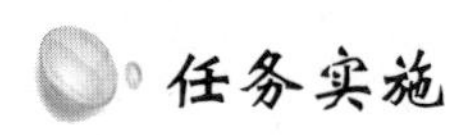

5.3 使用 SSMS 操作学生管理数据库表数据

5.3.1 使用 SSMS 向学生管理数据库的表添加数据

【例 5.1】 假设 stuMIS 学生管理数据库存在，其中的 student 表结构如图 5-1 所示。先建立 student 表，使用 SSMS 向 student 表中插入如表 5-1 所示的数据。此例假设 student 表已创建好。

列名	数据类型	允许 Null 值
stuid	char(12)	☐
stuname	char(8)	☑
stusex	char(2)	☑
stuage	int	☑
stugrade	int	☑

图 5-1 student 表结构

表 5-1 student 表中插入的数据

stuid	stuname	stusex	stuage	stugrade
2110001	张三	男	19	87
2110002	李四	女	18	79
2110003	王五	男	19	67

（1）打开 SSMS，连接到 SQL Server 上的数据库引擎。

（2）展开服务器，展开“数据库”→stuMIS→“表”节点，右击 student 表，在弹出的快捷菜单中选择“编辑前 200 行”菜单项，打开编辑窗口。

（3）在第一行的相应列上输入数据 2110001、张三、男、19、87。

（4）在第二行的相应列上输入数据 2110002、李四、女、18、79。

（5）在第三行的相应列上输入数据 2110003、王五、男、19、67。输入完毕，如图 5-2 所示。

stuid	stuname	stusex	stuage	stugrade
2110001	张三	男	19	87
2110002	李四	女	18	79
2110003	王五	男	19	67
NULL	*NULL*	*NULL*	*NULL*	*NULL*

图 5-2 向 student 表中插入三行数据

（6）关闭编辑窗口。

5.3.2 使用 SSMS 删除学生管理数据库的表数据

在使用过程中，表中的一些数据可能不再需要，这时可以进行删除。

【例 5.2】 删除 student 表中学号为 2110003 的同学的信息。

（1）打开 SSMS，连接到 SQL Server 上的数据库引擎。

（2）展开服务器，展开“数据库”→ stuMIS →“表”节点，右击 student 表，在弹出的快捷菜单中选择“编辑前 200 行”菜单项，打开编辑窗口。

（3）在编辑窗口中定位学号为 2110003 的记录行，单击该行最前面的黑色箭头处，右击该行后，在弹出的快捷菜单中选择“删除”菜单项，如图 5-3 所示。

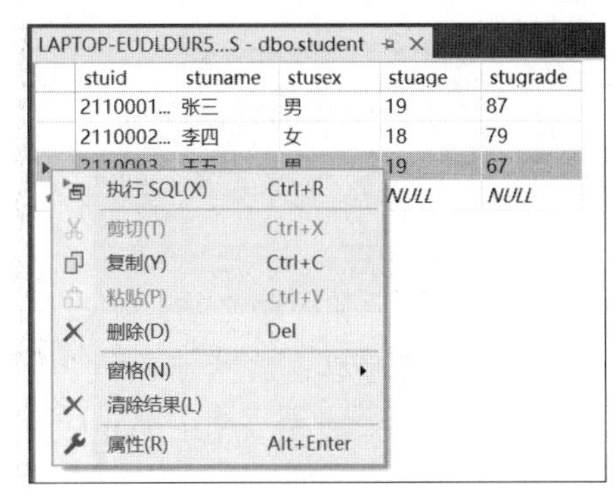

图 5-3 “删除”菜单项

（4）弹出“确认”对话框，单击“是”按钮，删除所选行。

5.3.3 使用 SSMS 修改学生管理数据库的表数据

【例 5.3】 修改 student 表中学号为 2110001 的同学的信息，将 stugrade 修改为 90。

（1）打开 SSMS，连接到 SQL Server 上的数据库引擎。

（2）展开服务器，展开“数据库”→ stuMIS →“表”节点，右击 student 表，在弹出的快捷菜单中选择“编辑前 200 行”菜单项，打开编辑窗口。

（3）直接在学号为 2110001 同学的 stugrade 字段中修改，将 87 修改为 90，如图 5-4 所示。

	stuid	stuname	stusex	stuage	stugrade
	2110001...	张三	男	19	90
	2110002...	李四	女	18	79
*	NULL	NULL	NULL	NULL	NULL

图 5-4 修改表中数据

（4）关闭编辑窗口。

5.4 使用 Transact-SQL 语句操作学生管理数据库表数据

对表数据的操作除了使用 SSMS 外，还可以使用 Transact-SQL 语句。

5.4.1 使用 Transact-SQL 语句向学生管理数据库的表添加数据

1. 使用 INSERT 语句插入数据

通过 INSERT 语句向表中插入数据，可以向表中添加一行或多行数据，语法格式如下。

```
INSERT [INTO] table_or_view [(column_list)]
VALUES data_values
```

语法说明如下。

（1）table_or_view：指定插入新数据的表或视图名称。

（2）column_list：指定数据表的列名，当指定多个列时，各列之间用逗号隔开。

（3）data_values：指定插入的新数据值。

在插入数据时要注意，数据值的数量和顺序必须与字段名列表中的数量和顺序一样；值的数据类型必须与表的列中的数据类型匹配，否则插入失败；值如果采用默认值，写 DEFAULT，如果是空值，写 NULL；不需要包含带有 IDENTITY 属性的列；插入数据类型如果是字符型、日期型，则必须用单引号。

【例 5.4】 使用 Transact-SQL 语句向学生管理数据库 stuMIS 的 student 表插入一行新数据。

视频讲解

在查询分析器中，输入如下 Transact-SQL 语句并执行：

```
USE stuMIS
INSERT INTO student
VALUES('2110004','李红','女',20,90)
```

执行结果如图 5-5 所示。

【例 5.5】 使用 Transact-SQL 语句向学生管理数据库 stuMIS 的 student 表插入三行新数据。

在查询分析器中，输入如下 Transact-SQL 语句并执行：

```
USE stuMIS
INSERT INTO student
VALUES('2110005','张星','女',19,90),
      ('2110006','刘刚','男',20,87),
      ('2110007','董阳','男',18,75)
```

执行结果如图 5-6 所示。

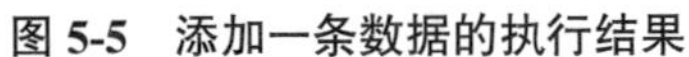
图 5-5　添加一条数据的执行结果

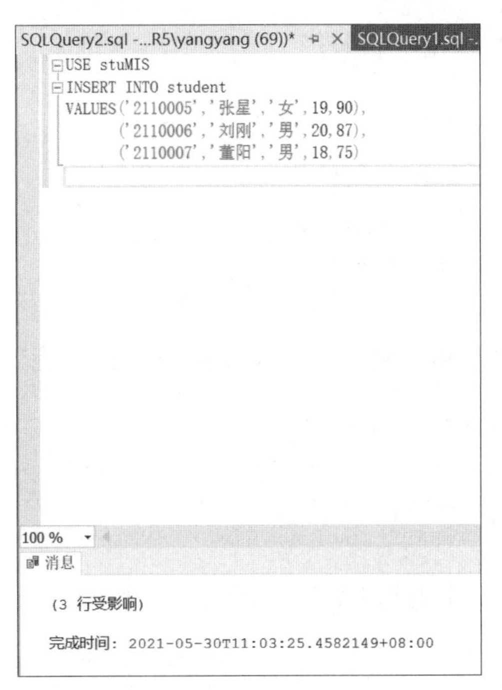

图 5-6　添加三条数据的执行结果

注意：在插入数据时，若遗漏表中的某一列，那么若该列存在默认值，则使用默认值；若不存在默认值，则自动填充为 NULL 值；若该列声明 NOT NULL，则插入数据时返回错误。

2. 使用 INSERT…SELECT 语句插入数据

使用 INSERT…SELECT 语句可以将某一个表中的数据插入另一个新数据表中。语法格式如下。

```
INSERT table_name
SELECT column_list
FROM table_list
WHERE search_conditions
```

语法说明如下。

（1）table_name：指定要插入的新表名称。

（2）SELECT：用于检索数据。

（3）column_list：要检索的列表。该列与 INSERT 中指定表的列的数量和顺序必须相同，列的数据类型和长度相同或者可以进行转换。

（4）table_list：表的名称。该表必须是已存在的表。

（5）search_conditions：指定插入的数据应满足的条件。

【例 5.6】 使用 Transact-SQL 语句将 student 表中性别是男的学生记录插入 student_copy 表中。

在查询分析器中，输入如下 Transact-SQL 语句并执行：

```
USE stuMIS
GO
CREATE TABLE student_copy
(
学号 char(12) NOT NULL,
姓名 char(10),
性别 char(2)
)
```

用 INSERT 语句向 student_copy 表插入数据：

```
INSERT student_copy
SELECT stuid,stuname,stusex
FROM student
WHERE stusex='男'
```

执行结果如图 5-7 所示。

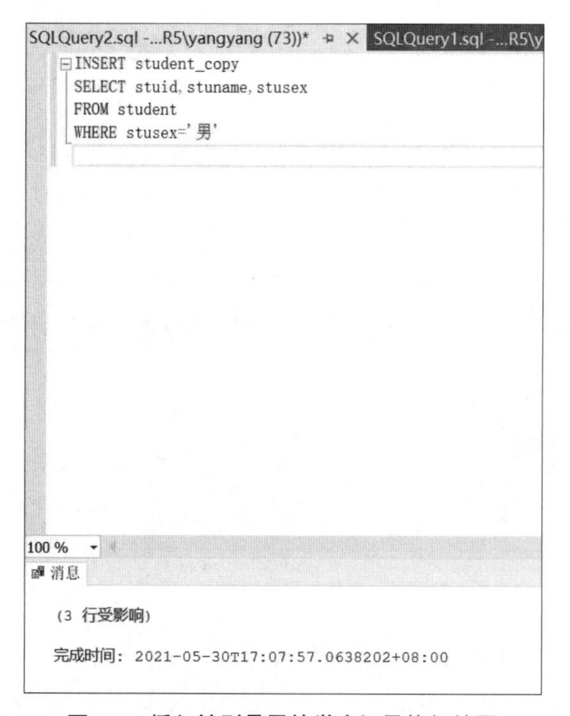

图 5-7 插入性别是男的学生记录执行结果

3. 使用 SELECT…INTO 语句插入数据

使用 SELECT…INTO 语句可以把数据插入一个新表中。语法格式如下。

```
SELECT <select_list>
INTO new_table
FROM {<table_source>}[,...n]
WHERE <search_conditions>
```

该语句是向不存在的表中添加数据。

【例 5.7】 使用 Transact-SQL 语句将 student 表中性别是女的学生记录插入 student_newcopy 表中。

在查询分析器中，输入如下 Transact-SQL 语句并执行：

```
SELECT stuID,stuname,stusex
INTO student_newcopy
FROM student
WHERE stusex='女'
```

执行结果如图 5-8 所示。

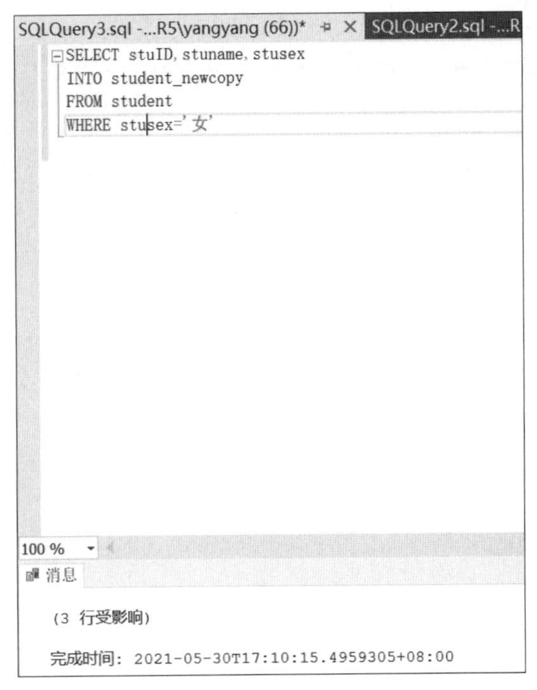

图 5-8　插入性别是女的学生记录执行结果

5.4.2　使用 Transact-SQL 语句修改学生管理数据库的表数据

在使用过程中，根据实际情况有时需要修改表中的数据。修改数据的语法格式如下。

```
UPDATE table_name SET
column1_name=modified_value1
column2_name=modified_value2,[,...]
[WHERE search_condition]
```

语法说明如下。

（1）UPDATE：修改数据的关键字。

（2）table_name：指定要修改数据的表名。

（3）SET column1_name=modified_value1：指定要更新的列及该列的新值。

（4）search_condition：指定被更新的记录应满足的条件。

视频讲解

【例 5.8】 将 student 表中学号为 2110001 的学生的 stugrade 由 87 修改为 90。

在查询分析器中，输入如下 Transact-SQL 语句并执行：

```
UPDATE student
SET stugrade=90
WHERE stuid='2110001'
```

执行结果如图 5-9 所示。

【例 5.9】 将 student 表中所有学生的成绩均提高 3 分。

在查询分析器中，输入如下 Transact-SQL 语句并执行：

```
UPDATE student
SET stugrade=stugrade+3
```

执行结果如图 5-10 所示。

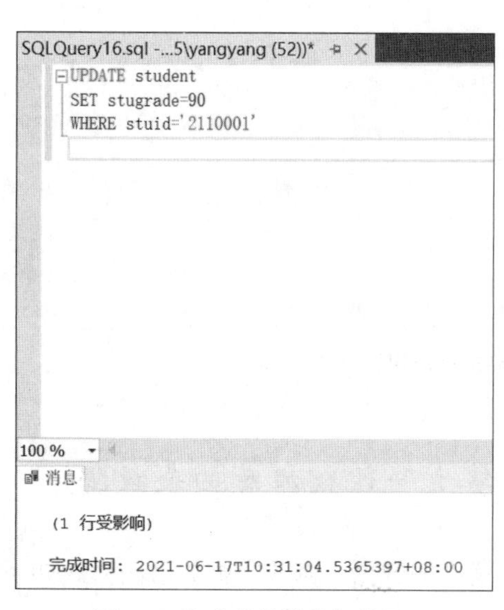

图 5-9　修改成绩的执行结果

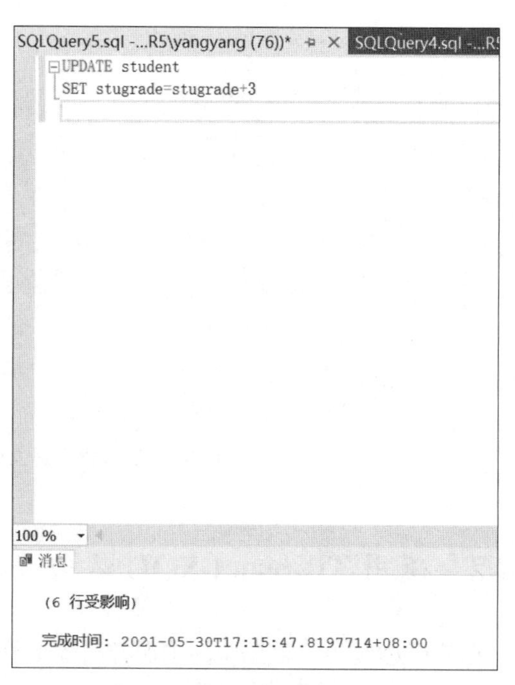

图 5-10　提高成绩的执行结果

5.4.3　使用 Transact-SQL 语句删除学生管理数据库的表数据

使用 DELETE 语句可以删除表中一行或多行数据，语法格式如下。

```
DELETE table_or_view
```

```
FROM table_sources
WHERE search_condition
```

语法说明如下。

（1）table_or_view：删除数据的表或视图的名称。

（2）FROM table_sources：指定附加的 FROM 子句，指定删除时用到的额外的表或视图。

（3）search_condition：指定被删除的记录应满足的条件。

【例 5.10】 删除 student 表中 stugrade 高于 70 分且低于 80 分的数据。

在查询分析器中，输入如下 Transact-SQL 语句并执行：

```
DELETE student
    WHERE stugrade>70 and stugrade<80
```

执行结果如图 5-11 所示。

图 5-11　删除成绩的执行结果

注意：如果 DELETE 语句中没有 WHERE 子句的限制，则表或视图中所有数据均被删除。

【例 5.11】 删除 student 表中所有数据。

在查询分析器中，输入如下 Transact-SQL 语句并执行：

```
DELETE FROM student
```

也可以使用 TRUNCATE TABLE table_name 语句删除表中所有数据。TRUNCATE TABLE 删除表中的所有行，但表结构及其列、约束、索引等保持不变。TRUNCATE TABLE 比 DELETE 速度快，所用的系统和事务日志资源少。

注意：TRUNCATE TABLE 语句不能用于有外关键字依赖的表。TRUNCATE TABLE 语句和 DELETE 语句都不删除表结构。DROP TABLE 语句可以删除表结构及其数据。

5.5 实现学生管理数据库表约束

视频讲解

在定义约束前，应先确定约束的类型，不同类型的约束强制不同类型的数据完整性。约束可以使用 SSMS 和 Transact-SQL 语句设置。

5.5.1 实现 PRIMARY KEY（主键）约束

1. 使用 SSMS 实现

视频讲解

【例 5.12】 设置 stuMIS 数据库中的 student 表的 stuid 字段为主键。

（1）打开 SSMS，连接到 SQL Server 上的数据库引擎。

（2）展开服务器，展开“数据库”→ stuMIS →“表”节点，右击 student 表，在弹出的快捷菜单中选择“设计”菜单项，打开“表设计器”窗口，右击 stuid 列，从弹出的快捷菜单中选择“设置主键”菜单项，如图 5-12 所示。

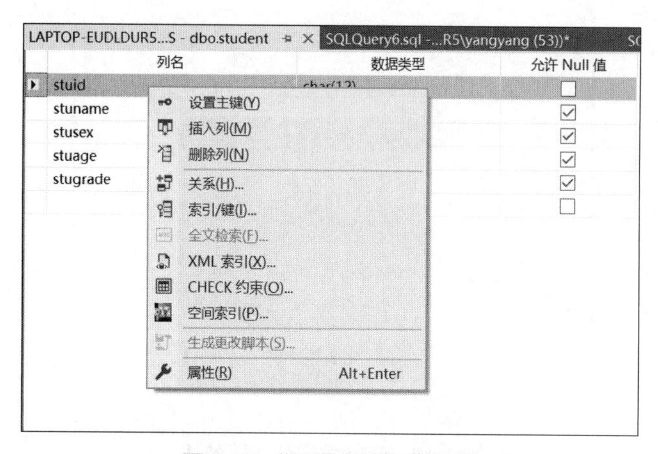

图 5-12 “设置主键”菜单项

（3）单击工具栏中的“保存”按钮，关闭窗口即可。

2. 使用 Transact-SQL 语句实现

创建表时可通过定义 PRIMARY KEY 约束来创建主键，语法格式如下。

```
CREATE TABLE table_name
(column_name data_type
[DEFAULT default_expression] |
```

```
[IDENTITY [(seed, increment)]]
[[CONSTRAINT constraint_name]
PRIMARY KEY[CLUSTERED | NONCLUSTERED]
][,...n]
)
```

语法说明如下。

（1）DEFAULT：默认值约束的关键字，用于指定其后的常数表达式 default_expression 为该列的默认值。

（2）IDENTITY [(seed, increment)]：表示该列为标识列或者称为自动编号列。

（3）CONSTRAINT constraint_name：指定约束名称。

（4）PRIMARY KEY：表示该列具有主键约束。

（5）CLUSTERED | NONCLUSTERED：表示创建聚集索引或非聚集索引。CLUSTERED 表示聚集索引，NONCLUSTERED 表示非聚集索引。

【例 5.13】 在 stuMIS 数据库中使用 Transact-SQL 语句创建 teacher 表，将 teacid 列定义为 PRIMARY KEY 约束。

在查询分析器中，输入如下 Transact-SQL 语句并执行：

```
USE stuMIS
CREATE TABLE teacher(
    teacid char(10) PRIMARY KEY,
    teacname char(8) NOT NULL,
    teacage int,
    teacpassword varchar(20) DEFAULT '123456' NOT NULL
)
```

执行结果如图 5-13 所示。

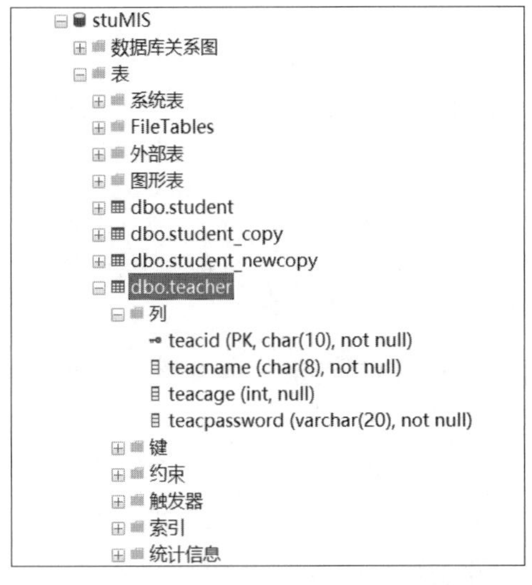

图 5-13　成功定义 PRIMARY KEY 约束

【例 5.14】 使用 Transact-SQL 语句在 stuMIS 数据库中创建 teac_course 表，将 teacid 和 cno 设置为组合 PRIMARY KEY 约束。

在查询分析器中，输入如下 Transact-SQL 语句并执行：

```
USE stuMIS
CREATE TABLE teac_course(
    teacid char(10),
    cno char(20),
    cname char(20),
    credit int
    CONSTRAINT pk_teac PRIMARY KEY (teacid,cno)
)
```

执行结果如图 5-14 所示。

【例 5.15】 删除例 5.14 中创建的组合 PRIMARY KEY 约束。

在查询分析器中，输入如下 Transact-SQL 语句并执行：

```
USE stuMIS
ALTER TABLE teac_course
DROP CONSTRAINT pk_teac
```

执行结果如图 5-15 所示。

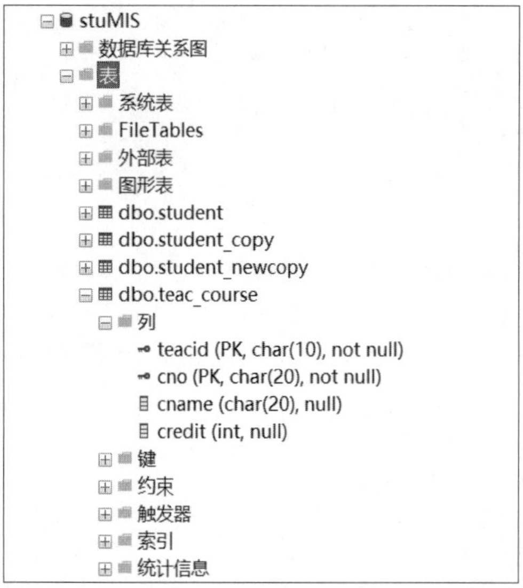

stuMIS
数据库关系图
表
系统表
FileTables
外部表
图形表
dbo.student
dbo.student_copy
dbo.student_newcopy
dbo.teac_course
列
teacid (PK, char(10), not null)
cno (PK, char(20), not null)
cname (char(20), null)
credit (int, null)
键
约束
触发器
索引
统计信息

图 5-14　成功定义组合 PRIMARY KEY 约束

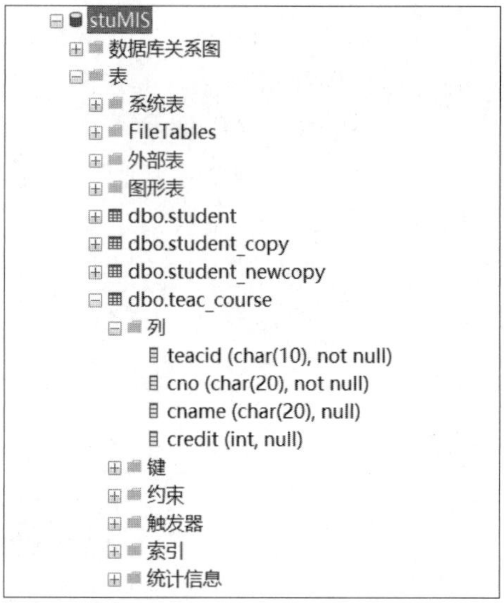

stuMIS
数据库关系图
表
系统表
FileTables
外部表
图形表
dbo.student
dbo.student_copy
dbo.student_newcopy
dbo.teac_course
列
teacid (char(10), not null)
cno (char(20), not null)
cname (char(20), null)
credit (int, null)
键
约束
触发器
索引
统计信息

图 5-15　成功删除组合 PRIMARY KEY 约束

删除主键约束的语法格式如下。

```
ALTER TABLE table_name DROP [CONSTRAINT] primarykey_name
```

其中，primarykey_name：约束的名称。

5.5.2 实现 DEFAULT（默认）约束

1. 使用 SSMS 实现

【例 5.16】 使用 SSMS 设置 stuMIS 数据库中的 teac_course 表里的 credit 字段，在不输入值时，系统自动设置为 1。

视频讲解

（1）打开 SSMS，连接到 SQL Server 上的数据库引擎。

（2）展开服务器，展开“数据库”→ stuMIS →“表”节点，右击 teac_course 表，在弹出的快捷菜单中选择“设计”菜单项，打开“表设计器”窗口，选择 credit 列，在下面的“列属性”设置中，将属性“默认值或绑定”设置为 1，如图 5-16 所示。

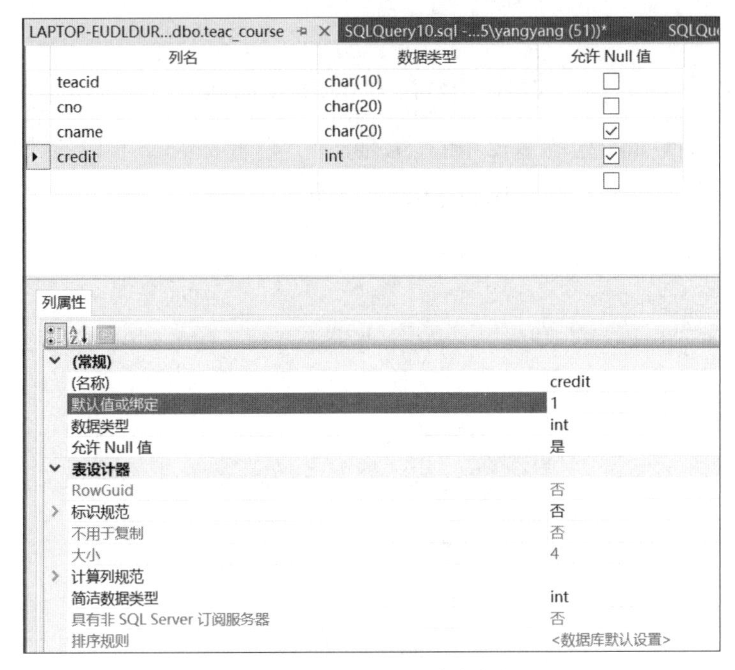

图 5-16　设置 credit 默认值为 1

（3）单击工具栏中的“保存”按钮，关闭窗口即可。

2. 使用 Transact-SQL 语句实现

【例 5.17】 在 stuMIS 中创建 course 表，并设置 credit 字段的默认值为 4。

在查询分析器中，输入如下 Transact-SQL 语句并执行：

```
USE stuMIS
CREATE TABLE course(
   cno char(20),
   cname char(20),
   semester tinyint,
   credit int DEFAULT 4,
   memo varchar(100) NULL
)
```

执行结果如图 5-17 所示。

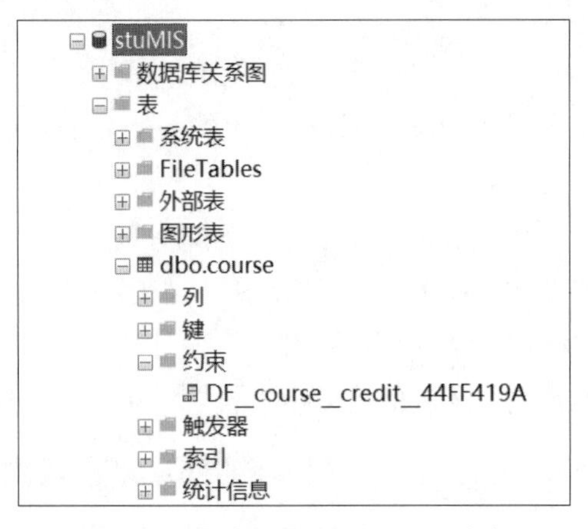

图 5-17　成功创建 DEFAULT 约束

【例 5.18】 修改 stuMIS 数据库中的 teacher 表，设置 teacage 字段的默认值为 30。

在查询分析器中，输入如下 Transact-SQL 语句并执行：

```
USE stuMIS
ALTER TABLE teacher
   ADD CONSTRAINT DF_teacher_age DEFAULT(30) FOR teacage
```

执行结果如图 5-18 所示。

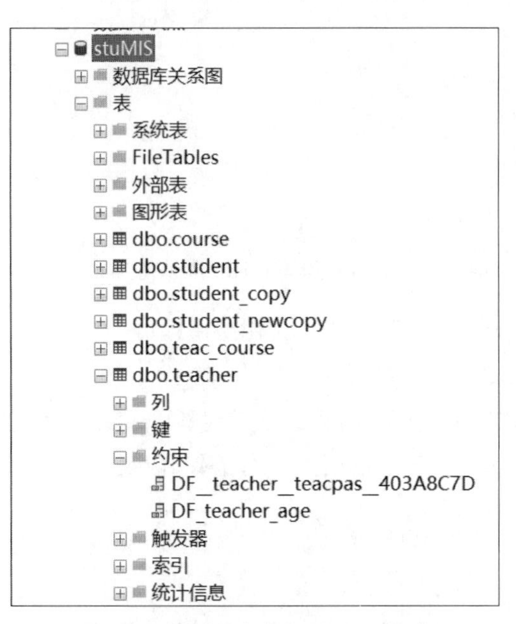

图 5-18　成功添加 DEFAULT 约束

删除 DEFAULT 约束的方法与删除 PRIMARY KEY 约束的方法相同，不再举例说明。

注意：在使用 DEFAULT 约束时，DEFAULT 约束定义的默认值仅在执行 INSERT 操作插入数据时生效，一列至多有一个默认值，其中包括 NULL 值。

5.5.3 实现 CHECK（检查）约束

1. 使用 SSMS 实现

【例 5.19】 给 stuMIS 数据库中的 teacher 表的 teacage 列设置 CHECK 约束。

视频讲解

（1）打开 SSMS，连接到 SQL Server 上的数据库引擎。

（2）展开服务器，展开“数据库”→ stuMIS →“表”节点，右击 teacher 表，在弹出的快捷菜单中选择“设计”菜单项，打开“表设计器”窗口。

（3）右击“表设计器”窗口，在弹出的快捷菜单中选择“CHECK 约束”菜单项，弹出“检查约束”对话框，单击“添加”按钮，单击“表达式”栏进入编辑框，输入约束表达式 teacage BETWEEN 22 AND 65，如图 5-19 所示。

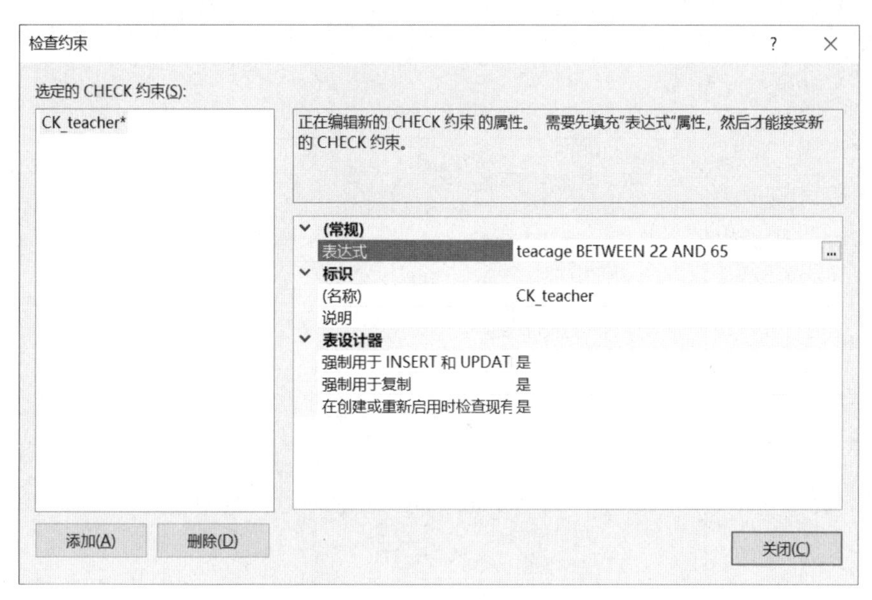

图 5-19 “检查约束”对话框

（4）单击“关闭”按钮，再单击工具栏中的“保存”按钮。

2. 使用 Transact-SQL 语句实现

创建表时定义 CHECK 约束的语法格式如下。

```
CREATE TABLE table_name
(column_name data_type
[[CONSTRAINT constraint_name]
CHECK [NOT FOR REPLICATION]
(check_criterial)[,...n]
][,...n]
)
```

语法说明如下。

（1）NOT FOR REPLICATION：表示在复制表时禁用 CHECK 约束。

（2）CHECK：表示定义的约束为 CHECK 约束。

（3）check_criterial：核查条件，一般是条件表达式。

【例 5.20】 在 stuMIS 数据库中创建 stu_course 表，将 score 列指定为 CHECK 约束。在查询分析器中，输入如下 Transact-SQL 语句并执行：

```
USE stuMIS
CREATE TABLE stu_course(
   sno char(10) PRIMARY KEY,
   cno char(20) NOT NULL,
   sname char(8) NOT NULL,
   cname char(20) NOT NULL,
   score int CHECK(score BETWEEN 0 AND 100)
)
```

执行结果如图 5-20 所示。

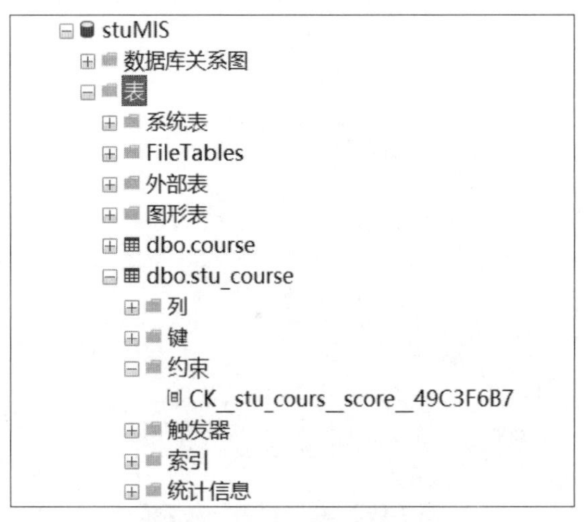

图 5-20　定义 CHECK 约束

可以为表中现有的列添加 CHECK 约束，语法格式如下。

```
ALTER TABLE table_name
[WITH CHECK | WITH NOCHECK]
ADD [CONSTRAINT constraint_name]
CHECK[NOT FOR REPLICATION](check_criterial)[,...n]
```

语法说明如下。

（1）WITH CHECK：默认选项，表示将使用新的 CHECK 约束检查表中已有数据是否符合核查条件。

（2）WITH NOCHECK：表示不进行核查。

【例 5.21】 使用 Transact-SQL 语句设置 stuMIS 数据库中的 course 表的 credit 字段的值为 1~5，对已有数据不进行核查，memo 只能取值为“必修”或“选修”。

在查询分析器中，输入如下 Transact-SQL 语句并执行：

```
USE stuMIS
ALTER TABLE course WITH NOCHECK
  ADD CONSTRAINT ck_course1 CHECK(credit BETWEEN 1 AND 5)
ALTER TABLE course WITH CHECK
  ADD CONSTRAINT ck_course2 CHECK(memo in('必修','选修'))
```

执行结果如图 5-21 所示。

图 5-21　修改现有表的 CHECK 约束

删除 CHECK 约束的方法与删除 PRIMARY KEY 约束的方法相同，不再举例说明。

5.5.4　实现 UNIQUE（唯一）约束

1. 使用 SSMS 实现

【例 5.22】 使用 SSMS 对 stuMIS 数据库中的 teacher 表里的 teacname 设置 UNIQUE 约束。

视频讲解

（1）打开 SSMS，连接到 SQL Server 上的数据库引擎。

（2）展开服务器，展开“数据库”→ stuMIS →“表”节点，右击 teacher 表，在弹出的快捷菜单中选择“设计”菜单项，打开“表设计器”窗口。

（3）右击“表设计器”窗口，在弹出的快捷菜单中选择“索引 / 键”菜单项，弹出“索引 / 键”对话框。

（4）单击“添加”按钮，在“类型”下拉列表框中选择“唯一键”，单击“列”右边的“浏览”按钮，选择 teacname，如图 5-22 所示。

（5）单击“关闭”按钮，再单击工具栏中的“保存”按钮。

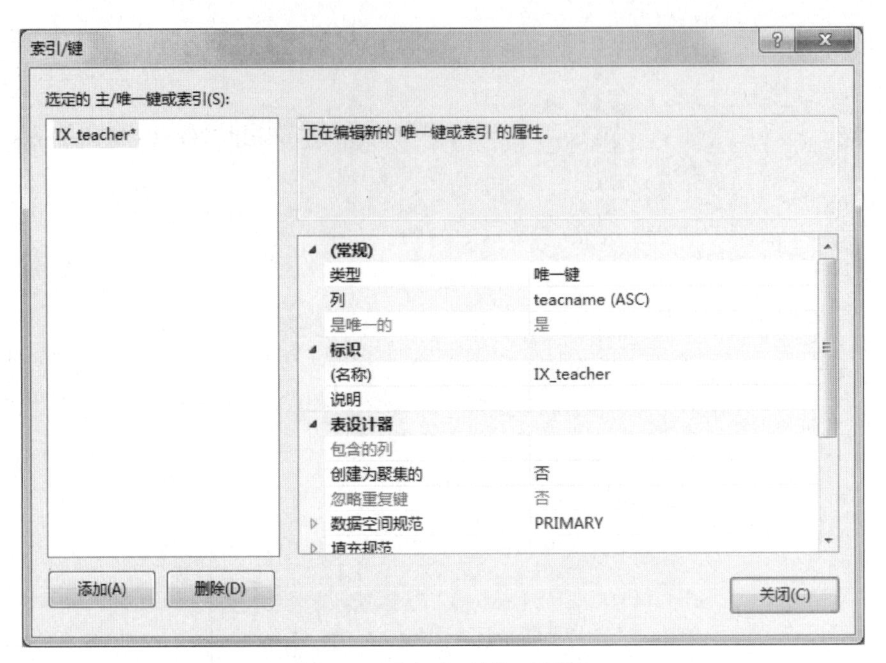

图 5-22 “索引 / 键”对话框

2. 使用 Transact-SQL 语句实现

【例 5.23】 使用 Transact-SQL 语句在 stuMIS 数据库中创建 studentcopy 表，对 sname 设置 UNIQUE 约束。

在查询分析器中，输入如下 Transact-SQL 语句并执行：

```
USE stuMIS
CREATE TABLE studentcopy(
  sno char(10) NOT NULL,
  sname char(8) UNIQUE,
  sex char(2),
  age int,
  tel char(20),
  memo varchar(100)
)
```

【例 5.24】 修改 stuMIS 数据库中的 course 表，对 cname 列设置 UNIQUE 约束。

在查询分析器中，输入如下 Transact-SQL 语句并执行：

```
USE stuMIS
ALTER TABLE course
  ADD CONSTRAINT uq_cname UNIQUE(cname)
```

注意：设置 UNIQUE 约束时，若现有列有重复值，将返回错误信息，必须消除重复值后才能设置 UNIQUE 约束。

删除 UNIQUE 约束的方法与删除 PRIMARY KEY 约束的方法相同，不再举例说明。

5.5.5 实现 NULL（空值）与 NOT NULL（非空值）约束

1. 使用 SSMS 实现

【例 5.25】 以 stuMIS 数据库中的 course 表为例，给表中字段定义 NULL 或 NOT NULL 约束。

（1）打开 SSMS，连接到 SQL Server 上的数据库引擎。

（2）展开服务器，展开“数据库”→ stuMIS →“表”节点，右击 course 表，在弹出的快捷菜单中选择“设计”菜单项，打开“表设计器”窗口，如图 5-23 所示。

YY-PC.test - dbo.course* × SQLQuery16.sql -...st (YY-PC\YY (52))

列名	数据类型	允许 Null 值
cno	char(20)	☐
cname	char(20)	☐
semester	tinyint	☐
credit	int	☐
memo	varchar(100)	☑
		☐

图 5-23 “表设计器”窗口

（3）勾选“表设计器”窗口的“允许 Null 值”表示相应字段被定义为 NULL 约束。若不勾选，则表示相应字段被定义为 NOT NULL 约束。

2. 使用 Transact-SQL 语句实现

【例 5.26】 观察例 5.23 的语句，sno 已被设置为 NOT NULL 约束，即直接在列定义后书写 NULL 或 NOT NULL，请读者自行完成。

【例 5.27】 为 course 表里的 memo 字段添加 NOT NULL 约束。

在查询分析器中，输入如下 Transact-SQL 语句并执行：

```
USE stuMIS
ALTER TABLE course
  ALTER COLUMN memo varchar(100) NOT NULL
```

5.5.6 实现 FOREIGN KEY（外键）约束

1. 使用 SSMS 实现

【例 5.28】 在 stuMIS 数据库中，设置 course 表的 cno 为外键，并引用 stu_course 表的 cno。

（1）打开 SSMS，连接到 SQL Server 上的数据库引擎。

（2）展开服务器，展开“数据库”→ stuMIS →“表”节点，右击 course 表，在弹出的快捷菜单中选择“设计”菜单项，打开“表设计器”窗口。

（3）右击“表设计器”窗口，从弹出的快捷菜单中选择“关系”菜单项，弹出“外键关系”对话框。

（4）单击“添加”按钮，再单击“表和列规范”属性后面的“浏览”按钮，弹出“表和列”对话框。选择主键表为 stu_course 表，主键为 cno，course 表的 cno 为外键，如图 5-24 所示。

视频讲解

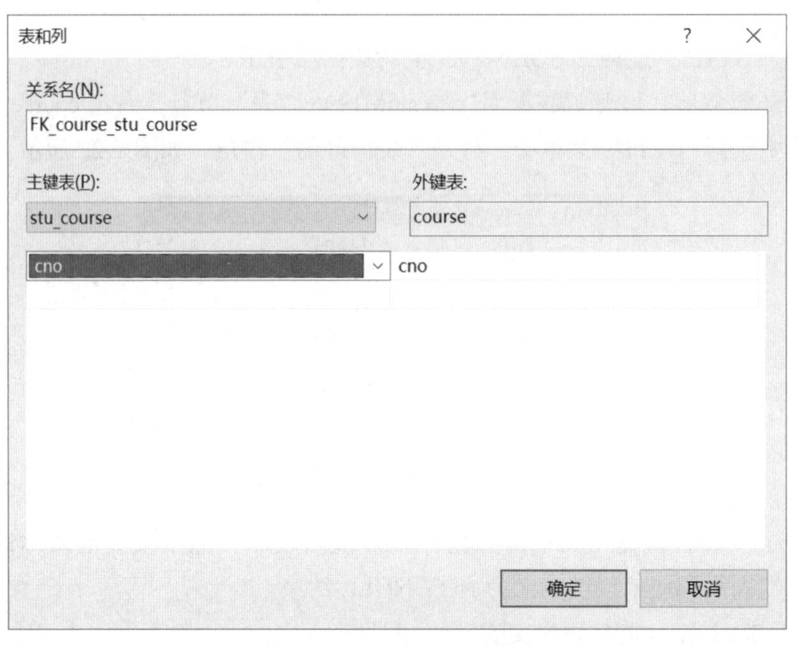

图 5-24 “表和列”对话框

（5）单击“确定”按钮，返回“外键关系”对话框。单击“关闭”按钮，再单击工具栏中的“保存”按钮，完成设置。

2. 使用 Transact-SQL 语句实现

使用 Transact-SQL 语句创建 FOREIGN KEY 约束的语法格式如下。

```
CREATE TABLE table_name
(column_name data_type
[[CONSTRAINT constraint_name]
FOREIGN KEY REFERENCES ref_table (ref_column)
[ON DELETE {CASCADE | NO ACTION}]
[ON UPDATE{CASCADE | NO ACTION}]]
[NOT FOR REPLICATION][,...n]
[[CONSTRAINT constraint_name]
FOREIGN KEY (column_name[,...n])
REFERENCES ref_talbe(ref_column[,...n])
[ON DELETE{CASCADE | NO ACTION}]
[ON UPDATE{CASCADE | NO ACTION}]]
[NOT FOR REPLICATION][,...n]
)
```

语法说明如下。

（1）ref_table (ref_column)：表示引用表名称和列名，该列名指定的列在引用表中必须为主键或唯一约束列。

（2）ON DELETE {CASCADE | NO ACTION}：表示在主键表中删除数据行时，级联删除外键表中外键对应的数据行（CASCADE），或者不做任何操作（NO ACTION）。

（3）NOT FOR REPLICATION：表示在复制表时禁用外键。

【例 5.29】 在 stuMIS 数据库中，创建 teac_course_new 表，设置 teacid 为外键，引用 teacher 表的 teacid 字段。

在查询分析器中，输入如下 Transact-SQL 语句并执行：

```
USE stuMIS
CREATE TABLE teac_course_new(
teacid char(10) REFERENCES teacher(teacid) ON UPDATE CASCADE,
teacname char(8) NOT NULL,
cno char(20) NOT NULL,
semester tinyint
)
```

注意：设置外键时，被引用表（主键表）必须设置了主键或唯一键，并且数据类型和长度必须与外键一致。

项目拓展训练

1. 项目拓展目的

（1）掌握使用 SSMS 向数据表插入、删除和修改数据的方法。

（2）掌握使用 Transact-SQL 语句向数据表插入、删除和修改数据的方法。

（3）掌握使用 SSMS 和 Transact-SQL 语句实现约束的方法。

2. 项目拓展内容

（1）使用 SSMS 向 stuMIS 数据库中的 depart 表插入数据，如表 5-2 所示。

表 5-2　向 depart 表中插入的数据

DepartID	DepartName	Chairman	Office
001	信息技术系	江波	301
002	工程技术系	马康	302
003	外语系	李丽	303
004	体育系	赵伟	304

（2）使用 SSMS 删除 depart 表 DepartID 为 001 的数据。

（3）使用 Transact-SQL 语句向 stu 表插入数据，如表 5-3 所示。

表 5-3　向 stu 表中插入的数据

StudentID	StudentName	Sex	Age	DepartID
2021001	李明	男	20	001
2021101	王芳	女	19	003

（4）使用 SELECT INTO 将（3）中的 stu 表的数据插入 Newstu 表中。

（5）使用 Transact-SQL 语句将 stu 表中 StudentID 为 2021101 学生的 DepartID 改为 002。

（6）使用 Transact-SQL 语句删除 Newstu 表中 StudentID 为 2021001 的数据。

（7）建立 stu_info 数据库，在 stu_info 数据库中创建 student 表和 dorm 表，要求如下：

student（stuid（学号），stuname（姓名），sex（性别），age（年龄），height（身高），native（籍贯），IDnumber（身份证号），dormid（宿舍编号））

dorm（ID，dormid（宿舍编号），tel（电话号码））

使用 SSMS 和 Transact-SQL 语句两种方法实现以下操作。

- NOT NULL 约束：stuname、age、tel。
- PRIMARY KEY 约束：student.stuid、dorm.dormid。
- FOREIGN KEY 约束：student.dormid、参照 dorm 表的 dormid。
- DEFAULT 约束：native 字段默认为“江苏南京”。
- UNIQUE 约束：IDnumber。
- CHECK 约束：sex 为男或女，height 为 1.5~2.5m。
- 插入、修改和删除数据，体会数据完整性。

项目小结

本项目介绍了数据完整性的概念和类型，如何添加、删除和修改数据，以及如何实现约束等。

数据完整性用于保证数据库中数据的正确性、一致性和可靠性，防止数据库中存在不符合语义规定的数据以及因错误信息的输入、输出导致无效操作或错误信息。数据完整性包括实体完整性、域完整性、参照完整性和用户自定义完整性。

可以用 SSMS 和 Transact-SQL 语句两种方法添加、删除和修改表中数据。

约束是强制实现数据完整性的首选方法，可以使用 SSMS 和 Transact-SQL 语句设置。

项目六　学生管理数据库的查询

项目导入

信息管理员王明已经创建了学生管理数据库和需要的表，并在表格中输入了教务科工作人员需要的数据。教务科工作人员在工作中需要查询数据库中的各种数据。

项目描述

（1）在数据库海量的数据中，若想迅速查找出所需的数据，该怎么做?

（2）在 SQL Server 2019 中，使用相关的查询语句才能完成数据的查询，那么查询语句是什么？如何正确使用它?

教学导航

（1）掌握：SELECT 语句的语法格式及各种查询技术。

（2）理解：数据查询的意义。

知识准备

6.1　SELECT 语句概述

视频讲解

查询是数据库中最基本的数据操作。在 SQL Server 2019 中，通过使用 SELECT 语句完成数据查询。

SELECT 语句的语法格式如下。

```
SELECT [ALL | DISTINCT] select_list
FROM table_name
[ WHERE <search_conditions>]
[ GROUP BY group_by_expression]
[ HAVING <search_conditions>]
[ ORDER BY <order_ expression>[ ASC | DESC ] ]
```

语法说明如下。

（1）SELECT 子句：指定要查询的字段（列）。

（2）ALL | DISTINCT：用来标识在查询结果集中对相同行的处理方式。DISTINCT 关键字可从 SELECT 语句的结果集中消除重复的行；ALL 关键字表示返回查询结果集中的所有行，包括重复行。默认值是 ALL。

（3）select_list：指定字段列表，即指定要显示的目标列。

（4）FROM 子句：指定要查询的表名。

（5）WHERE 子句：指定查询条件。

（6）GROUP BY 子句：指定查询结果的分组条件。

（7）HAVING 子句：与 GROUP BY 子句组合使用，进一步对分组的结果集限定查询条件。

（8）ORDER BY 子句：指定结果集的排序方式。

（9）ASC | DESC：表示结果集的排序方式，ASC 表示升序排列；DESC 表示降序排列。默认值是 ASC。

在 SELECT 语句中，SELECT 子句与 FROM 子句是必不可少的，其余子句是可选的。各个子句必须按照语法中列出的次序依次执行，否则会出现语法错误。

6.1.1 选择列

1. 查询指定的列

用 SELECT 子句选择表中的列时，只需要将希望显示的字段名置于 SELECT 子句后即可，字段名称之间用逗号隔开。

2. 查询所有的列

查询表中所有的列有两种方法：将表中的字段名称全部列在 SELECT 子句后；使用“*”代替所有的字段名称。

3. 设置列别名

在设计表时，表的列名一般采用字符的形式。在显示查询结果时，为了便于理解，用户可以根据需要修改查询结果中的列名，即设置列别名。

设置列别名通常有以下三种方法。

（1）将列别名用单引号括起来后接等号，再接要查询的列名，即格式为：'列别名'=查询的列名。

（2）将列别名用单引号括起来后，写在要查询的列名后面，两者之间用空格隔开，即格式为：查询的列名 '列别名'。

（3）将列别名用单引号括起来后，写在要查询的列名后面，两者之间用关键字 AS 隔开，即格式为：查询的列名 AS '列别名'。

4. 使用 DISTINCT 关键字消除重复行

在 SELECT 语句中，如果需要消除重复行，可以使用 DISTINCT 关键字，此时，对结果集中的重复行只显示一次，保证行的唯一性。

5. 使用 TOP n[PERCENT] 返回前 n 行

在查询数据时，可以使用 TOP 子句限制从查询中返回的行数，行数指前 n 行或前 n percent（n%）行。

6. 在查询结果中增加字符串

在查询过程中，可以在查询结果中增加字符串。方法是在 SELECT 子句中，将字符串用单引号括起来，和列名之间用逗号隔开。

7. 计算列值

在使用 SELECT 查询数据时，可以在结果中显示对列值进行计算后的值，即通过对某些列的数据进行计算得到的结果。

6.1.2 WHERE 子句

在实际查询过程中，用户有时需要在数据表中查询满足某些条件的记录。此时，在 SELECT 语句中使用 WHERE 子句可以给定查询条件。数据库系统处理语句时，将不满足条件的记录筛选掉，返回满足条件的记录。

1. 使用比较运算符

WHERE 子句的比较运算符主要有 =（等于）、<（小于）、>（大于）、>=（大于或等于）、<=（小于或等于）、<>（不等于）、!=（不等于）、!<（不小于）、!>（不大于）。语法格式如下。

```
WHERE expression1 comparison_operator expression2
```

语法说明如下。

（1）expression1 和 expression2：要比较的表达式。

（2）comparison_operator：比较运算符。

2. 使用逻辑运算符

WHERE 子句中的逻辑运算符有 NOT、AND 和 OR。当使用 WHERE 子句处理多个条件查询时，就要用到逻辑运算符。

使用逻辑运算符时，需要遵守的规则如下。

（1）NOT：表示否认一个表达式。它只应用于简单条件，不能将它应用于包含 AND 或者 OR 条件的复合条件中。

（2）AND：用来连接两个或多个条件。当使用多个 AND 条件时，不需要括号，可以按任意顺序合并在一起。

（3）OR：可以使用 AND 和 NOT 合并所有的复合条件。当使用多个 OR 条件时，不需要括号，可以按任意顺序合并在一起。

从优先级来看，从高到低依次为 NOT、AND、OR。

3. 使用范围运算符

在使用范围运算符时，可以指定某个查询范围内的数据。用 BETWEEN 关键字设置范围之内的数据，用 NOT BETWEEN 关键字设置范围之外的数据。语法格式如下。

```
WHERE expression [NOT] BETWEEN value1 AND value2
```

语法说明如下。

（1）value1：表示范围的下限。

（2）value2：表示范围的上限，value2 的值大于或等于 value1 的值。

4. 使用列表运算符

在使用列表运算符时，通过使用 IN 关键字或 NOT IN 关键字确定表达式的取值是否属于某一个列表值。语法格式如下。

```
WHERE expression [NOT] IN value_list
```

其中，value_list 表示列表值。当有多个值时，需要用括号将这些值括起来，并且用逗号分隔这些列表值。

5. 使用 LIKE 条件

使用字符匹配符 LIKE 或 NOT LIKE 可以把表达式与字符串进行比较，实现对字符串的模糊查询。语法格式如下。

```
WHERE expression [NOT] LIKE 'string'
```

其中，'string' 表示进行比较的字符串。

在进行字符串模糊匹配时，在 string 字符串中使用通配符。表 6-1 列出了常用的通配符。

表 6-1　常用通配符

通　配　符	含　　义
%	任意多个字符
_	单个字符
[]	指定范围内的单个字符
[^]	不在指定范围内的单个字符

6. 使用 IS NULL 条件

使用 IS NULL 条件或 IS NOT NULL 条件可以查询某一数据值是否为 NULL 的数据信息。IS NULL 可以查询数据值为 NULL 的信息，IS NOT NULL 可以查询数据值不为 NULL 的信息。语法格式如下。

```
WHERE column IS [NOT] NULL
```

6.1.3 GROUP BY 子句

在使用 SELECT 语句查询数据时，可以用 GROUP BY 子句对某列数据值进行分组。语法格式如下。

```
GROUP BY group_by_expression [WITH ROLLUP] [CUBE]
```

语法说明如下。

（1）group_by_expression：表示分组依据的列。

（2）ROLLUP：表示只返回第一个分组条件指定的列的统计行，若改变列的顺序就会使返回的结果行数据发生变化。

（3）CUBE：是 ROLLUP 的扩展，表示除了返回由 GROUP BY 子句指定的列外，还返回按组统计的行。

GROUP BY 子句通常与统计函数一起使用，常用的统计函数见表 6-2。

表 6-2　常用的统计函数

函 数 名	功　　能
COUNT	求组中行数，返回整数
SUM	求和，返回表达式中所有值的和
AVG	求平均值，返回表达式中所有值的平均值
MAX	求最大值，返回表达式中所有值的最大值
MIN	求最小值，返回表达式中所有值的最小值
ABS	求绝对值，返回数值表达式的绝对值
ASCII	求 ASCII 码，返回字符型数据的 ASCII 码
RAND	产生随机数，返回一个 0~ 1 的随机数

6.1.4 HAVING 子句

HAVING 子句指定了组或聚合的查询条件，限定于对统计组的查询，通常与 GROUP BY 子句一起使用。语法格式如下。

```
HAVING search_conditions
```

其中，search_conditions 指定查询条件。

HAVING 子句中可以使用聚合函数，而 WHERE 子句中不可以。

6.1.5 ORDER BY 子句

在进行数据查询时，可以使用 ORDER BY 子句对查询的结果按照一个或多个列进行排序。语法格式如下。

```
ORDER BY order_expression [ASC | DESC]
```

语法说明如下。

（1）order_expression：指定排序列或列的别名和表达式。排序列之间用逗号分隔，列后可指明排序要求。

（2）ASC | DESC：指定排序要求，ASC 关键字表示升序排列，DESC 关键字表示降序排列。默认值是 ASC。

6.2 多表连接查询

视频讲解

在实际应用中，要查询的数据可能不在一个表或视图中，它可能来源于多个表，此时就需要进行多表连接查询。多表连接查询是指通过多个表之间的共同列的相关性来查询数据，是数据库查询最主要的特征。

6.2.1 内连接

内连接是比较常用的数据连接查询方式。内连接使用比较运算符进行多个基表间数据的比较操作，并列出这些基表中与连接条件相匹配的所有的数据行。内连接分为等值连接、非等值连接和自然连接，一般用 INNER JOIN 或 JOIN 关键字指定内连接。语法格式如下。

```
FROM table1 INNER JOIN table2 [ON join_conditions]
```

6.2.2 外连接

若一些数据行在其他表中不存在匹配行，使用内连接查询时通常会删除原表中的这些行，而使用外连接时会返回 FROM 子句中提到的至少一个表或视图中的所有符合搜索条件的行。

参与外连接查询的表有主从之分，以主表中的每行数据去匹配从表中的数据行，如果符合连接条件，则直接返回到查询结果中；如果不匹配，则主表的行保留，从表的对应位置填入 NULL 值。

外连接分为左外连接、右外连接和完全外连接三种类型。

6.2.3 交叉连接

交叉连接也称为笛卡儿乘积，当对两个表使用交叉连接查询时，将生成来自这两个表各行的所有可能组合。语法格式如下。

```
FROM table1 CROSS JOIN table2 [ON join_conditions]
```

在交叉连接中，生成的结果分为两种情况：不使用 WHERE 子句的交叉连接和使用 WHERE 子句的交叉连接。

6.2.4 自连接

连接操作不仅可以在不同的表中进行，也可以在一个表内进行，即将同一个表的不同行连接起来，叫作自连接。在进行自连接操作时，需要为表定义两个别名，且对所有列的引用都要使用别名限定。自连接操作与两个表的连接操作类似。

6.2.5 组合查询

组合查询是指将两个或更多的查询结果连接在一起组成一组数据的查询方式，该结果包含组合查询中所有查询结果的全部行的数据。语法格式如下。

```
SELECT select_list
FROM table_source
[WHERE search_conditions]
{UNION [ALL]
SELECT select_list
FROM table_source
[WHERE search_conditions]}
[ORDER BY order_expression]
```

其中，ALL 关键字表示将返回全部满足匹配的结果。不使用 ALL 关键字，则返回结果重复行中的一行。

6.3 子 查 询

子查询和连接子查询都可以实现对多个表中的数据进行查询访问。根据子查询返回的行数的不同，可以将其分为带有 IN 运算符的子查询、带有比较运算符的子查询、带有 EXISTS 运算符的子查询和单值子查询。

6.3.1 带有 IN 运算符的子查询

IN 运算符可以判断一个表中指定列的值是否包含在已定义的列表中，或在另一个表中。通过 IN 运算符将原表中目标列的值和子查询的返回结果进行比较，若列值与子查询的结果一致或存在与之匹配的数据行，则查询结果中就包含该数据行。语法格式如下。

```
WHERE expression IN | NOT IN (subquery)
```

语法说明如下。

（1）expression：指定要查询的目标列或表达式。

（2）subquery：指定子查询的内容。

6.3.2 带有比较运算符的子查询

带有比较运算符的子查询与带有 IN 运算符的子查询一样，返回一个值列表。语法格式如下。

```
WHERE expression operator [ANY | ALL | SOME] (subquery)
```

语法说明如下。

（1）operator：表示比较运算符。

（1）ANY | ALL | SOME：SQL 支持的在子查询中进行比较的关键字。ANY 和 SOME 表示若返回值中至少有一个值的比较为真，那么就满足查询条件。ALL 表示无论子查询返回的每个值的比较是否为真或有无返回值，都满足查询条件。

6.3.3 带有 EXISTS 运算符的子查询

EXISTS 运算符用于在 WHERE 子句中测试子查询返回的数据行是否存在，它不需要返回多行数据，只产生一个真值或假值，也就是说，如果子查询的值存在，则返回真值；如果不存在，则返回假值。语法格式如下。

```
WHERE EXISTS | NOT EXISTS (subquery)
```

6.3.4 单值子查询

单值子查询是指查询结果返回一个值，然后将一列值与这个返回值进行比较。单值子查询中，比较运算符不需要使用 ANY、SOME 等关键字；在 WHERE 子句中可以使用比较运算符来连接子查询。语法格式如下。

```
WHERE expression operator (subquery)
```

任务实施

6.4　学生管理数据库的简单查询

在完成本项目任务前，请将样本数据库 stuMIS 附加至 SQL Server 2019 中。

6.4.1　使用 SELECT 语句查询

1. 查询指定的列

【例 6.1】 从 stuMIS 数据库的 student 表中查询学生的 sno、sname 和 sex。

在查询分析器中，输入如下 Transact-SQL 语句并执行：

```
USE stuMIS
SELECT sno,sname,sex
FROM student
```

执行结果如图 6-1 所示。

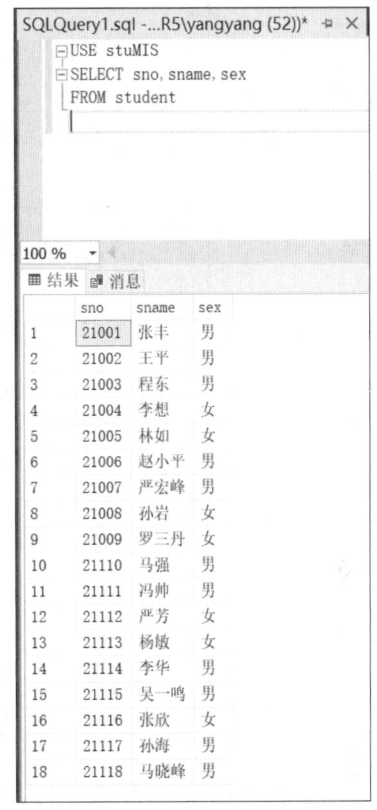

	sno	sname	sex
1	21001	张丰	男
2	21002	王平	男
3	21003	程东	男
4	21004	李想	女
5	21005	林如	女
6	21006	赵小平	男
7	21007	严宏峰	男
8	21008	孙岩	女
9	21009	罗三丹	女
10	21110	马强	男
11	21111	冯帅	男
12	21112	严芳	女
13	21113	杨敏	女
14	21114	李华	男
15	21115	吴一鸣	男
16	21116	张欣	女
17	21117	孙海	男
18	21118	马晓峰	男

图 6-1　查询 student 表中的部分列

视频讲解

2. 查询所有的列

【例 6.2】 查询 stuMIS 数据库中 student 表中的所有信息。

在查询分析器中，输入如下 Transact-SQL 语句并执行：

```
USE stuMIS
SELECT *
FROM student
```

执行结果如图 6-2 所示。

3. 设置列别名

【例 6.3】 查询 stuMIS 数据库中 course 表中的课程编号、课程名称和学分，设置列别名，用汉字显示。

下面用三种方法设置列别名。

（1）在查询分析器中，输入如下 Transact-SQL 语句并执行：

```
USE stuMIS
SELECT '课程编号'=cno,'课程名称'=cname,'学分'=credit
FROM course
```

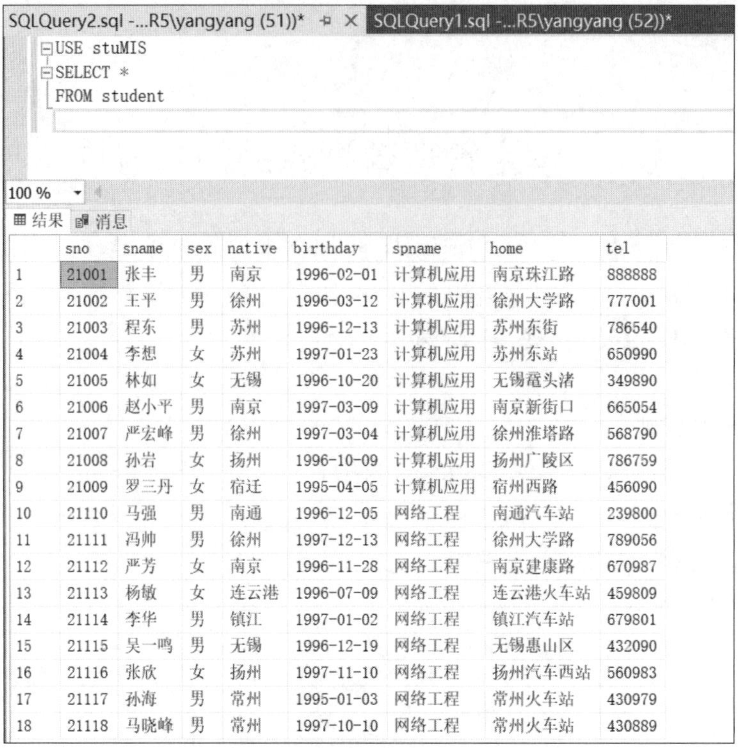

SQLQuery2.sql -...R5\yangyang (51))*　SQLQuery1.sql -...R5\yangyang (52))*

```
USE stuMIS
SELECT *
FROM student
```

100 %

结果　消息

	sno	sname	sex	native	birthday	spname	home	tel
1	21001	张丰	男	南京	1996-02-01	计算机应用	南京珠江路	888888
2	21002	王平	男	徐州	1996-03-12	计算机应用	徐州大学路	777001
3	21003	程东	男	苏州	1996-12-13	计算机应用	苏州东街	786540
4	21004	李想	女	苏州	1997-01-23	计算机应用	苏州东站	650990
5	21005	林如	女	无锡	1996-10-20	计算机应用	无锡鼋头渚	349890
6	21006	赵小平	男	南京	1997-03-09	计算机应用	南京新街口	665054
7	21007	严宏峰	男	徐州	1997-03-04	计算机应用	徐州淮塔路	568790
8	21008	孙岩	女	扬州	1996-10-09	计算机应用	扬州广陵区	786759
9	21009	罗三丹	女	宿迁	1995-04-05	计算机应用	宿州西路	456090
10	21110	马强	男	南通	1996-12-05	网络工程	南通汽车站	239800
11	21111	冯帅	男	徐州	1997-12-13	网络工程	徐州大学路	789056
12	21112	严芳	女	南京	1996-11-28	网络工程	南京建康路	670987
13	21113	杨敏	女	连云港	1996-07-09	网络工程	连云港火车站	459809
14	21114	李华	男	镇江	1997-01-02	网络工程	镇江汽车站	679801
15	21115	吴一鸣	男	无锡	1996-12-19	网络工程	无锡惠山区	432090
16	21116	张欣	女	扬州	1997-11-10	网络工程	扬州汽车西站	560983
17	21117	孙海	男	常州	1995-01-03	网络工程	常州火车站	430979
18	21118	马晓峰	男	常州	1997-10-10	网络工程	常州火车站	430889

图 6-2　查询 student 表中所有信息

（2）在查询分析器中，输入如下 Transact-SQL 语句并执行：

```
USE stuMIS
SELECT cno '课程编号',cname '课程名称',credit '学分'
FROM course
```

（3）在查询分析器中，输入如下 Transact-SQL 语句并执行：

```
USE stuMIS
SELECT cno AS '课程编号',cname AS '课程名称',credit AS '学分'
FROM course
```

三种方法执行结果如图 6-3 所示。

4. 使用 DISTINCT 关键字消除重复行

【例 6.4】 从 stuMIS 数据库的 student 表中查询学生的 native（籍贯），消除重复行。

在查询分析器中，输入如下 Transact-SQL 语句并执行：

```
USE stuMIS
SELECT DISTINCT native '籍贯'
FROM student
```

执行结果如图 6-4 所示。

	课程编号	课程名称	学分
1	101	计算机应用基础	4
2	102	程序设计基础	4
3	103	离散数学	5
4	201	数据结构	4
5	202	操作系统	4
6	203	数据库基础	5
7	301	计算机网络	4
8	302	软件工程	4
9	303	网络安全	3

图 6-3　为 course 表中的列设置别名

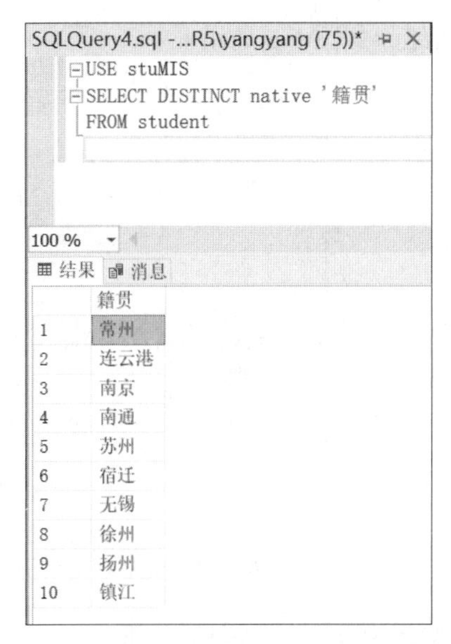

图 6-4　使用 DISTINCT 关键字消除重复行

5. 使用 TOP n[PERCENT] 返回前 n 行

视频讲解

【例 6.5】 从 stuMIS 数据库的 student 表中查询所有信息，只显示前 3 行记录。

在查询分析器中，输入如下 Transact-SQL 语句并执行：

```
USE stuMIS
SELECT TOP 3 *
FROM student
```

执行结果如图 6-5 所示。

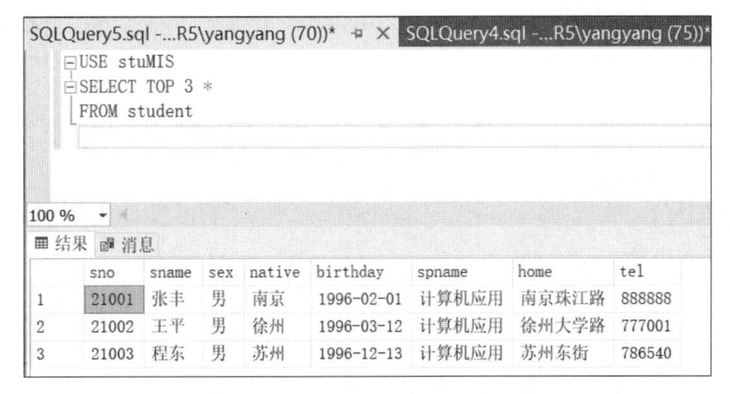

图 6-5　使用 TOP 关键字显示 student 表前 3 行记录

【例 6.6】 从 stuMIS 数据库的 student 表中查询所有信息，只显示前 30% 的行记录。

在查询分析器中，输入如下 Transact-SQL 语句并执行：

```
USE stuMIS
SELECT TOP 30 PERCENT *
FROM student
```

执行结果如图 6-6 所示。

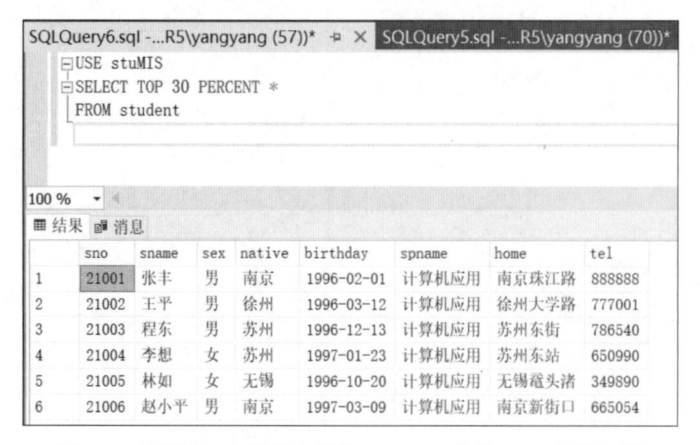

图 6-6　使用 TOP 关键字显示 student 表前 30% 的行记录

6. 在查询结果中增加字符串

【**例 6.7**】 从 stuMIS 数据库的 student 表中查询学生的 sname（姓名）和 native（籍贯），在这两列前面分别增加“姓名”和“籍贯”字符串。

在查询分析器中，输入如下 Transact-SQL 语句并执行：

```
USE stuMIS
SELECT '姓名：',sname,'籍贯：',native
FROM student
```

执行结果如图 6-7 所示。

7. 计算列值

【**例 6.8**】 将 stuMIS 数据库的 grade 表中的 score（成绩）减 5 分，显示最终计算结果。

在查询分析器中，输入如下 Transact-SQL 语句并执行：

```
USE stuMIS
SELECT sno,cno,score=score-5
FROM grade
```

执行结果如图 6-8 所示。

计算列值时，可以使用 +（加）、-（减）、*（乘）、/（除）、%（取余）、字符串连接符等。

【**例 6.9**】 使用字符串连接符连接学生的 sname、native 和 home。

在查询分析器中，输入如下 Transact-SQL 语句并执行：

```
USE stuMIS
SELECTsno,'姓名：'+sname+'籍贯：'+native+'家庭住址：'+home AS '学生信息'
FROM student
```

执行结果如图 6-9 所示。

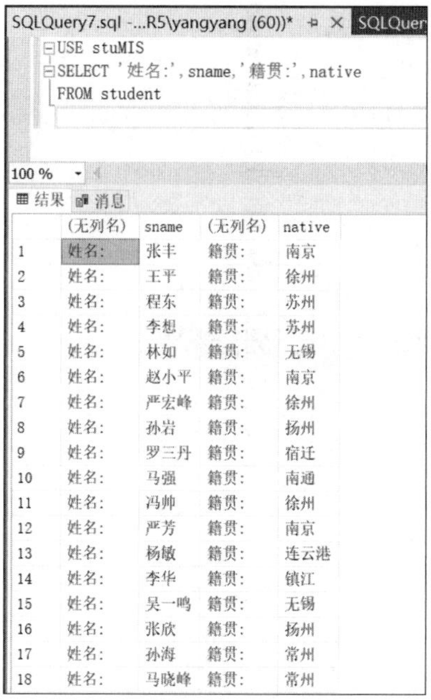
SQLQuery7.sql -...R5\yangyang (60))*
USE stuMIS
SELECT '姓名:',sname,'籍贯:',native
FROM student
100 %
结果 消息
(无列名) sname (无列名) native
1 姓名: 张丰 籍贯: 南京
2 姓名: 王平 籍贯: 徐州
3 姓名: 程东 籍贯: 苏州
4 姓名: 李想 籍贯: 苏州
5 姓名: 林如 籍贯: 无锡
6 姓名: 赵小平 籍贯: 南京
7 姓名: 严宏峰 籍贯: 徐州
8 姓名: 孙岩 籍贯: 扬州
9 姓名: 罗三丹 籍贯: 宿迁
10 姓名: 马强 籍贯: 南通
11 姓名: 冯帅 籍贯: 徐州
12 姓名: 严芳 籍贯: 南京
13 姓名: 杨敏 籍贯: 连云港
14 姓名: 李华 籍贯: 镇江
15 姓名: 吴一鸣 籍贯: 无锡
16 姓名: 张欣 籍贯: 扬州
17 姓名: 孙海 籍贯: 常州
18 姓名: 马晓峰 籍贯: 常州

图 6-7　在查询结果中增加字符串

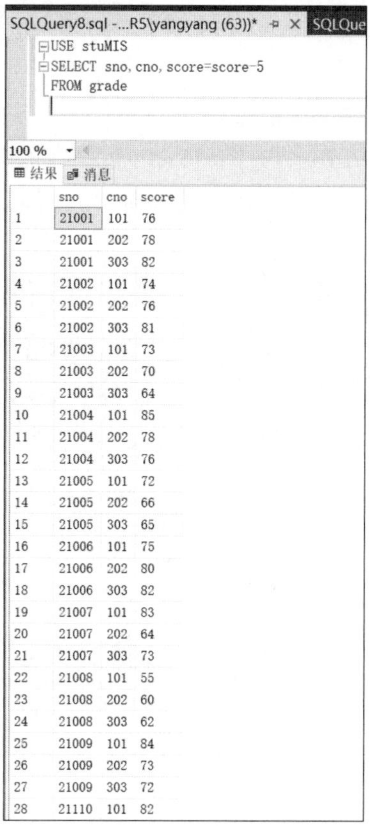
SQLQuery8.sql -...R5\yangyang (63))*
USE stuMIS
SELECT sno,cno,score=score-5
FROM grade
100 %
结果 消息
sno cno score
1 21001 101 76
2 21001 202 78
3 21001 303 82
4 21002 101 74
5 21002 202 76
6 21002 303 81
7 21003 101 73
8 21003 202 70
9 21003 303 64
10 21004 101 85
11 21004 202 78
12 21004 303 76
13 21005 101 72
14 21005 202 66
15 21005 303 65
16 21006 101 75
17 21006 202 80
18 21006 303 82
19 21007 101 83
20 21007 202 64
21 21007 303 73
22 21008 101 55
23 21008 202 60
24 21008 303 62
25 21009 101 84
26 21009 202 73
27 21009 303 72
28 21110 101 82

图 6-8　计算列值

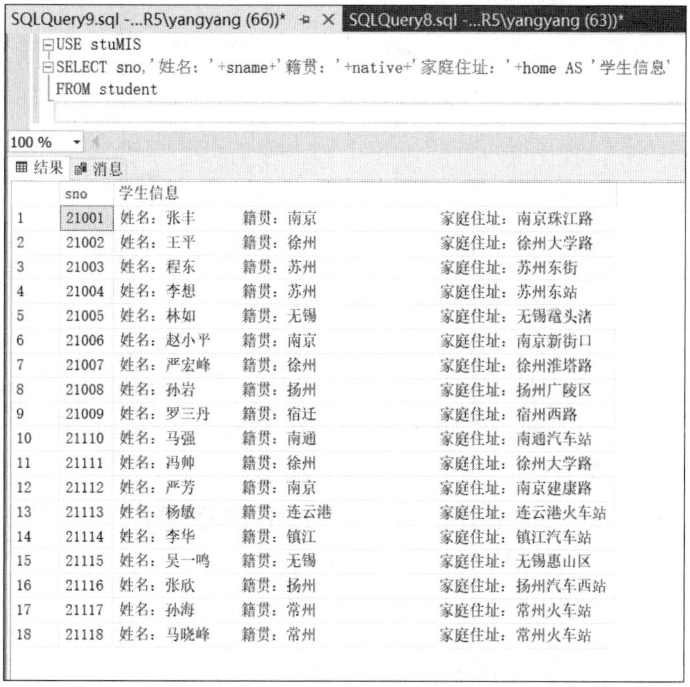
SQLQuery9.sql -...R5\yangyang (66))*
SQLQuery8.sql -...R5\yangyang (63))*
USE stuMIS
SELECT sno,'姓名:'+sname+'籍贯:'+native+'家庭住址:'+home AS '学生信息'
FROM student
100 %
结果 消息
sno 学生信息
1 21001 姓名:张丰 籍贯:南京 家庭住址:南京珠江路
2 21002 姓名:王平 籍贯:徐州 家庭住址:徐州大学路
3 21003 姓名:程东 籍贯:苏州 家庭住址:苏州东街
4 21004 姓名:李想 籍贯:苏州 家庭住址:苏州东站
5 21005 姓名:林如 籍贯:无锡 家庭住址:无锡鼋头渚
6 21006 姓名:赵小平 籍贯:南京 家庭住址:南京新街口
7 21007 姓名:严宏峰 籍贯:徐州 家庭住址:徐州淮塔路
8 21008 姓名:孙岩 籍贯:扬州 家庭住址:扬州广陵区
9 21009 姓名:罗三丹 籍贯:宿迁 家庭住址:宿州西路
10 21110 姓名:马强 籍贯:南通 家庭住址:南通汽车站
11 21111 姓名:冯帅 籍贯:徐州 家庭住址:徐州大学路
12 21112 姓名:严芳 籍贯:南京 家庭住址:南京建康路
13 21113 姓名:杨敏 籍贯:连云港 家庭住址:连云港火车站
14 21114 姓名:李华 籍贯:镇江 家庭住址:镇江汽车站
15 21115 姓名:吴一鸣 籍贯:无锡 家庭住址:无锡惠山区
16 21116 姓名:张欣 籍贯:扬州 家庭住址:扬州汽车西站
17 21117 姓名:孙海 籍贯:常州 家庭住址:常州火车站
18 21118 姓名:马晓峰 籍贯:常州 家庭住址:常州火车站

图 6-9　使用字符串连接符连接列

6.4.2 使用 WHERE 子句查询

视频讲解

1. 使用比较运算符

【例 6.10】 查询 stuMIS 数据库的 student 表中性别为“女”的学生信息。

在查询分析器中，输入如下 Transact-SQL 语句并执行：

```
USE stuMIS
SELECT *
FROM student
WHERE sex='女'
```

执行结果如图 6-10 所示。

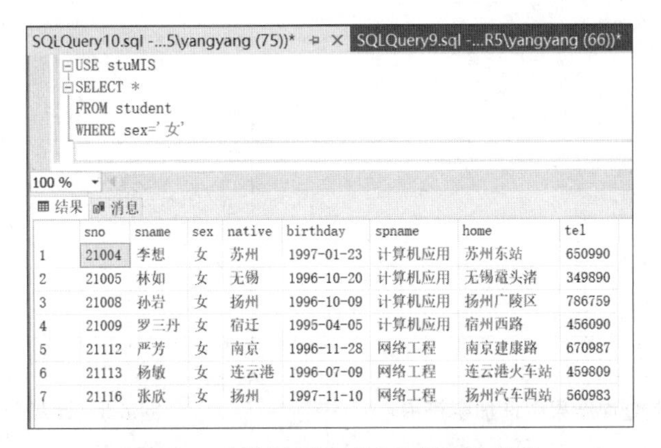

	sno	sname	sex	native	birthday	spname	home	tel
1	21004	李想	女	苏州	1997-01-23	计算机应用	苏州东站	650990
2	21005	林如	女	无锡	1996-10-20	计算机应用	无锡鼋头渚	349890
3	21008	孙岩	女	扬州	1996-10-09	计算机应用	扬州广陵区	786759
4	21009	罗三丹	女	宿迁	1995-04-05	计算机应用	宿州西路	456090
5	21112	严芳	女	南京	1996-11-28	网络工程	南京建康路	670987
6	21113	杨敏	女	连云港	1996-07-09	网络工程	连云港火车站	459809
7	21116	张欣	女	扬州	1997-11-10	网络工程	扬州汽车西站	560983

图 6-10 查询性别为“女”的学生信息

【例 6.11】 查询 stuMIS 数据库的 grade 表中成绩低于 70 分的学生信息。

在查询分析器中，输入如下 Transact-SQL 语句并执行：

```
USE stuMIS
SELECT *
FROM grade
WHERE score<70
```

执行结果如图 6-11 所示。

注意：在使用比较运算符进行查询时，若连接的数据类型不是数字，需用单引号将比较运算符后面的数据引起来。运算符两边表达式的数据类型必须保持一致。

2. 使用逻辑运算符

【例 6.12】 查询 stuMIS 数据库的 student 表中性别是“男”并且籍贯为“无锡”的学生信息。

在查询分析器中，输入如下 Transact-SQL 语句并执行：

```
USE stuMIS
SELECT sname,sex,native
```

```
FROM student
WHERE sex='男'and native='无锡'
```

执行结果如图 6-12 所示。

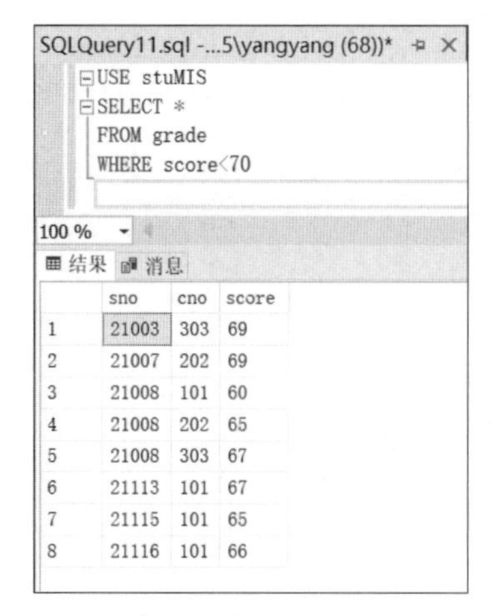

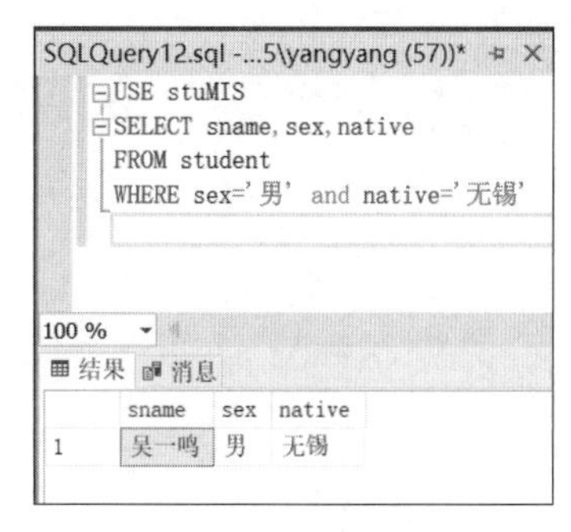

图 6-11　查询成绩低于 70 分的学生信息　图 6-12　查询性别是“男”并且籍贯为“无锡”的学生信息

【例 6.13】 查询 stuMIS 数据库的 student 表中籍贯为“徐州”或者专业是“计算机应用”的学生信息。

在查询分析器中，输入如下 Transact-SQL 语句并执行：

```
USE stuMIS
SELECT *
FROM student
WHERE spname='计算机应用'or native='徐州'
```

执行结果如图 6-13 所示。

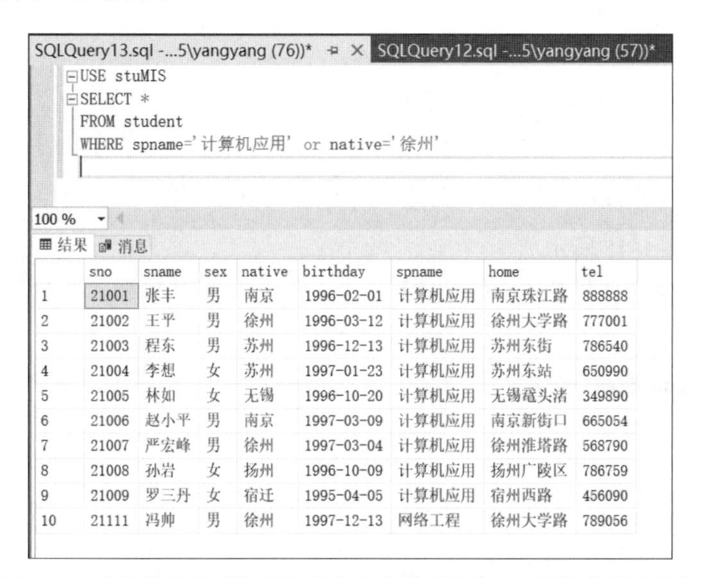

图 6-13　查询籍贯为“徐州”或者专业是“计算机应用”的学生信息

3. 使用范围运算符

【例 6.14】 查询 stuMIS 数据库的 grade 表中 101 课程的成绩在 60~70 分的学生的学号和成绩。

在查询分析器中，输入如下 Transact-SQL 语句并执行：

```
USE stuMIS
SELECT sno,score
FROM grade
WHERE cno='101' and score BETWEEN 60 AND 70
```

执行结果如图 6-14 所示。

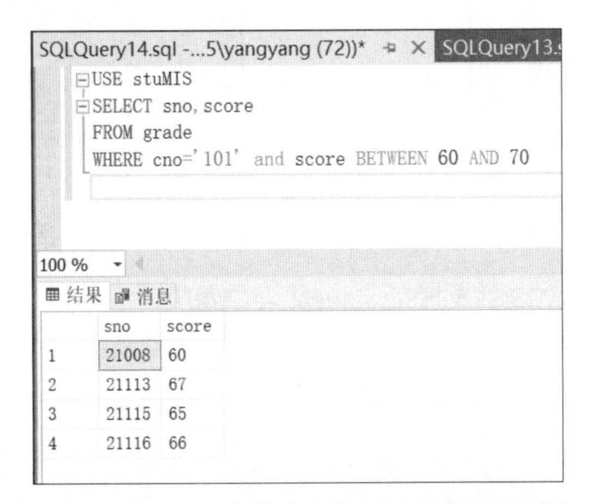

图 6-14 查询 101 课程成绩在 60~70 分的学生信息

【例 6.15】 查询 stuMIS 数据库的 student 表中出生日期在 1997-1-1 至 1997-12-31 的学生信息。

在查询分析器中，输入如下 Transact-SQL 语句并执行：

```
USE stuMIS
SELECT *
FROM student
WHERE birthday BETWEEN '1997-1-1' AND '1997-12-31'
```

执行结果如图 6-15 所示。

注意：当使用日期作为范围条件时，必须用单引号引起来，并且必须是“年 - 月 - 日”的形式。

4. 使用列表运算符

视频讲解

【例 6.16】 查询 stuMIS数据库的 student 表中籍贯是“南京”或“无锡”的学生信息。

在查询分析器中，输入如下 Transact-SQL 语句并执行：

```
USE stuMIS
```

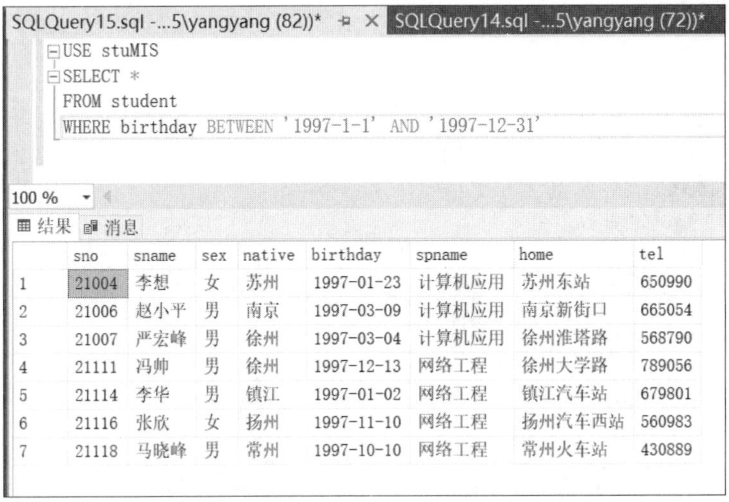

SQLQuery15.sql -...5\yangyang (82))* SQLQuery14.sql -...5\yangyang (72))*

```
USE stuMIS
SELECT *
FROM student
WHERE birthday BETWEEN '1997-1-1' AND '1997-12-31'
```

100 %

结果 消息

	sno	sname	sex	native	birthday	spname	home	tel
1	21004	李想	女	苏州	1997-01-23	计算机应用	苏州东站	650990
2	21006	赵小平	男	南京	1997-03-09	计算机应用	南京新街口	665054
3	21007	严宏峰	男	徐州	1997-03-04	计算机应用	徐州淮塔路	568790
4	21111	冯帅	男	徐州	1997-12-13	网络工程	徐州大学路	789056
5	21114	李华	男	镇江	1997-01-02	网络工程	镇江汽车站	679801
6	21116	张欣	女	扬州	1997-11-10	网络工程	扬州汽车西站	560983
7	21118	马晓峰	男	常州	1997-10-10	网络工程	常州火车站	430889

图 6-15　查询出生日期在 1997-1-1 至 1997-12-31 的学生信息

```
SELECT *
FROM student
WHERE native IN('南京','无锡')
```

执行结果如图 6-16 所示。

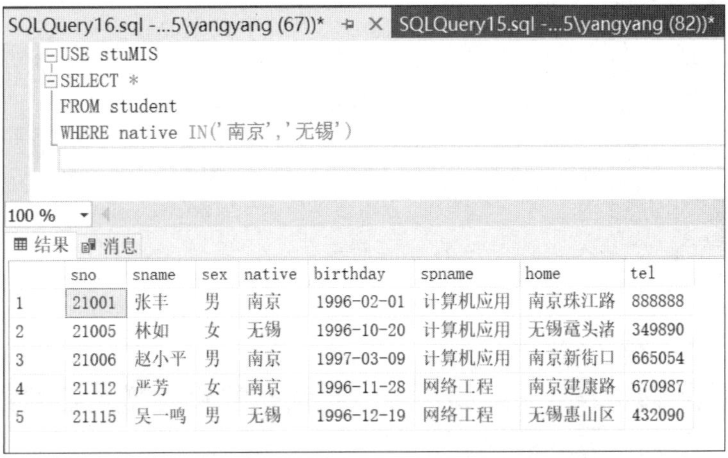

SQLQuery16.sql -...5\yangyang (67))* SQLQuery15.sql -...5\yangyang (82))*

```
USE stuMIS
SELECT *
FROM student
WHERE native IN('南京','无锡')
```

100 %

结果 消息

	sno	sname	sex	native	birthday	spname	home	tel
1	21001	张丰	男	南京	1996-02-01	计算机应用	南京珠江路	888888
2	21005	林如	女	无锡	1996-10-20	计算机应用	无锡鼋头渚	349890
3	21006	赵小平	男	南京	1997-03-09	计算机应用	南京新街口	665054
4	21112	严芳	女	南京	1996-11-28	网络工程	南京建康路	670987
5	21115	吴一鸣	男	无锡	1996-12-19	网络工程	无锡惠山区	432090

图 6-16　查询籍贯是“南京”或“无锡”的学生信息

【例 6.17】 查询 stuMIS 数据库的 student 表中籍贯不是“南京”“无锡”的学生信息。

在查询分析器中，输入如下 Transact-SQL 语句并执行：

```
USE stuMIS
SELECT *
FROM student
WHERE native NOT IN('南京','无锡')
```

执行结果如图 6-17 所示。

SQLQuery17.sql -...5\yangyang (69))* SQLQuery16.sql -...5\yangyang (67))*

```
USE stuMIS
SELECT *
FROM student
WHERE native NOT IN('南京','无锡')
```

100 %

结果 消息

	sno	sname	sex	native	birthday	spname	home	tel
1	21002	王平	男	徐州	1996-03-12	计算机应用	徐州大学路	777001
2	21003	程东	男	苏州	1996-12-13	计算机应用	苏州东街	786540
3	21004	李想	女	苏州	1997-01-23	计算机应用	苏州东站	650990
4	21007	严宏峰	男	徐州	1997-03-04	计算机应用	徐州淮塔路	568790
5	21008	孙岩	女	扬州	1996-10-09	计算机应用	扬州广陵区	786759
6	21009	罗三丹	女	宿迁	1995-04-05	计算机应用	宿州西路	456090
7	21110	马强	男	南通	1996-12-05	网络工程	南通汽车站	239800
8	21111	冯帅	男	徐州	1997-12-13	网络工程	徐州大学路	789056
9	21113	杨敏	女	连云港	1996-07-09	网络工程	连云港火车站	459809
10	21114	李华	男	镇江	1997-01-02	网络工程	镇江汽车站	679801
11	21116	张欣	女	扬州	1997-11-10	网络工程	扬州汽车西站	560983
12	21117	孙海	男	常州	1995-01-03	网络工程	常州火车站	430979
13	21118	马晓峰	男	常州	1997-10-10	网络工程	常州火车站	430889

图 6-17　查询籍贯不是“南京”“无锡”的学生信息

注意：在使用 IN 运算符时，有效值列表中不能包含 NULL 值的数据。

5. 使用 LIKE 条件

【例 6.18】 查询 stuMIS 数据库的 student 表中姓名里含有“帅”字的学生信息。

在查询分析器中，输入如下 Transact-SQL 语句并执行：

```
USE stuMIS
SELECT *
FROM student
WHERE sname LIKE '%帅%'
```

执行结果如图 6-18 所示。

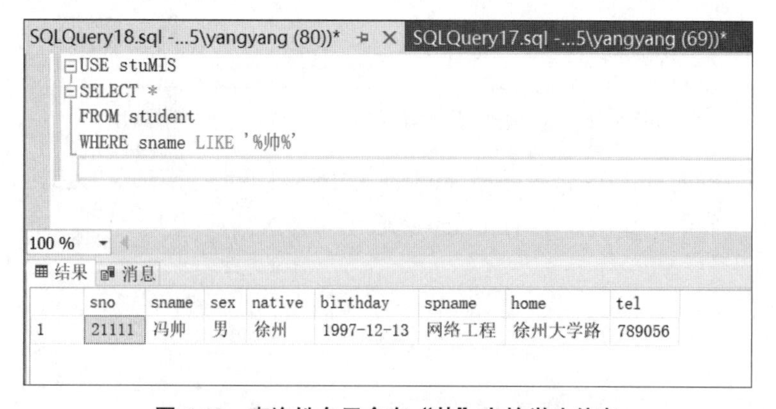
SQLQuery18.sql -...5\yangyang (80))* SQLQuery17.sql -...5\yangyang (69))*

```
USE stuMIS
SELECT *
FROM student
WHERE sname LIKE '%帅%'
```

100 %

结果 消息

	sno	sname	sex	native	birthday	spname	home	tel
1	21111	冯帅	男	徐州	1997-12-13	网络工程	徐州大学路	789056

图 6-18　查询姓名里含有“帅”字的学生信息

【例 6.19】 查询 stuMIS 数据库的 student 表中姓名里不含有“帅”字的学生信息。

在查询分析器中，输入如下 Transact-SQL 语句并执行：

```
USE stuMIS
SELECT *
FROM student
WHERE sname NOT LIKE '% 帅 %'
```

执行结果如图 6-19 所示。

SQLQuery19.sql -...5\yangyang (59))*　SQLQuery18.sql -...5\yangyang (80))*

```
USE stuMIS
SELECT *
FROM student
WHERE sname NOT LIKE '%帅%'
```

100 %

结果　消息

	sno	sname	sex	native	birthday	spname	home	tel
1	21001	张丰	男	南京	1996-02-01	计算机应用	南京珠江路	888888
2	21002	王平	男	徐州	1996-03-12	计算机应用	徐州大学路	777001
3	21003	程东	男	苏州	1996-12-13	计算机应用	苏州东街	786540
4	21004	李想	女	苏州	1997-01-23	计算机应用	苏州东站	650990
5	21005	林如	女	无锡	1996-10-20	计算机应用	无锡鼋头渚	349890
6	21006	赵小平	男	南京	1997-03-09	计算机应用	南京新街口	665054
7	21007	严宏峰	男	徐州	1997-03-04	计算机应用	徐州淮塔路	568790
8	21008	孙岩	女	扬州	1996-10-09	计算机应用	扬州广陵区	786759
9	21009	罗三丹	女	宿迁	1995-04-05	计算机应用	宿州西路	456090
10	21110	马强	男	南通	1996-12-05	网络工程	南通汽车站	239800
11	21112	严芳	女	南京	1996-11-28	网络工程	南京建康路	670987
12	21113	杨敏	女	连云港	1996-07-09	网络工程	连云港火车站	459809
13	21114	李华	男	镇江	1997-01-02	网络工程	镇江汽车站	679801
14	21115	吴一鸣	男	无锡	1996-12-19	网络工程	无锡惠山区	432090
15	21116	张欣	女	扬州	1997-11-10	网络工程	扬州汽车西站	560983
16	21117	孙海	男	常州	1995-01-03	网络工程	常州火车站	430979
17	21118	马晓峰	男	常州	1997-10-10	网络工程	常州火车站	430889

图 6-19　查询姓名里不含有“帅”字的学生信息

6. 使用 IS NULL 条件

【例 6.20】 查询 stuMIS 数据库的 grade 表中成绩为空的学生信息。

在查询分析器中，输入如下 Transact-SQL 语句并执行：

```
USE stuMIS
SELECT *
FROM grade
WHERE score IS NULL
```

执行结果如图 6-20 所示。

因为 grade 表中的 score 列值均不为空，所以没有查出满足条件的学生信息。

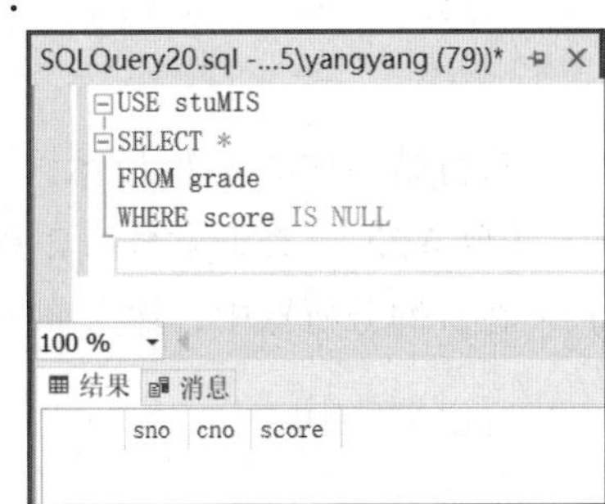

图 6-20　查询成绩为空的学生信息

6.4.3 使用 GROUP BY 子句查询

【例 6.21】 按学生籍贯统计各个地区的人数。

在查询分析器中，输入如下 Transact-SQL 语句并执行：

视频讲解

```
USE stuMIS
SELECT native,COUNT(native) as '籍贯人数'
FROM student
GROUP BY native
```

执行结果如图 6-21 所示。

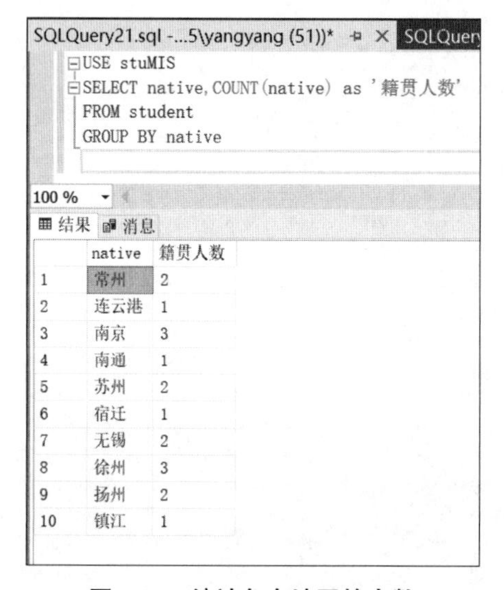

图 6-21 统计各个地区的人数

【例 6.22】 查询选修 101 课程的学生的平均成绩。

在查询分析器中，输入如下 Transact-SQL 语句并执行：

```
USE stuMIS
SELECT AVG(score) AS '101课程平均成绩'
FROM grade
WHERE cno='101'
```

执行结果如图 6-22 所示。

【例 6.23】 查询学号为 21007 的学生所学课程的总成绩。

在查询分析器中，输入如下 Transact-SQL 语句并执行：

```
USE stuMIS
SELECT SUM(score) AS '课程总成绩'
FROM grade
WHERE sno='21007'
```

执行结果如图 6-23 所示。

```
SQLQuery22.sql -...5\yangyang (83))*
USE stuMIS
SELECT AVG(score) AS '101课程平均成绩'
FROM grade
WHERE cno='101'
```

	101课程平均成绩
1	78

图 6-22　选修 101 课程的学生的平均成绩

```
SQLQuery23.sql -...5\yangyang (84))*
USE stuMIS
SELECT SUM(score) AS '课程总成绩'
FROM grade
WHERE sno='21007'
```

	课程总成绩
1	235

图 6-23　学号为 21007 的学生所学课程的总成绩

【例 6.24】 查询选修 202 课程的学生的最高分和最低分。

在查询分析器中，输入如下 Transact-SQL 语句并执行：

```
USE stuMIS
SELECT MAX(score) AS '202 课程的最高分',MIN(score) AS '202 课程的最低分'
FROM grade
WHERE cno='202'
```

执行结果如图 6-24 所示。

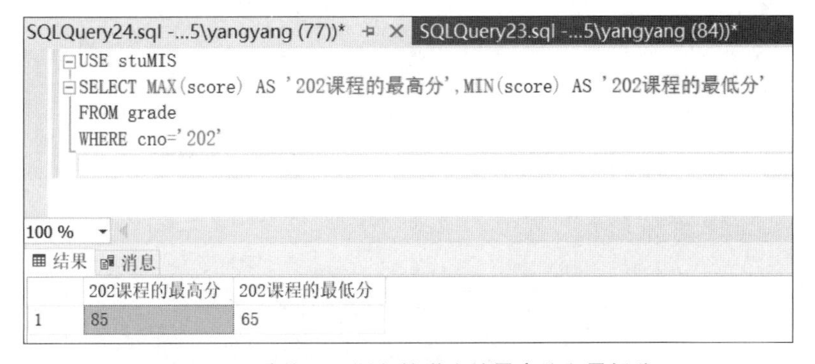

图 6-24　选修 202 课程的学生的最高分和最低分

6.4.4　使用 HAVING 子句查询

【例 6.25】 查询籍贯为“徐州”的学生的平均年龄。

在查询分析器中，输入如下 Transact-SQL 语句并执行：

```
USE stuMIS
SELECT native AS '籍贯',AVG(YEAR(GETDATE())-YEAR(birthday)) AS '平均年龄'
FROM student
```

```
GROUP BY native
HAVING native='徐州'
```

执行结果如图 6-25 所示。

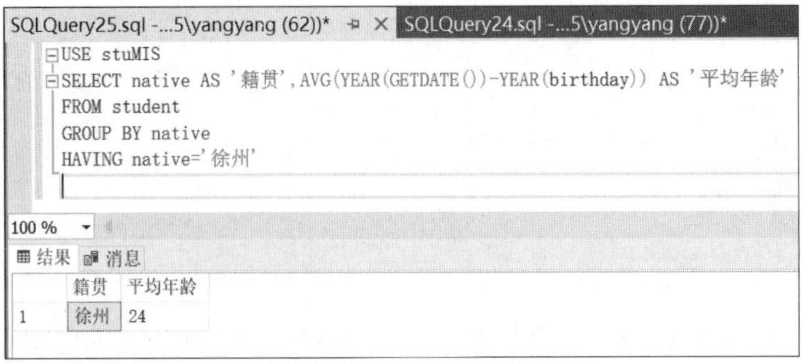

图 6-25　籍贯为“徐州”的学生的平均年龄

【例 6.26】查询选修课程超过两门并且平均成绩在 80 分以上（包括 80 分）的学生学号和平均成绩。

在查询分析器中，输入如下 Transact-SQL 语句并执行：

```
USE stuMIS
SELECT sno AS '学号',AVG(score) AS '平均成绩'
FROM grade
GROUP BY sno
HAVING AVG(score)>=80 AND COUNT(sno)>2
```

执行结果如图 6-26 所示。

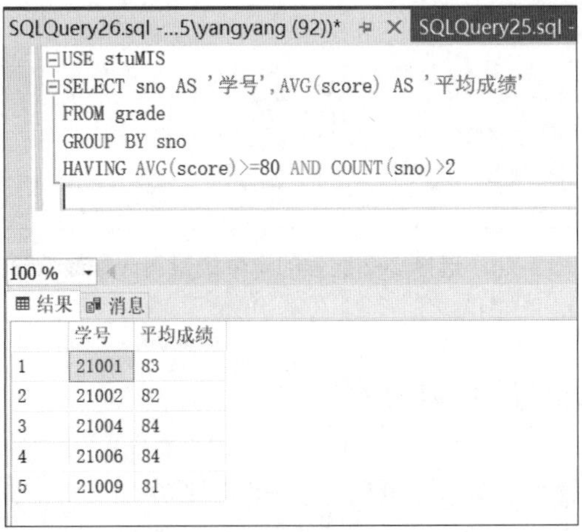

图 6-26　选修课程超过两门并且平均成绩在 80 分以上（包括 80 分）的学生信息

6.4.5 使用 ORDER BY 子句查询

【例 6.27】 从 stuMIS 数据库的 student 表中查询学生信息，birthday 按照升序排序。

在查询分析器中，输入如下 Transact-SQL 语句并执行：

```
USE stuMIS
SELECT *
FROM student
ORDER BY birthday ASC
```

执行结果如图 6-27 所示。

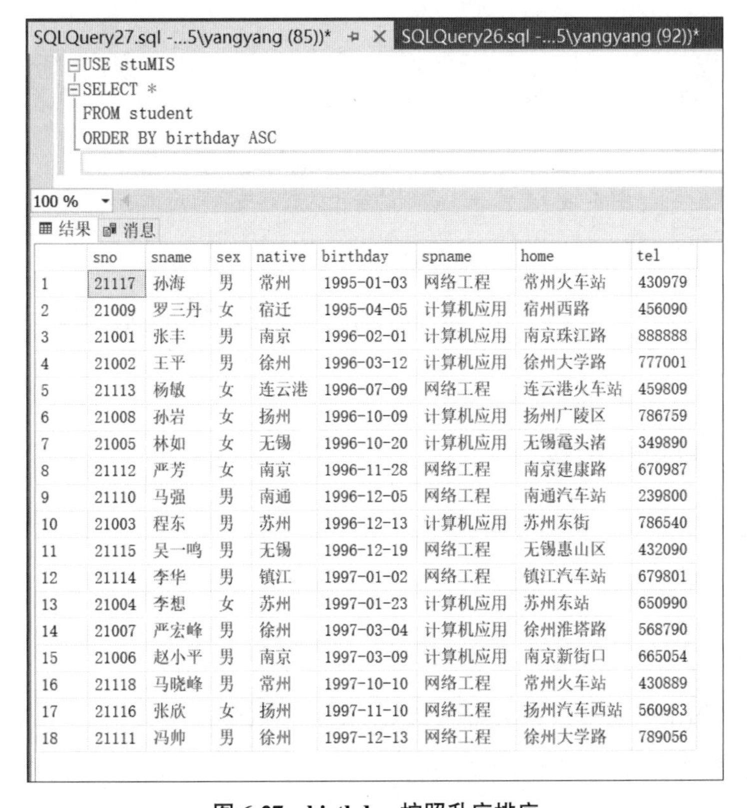

	sno	sname	sex	native	birthday	spname	home	tel
1	21117	孙海	男	常州	1995-01-03	网络工程	常州火车站	430979
2	21009	罗三丹	女	宿迁	1995-04-05	计算机应用	宿州西路	456090
3	21001	张丰	男	南京	1996-02-01	计算机应用	南京珠江路	888888
4	21002	王平	男	徐州	1996-03-12	计算机应用	徐州大学路	777001
5	21113	杨敏	女	连云港	1996-07-09	网络工程	连云港火车站	459809
6	21008	孙岩	女	扬州	1996-10-09	计算机应用	扬州广陵区	786759
7	21005	林如	女	无锡	1996-10-20	计算机应用	无锡鼋头渚	349890
8	21112	严芳	女	南京	1996-11-28	网络工程	南京建康路	670987
9	21110	马强	男	南通	1996-12-05	网络工程	南通汽车站	239800
10	21003	程东	男	苏州	1996-12-13	计算机应用	苏州东街	786540
11	21115	吴一鸣	男	无锡	1996-12-19	网络工程	无锡惠山区	432090
12	21114	李华	男	镇江	1997-01-02	网络工程	镇江汽车站	679801
13	21004	李想	女	苏州	1997-01-23	计算机应用	苏州东站	650990
14	21007	严宏峰	男	徐州	1997-03-04	计算机应用	徐州淮塔路	568790
15	21006	赵小平	男	南京	1997-03-09	计算机应用	南京新街口	665054
16	21118	马晓峰	男	常州	1997-10-10	网络工程	常州火车站	430889
17	21116	张欣	女	扬州	1997-11-10	网络工程	扬州汽车西站	560983
18	21111	冯帅	男	徐州	1997-12-13	网络工程	徐州大学路	789056

图 6-27 birthday 按照升序排序

【例 6.28】 查询选修 303 课程的学生的学号和成绩，成绩按照降序排序。

在查询分析器中，输入如下 Transact-SQL 语句并执行：

```
USE stuMIS
SELECT sno,score
FROM grade
WHERE cno='303'
ORDER BY score DESC
```

执行结果如图 6-28 所示。

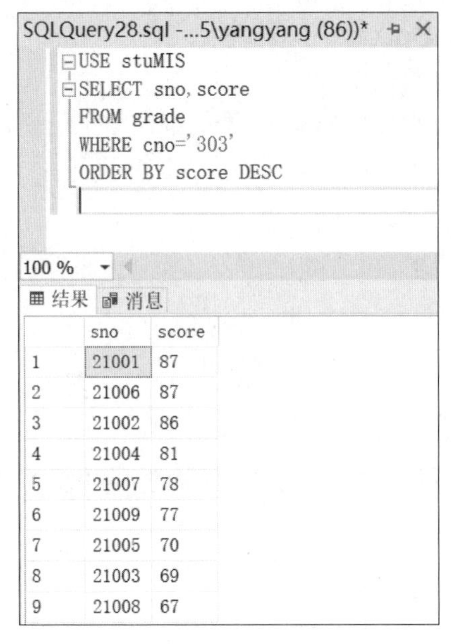

	sno	score
1	21001	87
2	21006	87
3	21002	86
4	21004	81
5	21007	78
6	21009	77
7	21005	70
8	21003	69
9	21008	67

图 6-28　选修 303 课程的学生的成绩按照降序排序

6.5　多表连接查询学生管理数据库

6.5.1　使用内连接查询

1. 等值连接

等值连接指在连接条件中使用等号（=）比较连接列的列值，在其结果中列出被连接表中的所有数据，包括重复列。

视频讲解

【例 6.29】 查询 stuMIS 数据库中的学生情况和选修课程情况。

在查询分析器中，输入如下 Transact-SQL 语句并执行：

```
USE stuMIS
SELECT *
FROM student INNER JOIN grade
ON student.sno=grade.sno
```

执行结果如图 6-29 所示。

【例 6.30】 查询选修 303 课程且成绩高于 60 分的学生的姓名、学号和成绩。

在查询分析器中，输入如下 Transact-SQL 语句并执行：

```
USE stuMIS
SELECT student.sno,student.sname,grade.score
FROM student INNER JOIN grade
```

SQLQuery1.sql -...R5\yangyang (61))*

```
USE stuMIS
SELECT *
FROM student INNER JOIN grade
ON student.sno=grade.sno
```

100 %

结果　消息

	sno	sname	sex	native	birthday	spname	home	tel	sno	cno	score
1	21001	张丰	男	南京	1996-02-01	计算机应用	南京珠江路	888888	21001	101	81
2	21001	张丰	男	南京	1996-02-01	计算机应用	南京珠江路	888888	21001	202	83
3	21001	张丰	男	南京	1996-02-01	计算机应用	南京珠江路	888888	21001	303	87
4	21002	王平	男	徐州	1996-03-12	计算机应用	徐州大学路	777001	21002	101	79
5	21002	王平	男	徐州	1996-03-12	计算机应用	徐州大学路	777001	21002	202	81
6	21002	王平	男	徐州	1996-03-12	计算机应用	徐州大学路	777001	21002	303	86
7	21003	程东	男	苏州	1996-12-13	计算机应用	苏州东街	786540	21003	101	78
8	21003	程东	男	苏州	1996-12-13	计算机应用	苏州东街	786540	21003	202	75
9	21003	程东	男	苏州	1996-12-13	计算机应用	苏州东街	786540	21003	303	69
10	21004	李想	女	苏州	1997-01-23	计算机应用	苏州东站	650990	21004	101	90
11	21004	李想	女	苏州	1997-01-23	计算机应用	苏州东站	650990	21004	202	83
12	21004	李想	女	苏州	1997-01-23	计算机应用	苏州东站	650990	21004	303	81
13	21005	林如	女	无锡	1996-10-20	计算机应用	无锡蠡头渚	349890	21005	101	77
14	21005	林如	女	无锡	1996-10-20	计算机应用	无锡蠡头渚	349890	21005	202	71
15	21005	林如	女	无锡	1996-10-20	计算机应用	无锡蠡头渚	349890	21005	303	70
16	21006	赵小平	男	南京	1997-03-09	计算机应用	南京新街口	665054	21006	101	80
17	21006	赵小平	男	南京	1997-03-09	计算机应用	南京新街口	665054	21006	202	85
18	21006	赵小平	男	南京	1997-03-09	计算机应用	南京新街口	665054	21006	303	87
19	21007	严宏峰	男	徐州	1997-03-04	计算机应用	徐州淮塔路	568790	21007	101	88
20	21007	严宏峰	男	徐州	1997-03-04	计算机应用	徐州淮塔路	568790	21007	202	69
21	21007	严宏峰	男	徐州	1997-03-04	计算机应用	徐州淮塔路	568790	21007	303	78
22	21008	孙岩	女	扬州	1996-10-09	计算机应用	扬州广陵区	786759	21008	101	60

图 6-29　stuMIS 数据库中的学生情况和选修课程情况

```
ON student.sno=grade.sno
WHERE cno='303' AND score>60
```

执行结果如图 6-30 所示。

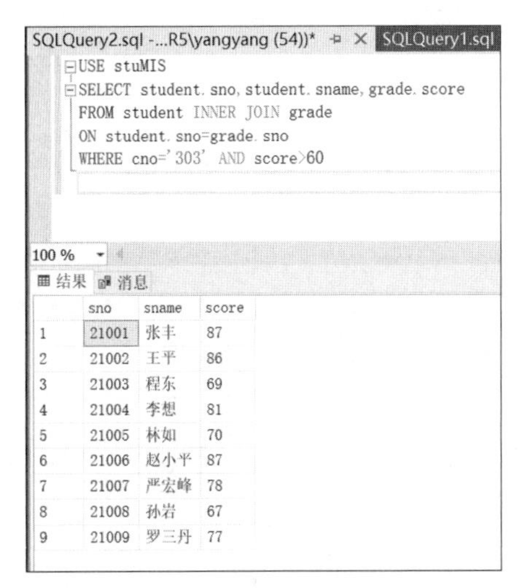
SQLQuery2.sql -...R5\yangyang (54))*　SQLQuery1.sql

```
USE stuMIS
SELECT student.sno,student.sname,grade.score
FROM student INNER JOIN grade
ON student.sno=grade.sno
WHERE cno='303' AND score>60
```

100 %

结果　消息

	sno	sname	score
1	21001	张丰	87
2	21002	王平	86
3	21003	程东	69
4	21004	李想	81
5	21005	林如	70
6	21006	赵小平	87
7	21007	严宏峰	78
8	21008	孙岩	67
9	21009	罗三丹	77

图 6-30　选修 303 课程且成绩高于 60 分的学生情况

2. 非等值连接

非等值连接指在连接条件中不使用等号，而使用其他比较运算符，如 >、<、>=、<=、< > 和 BETWEEN…AND。

【例 6.31】 查询选修 101 课程且成绩及格及以上的学生姓名、学号和成绩，按照成绩进行降序排列。

在查询分析器中，输入如下 Transact-SQL 语句并执行：

```
SELECT s.sno,s.sname,g.score
FROM student s INNER JOIN grade g
ON s.sno=g.sno
WHERE cno='101' AND score>=60
ORDER BY g.score DESC
```

执行结果如图 6-31 所示。

SQLQuery3.sql -...R5\yangyang (71))*

```
SELECT s.sno,s.sname,g.score
FROM student s INNER JOIN grade g
ON s.sno=g.sno
WHERE cno='101' AND score>=60
ORDER BY g.score DESC
```

100 %

结果 消息

	sno	sname	score
1	21004	李想	90
2	21009	罗三丹	89
3	21007	严宏峰	88
4	21111	冯帅	88
5	21110	马强	87
6	21001	张丰	81
7	21117	孙海	81
8	21118	马晓峰	80
9	21006	赵小平	80
10	21002	王平	79
11	21003	程东	78
12	21112	严芳	78
13	21114	李华	78
14	21005	林如	77
15	21113	杨敏	67
16	21116	张欣	66
17	21115	吴一鸣	65
18	21008	孙岩	60

图 6-31　选修 101 课程且成绩及格及以上的学生情况

注意：在 FROM 子句中给出基表定义别名时，可以直接使用 <表名><别名> 的方式，如 student s。

3. 自然连接

自然连接是指在等值连接中去除目标列中重复的属性列。在使用自然连接查询时，它为具有相同名称的列自动进行记录匹配。

【例 6.32】 对例 6.29 使用自然连接查询。

在查询分析器中，输入如下 Transact-SQL 语句并执行：

```
USE stuMIS
SELECT DISTINCT student.sno,student.sname,grade.cno,grade.score
FROM student INNER JOIN grade
ON student.sno=grade.sno
```

执行结果如图 6-32 所示。

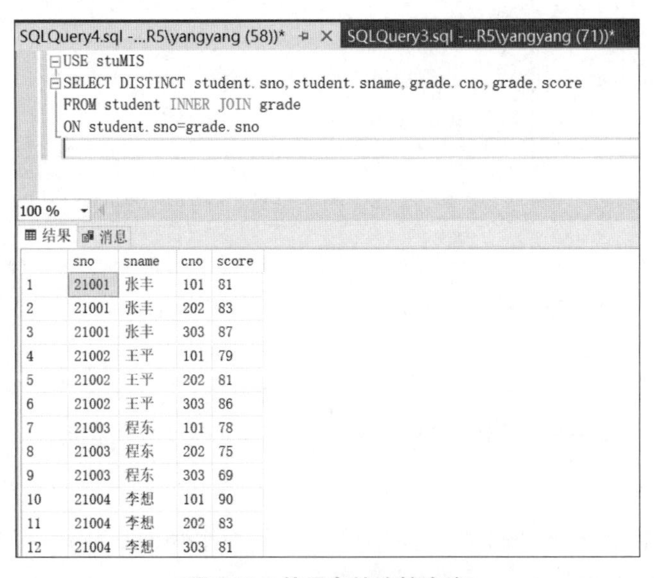

SQLQuery4.sql -...R5\yangyang (58))*　SQLQuery3.sql -...R5\yangyang (71))*

```
USE stuMIS
SELECT DISTINCT student.sno,student.sname,grade.cno,grade.score
FROM student INNER JOIN grade
ON student.sno=grade.sno
```

100 %

结果 消息

	sno	sname	cno	score
1	21001	张丰	101	81
2	21001	张丰	202	83
3	21001	张丰	303	87
4	21002	王平	101	79
5	21002	王平	202	81
6	21002	王平	303	86
7	21003	程东	101	78
8	21003	程东	202	75
9	21003	程东	303	69
10	21004	李想	101	90
11	21004	李想	202	83
12	21004	李想	303	81

图 6-32　使用自然连接查询

6.5.2 使用外连接查询

1. 左外连接

在左外连接的查询中，左表是主表，右表是从表。左外连接的查询结果除了包括满足连接条件的行外，还包括左表的所有行。如果左表的某数据行没有在右表中找到匹配的数据行，则右表的对应位置填入 NULL 值。语法格式如下。

```
FROM table1 LEFT OUTER JOIN table2 [ON join_conditions]
```

语法说明如下。

（1）LEFT：表示左外连接的关键字。

（2）OUTER JOIN：表示外连接。

（3）table1：表示主表。

（4）table2：表示从表。

【例 6.33】 查询学生信息，包括选修的课程号。

视频讲解

在查询分析器中，输入如下 Transact-SQL 语句并执行：

```
USE stuMIS
SELECT student.*,cno
FROM student LEFT OUTER JOIN grade
ON student.sno=grade.sno
```

执行结果如图 6-33 所示。

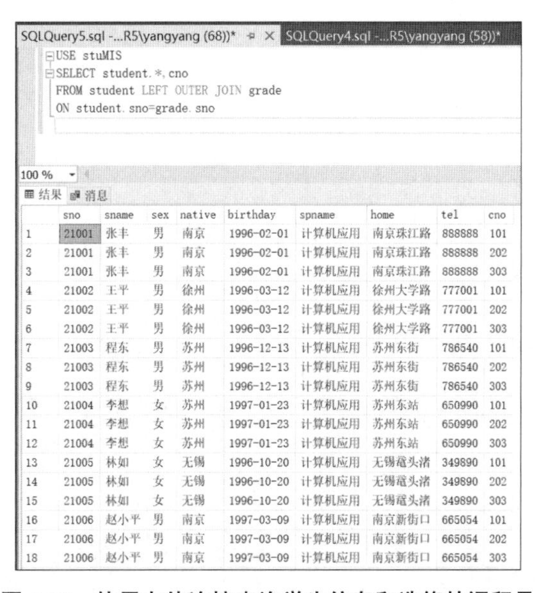

	sno	sname	sex	native	birthday	spname	home	tel	cno
1	21001	张丰	男	南京	1996-02-01	计算机应用	南京珠江路	888888	101
2	21001	张丰	男	南京	1996-02-01	计算机应用	南京珠江路	888888	202
3	21001	张丰	男	南京	1996-02-01	计算机应用	南京珠江路	888888	303
4	21002	王平	男	徐州	1996-03-12	计算机应用	徐州大学路	777001	101
5	21002	王平	男	徐州	1996-03-12	计算机应用	徐州大学路	777001	202
6	21002	王平	男	徐州	1996-03-12	计算机应用	徐州大学路	777001	303
7	21003	程东	男	苏州	1996-12-13	计算机应用	苏州东街	786540	101
8	21003	程东	男	苏州	1996-12-13	计算机应用	苏州东街	786540	202
9	21003	程东	男	苏州	1996-12-13	计算机应用	苏州东街	786540	303
10	21004	李想	女	苏州	1997-01-23	计算机应用	苏州东站	650990	101
11	21004	李想	女	苏州	1997-01-23	计算机应用	苏州东站	650990	202
12	21004	李想	女	苏州	1997-01-23	计算机应用	苏州东站	650990	303
13	21005	林如	女	无锡	1996-10-20	计算机应用	无锡鼋头渚	349890	101
14	21005	林如	女	无锡	1996-10-20	计算机应用	无锡鼋头渚	349890	202
15	21005	林如	女	无锡	1996-10-20	计算机应用	无锡鼋头渚	349890	303
16	21006	赵小平	男	南京	1997-03-09	计算机应用	南京新街口	665054	101
17	21006	赵小平	男	南京	1997-03-09	计算机应用	南京新街口	665054	202
18	21006	赵小平	男	南京	1997-03-09	计算机应用	南京新街口	665054	303

图 6-33 使用左外连接查询学生信息和选修的课程号

2. 右外连接

在右外连接的查询中，右表是主表，左表是从表。右外连接的查询结果除了包括满足连接条件的行外，还包括右表的所有行。右外连接是反向的左外连接，如果右表的某数据行没有在左表中找到匹配的数据行，则在左表的对应位置填入 NULL 值。语法格式如下。


```
FROM table1 RIGHT OUTER JOIN table2 [ON join_conditions]
```

【例 6.34】 对例 6.33 使用右外连接。

为理解右外连接与左外连接的区别，在做本例前，先向 grade 表中添加如下记录：

sno	cno	score
22001	101	90

学号为 22001 的学生在 student 表中是不存在的。

在查询分析器中，输入如下 Transact-SQL 语句并执行：

```
USE stuMIS
SELECT student.*,cno
FROM student RIGHT OUTER JOIN grade
ON student.sno=grade.sno
```

执行结果如图 6-34 所示。

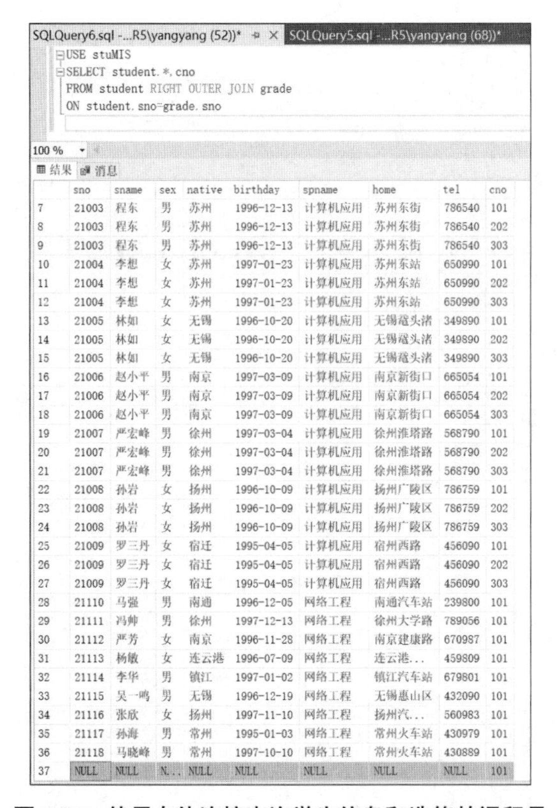

	sno	sname	sex	native	birthday	spname	home	tel	cno
7	21003	程东	男	苏州	1996-12-13	计算机应用	苏州东街	786540	101
8	21003	程东	男	苏州	1996-12-13	计算机应用	苏州东街	786540	202
9	21003	程东	男	苏州	1996-12-13	计算机应用	苏州东街	786540	303
10	21004	李想	女	苏州	1997-01-23	计算机应用	苏州东站	650990	101
11	21004	李想	女	苏州	1997-01-23	计算机应用	苏州东站	650990	202
12	21004	李想	女	苏州	1997-01-23	计算机应用	苏州东站	650990	303
13	21005	林如	女	无锡	1996-10-20	计算机应用	无锡蠡头渚	349890	101
14	21005	林如	女	无锡	1996-10-20	计算机应用	无锡蠡头渚	349890	202
15	21005	林如	女	无锡	1996-10-20	计算机应用	无锡蠡头渚	349890	303
16	21006	赵小平	男	南京	1997-03-09	计算机应用	南京新街口	665054	101
17	21006	赵小平	男	南京	1997-03-09	计算机应用	南京新街口	665054	202
18	21006	赵小平	男	南京	1997-03-09	计算机应用	南京新街口	665054	303
19	21007	严宏峰	男	徐州	1997-03-04	计算机应用	徐州淮塔路	568790	101
20	21007	严宏峰	男	徐州	1997-03-04	计算机应用	徐州淮塔路	568790	202
21	21007	严宏峰	男	徐州	1997-03-04	计算机应用	徐州淮塔路	568790	303
22	21008	孙岩	女	扬州	1996-10-09	计算机应用	扬州广陵区	786759	101
23	21008	孙岩	女	扬州	1996-10-09	计算机应用	扬州广陵区	786759	202
24	21008	孙岩	女	扬州	1996-10-09	计算机应用	扬州广陵区	786759	303
25	21009	罗三丹	女	宿迁	1995-04-05	计算机应用	宿州西路	456090	101
26	21009	罗三丹	女	宿迁	1995-04-05	计算机应用	宿州西路	456090	202
27	21009	罗三丹	女	宿迁	1995-04-05	计算机应用	宿州西路	456090	303
28	21110	马强	男	南通	1996-12-05	网络工程	南通汽车站	239800	101
29	21111	冯帅	男	徐州	1997-12-13	网络工程	徐州大学路	789056	101
30	21112	严芳	女	南京	1996-11-28	网络工程	南京建康路	670987	101
31	21113	杨敏	女	连云港	1996-07-09	网络工程	连云港...	459809	101
32	21114	李华	男	镇江	1997-01-02	网络工程	镇江汽车站	679801	101
33	21115	吴一鸣	男	无锡	1996-12-19	网络工程	无锡惠山区	432090	101
34	21116	张欣	女	扬州	1997-11-10	网络工程	扬州汽...	560983	101
35	21117	孙海	男	常州	1995-01-03	网络工程	常州火车站	430979	101
36	21118	马晓峰	男	常州	1997-10-10	网络工程	常州火车站	430889	101
37	NULL	NULL	N...	NULL	NULL	NULL	NULL	NULL	101

图 6-34 使用右外连接查询学生信息和选修的课程号

3. 完全外连接

完全外连接的查询结果中除了包括满足连接条件的行外，还包括左表和右表中所有行的数据。若表之间有匹配的行，则结果包含表中的数据值；若某行在一个表中没有匹配的行时，则另一个表与之相对应列的值为 NULL。语法格式如下。

```
FROM table1 FULL OUTER JOIN table2 [ON join_conditions]
```

【例 6.35】 对例 6.33 使用完全外连接。

为理解完全外连接与左外连接、右外连接的区别，在做本例前，先向 student 表中添加如下记录。

sno	sname	sex	native	birthday	spname	home	tel
22002	王鹏	男	南京	1998-1-1	移动通信	南京珠江路	236789

学号为 22002 的学生在 grade 表中是不存在的。

在查询分析器中，输入如下 Transact-SQL 语句并执行：

```
USE stuMIS
SELECT student.*,cno
FROM student FULL OUTER JOIN grade
ON student.sno=grade.sno
```

执行结果如图 6-35 所示。

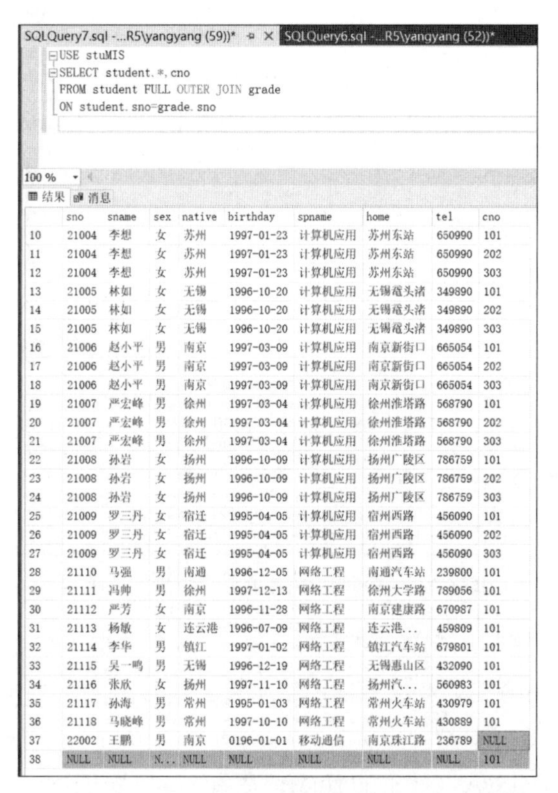

SQLQuery7.sql -...R5\yangyang (59))*   SQLQuery6.sql -...R5\yangyang (52))*

```
USE stuMIS
SELECT student.*, cno
FROM student FULL OUTER JOIN grade
ON student.sno=grade.sno
```

100 %

结果　消息

	sno	sname	sex	native	birthday	spname	home	tel	cno
10	21004	李想	女	苏州	1997-01-23	计算机应用	苏州东站	650990	101
11	21004	李想	女	苏州	1997-01-23	计算机应用	苏州东站	650990	202
12	21004	李想	女	苏州	1997-01-23	计算机应用	苏州东站	650990	303
13	21005	林如	女	无锡	1996-10-20	计算机应用	无锡鼋头渚	349890	101
14	21005	林如	女	无锡	1996-10-20	计算机应用	无锡鼋头渚	349890	202
15	21005	林如	女	无锡	1996-10-20	计算机应用	无锡鼋头渚	349890	303
16	21006	赵小平	男	南京	1997-03-09	计算机应用	南京新街口	665054	101
17	21006	赵小平	男	南京	1997-03-09	计算机应用	南京新街口	665054	202
18	21006	赵小平	男	南京	1997-03-09	计算机应用	南京新街口	665054	303
19	21007	严宏峰	男	徐州	1997-03-04	计算机应用	徐州淮塔路	568790	101
20	21007	严宏峰	男	徐州	1997-03-04	计算机应用	徐州淮塔路	568790	202
21	21007	严宏峰	男	徐州	1997-03-04	计算机应用	徐州淮塔路	568790	303
22	21008	孙岩	女	扬州	1996-10-09	计算机应用	扬州广陵区	786759	101
23	21008	孙岩	女	扬州	1996-10-09	计算机应用	扬州广陵区	786759	202
24	21008	孙岩	女	扬州	1996-10-09	计算机应用	扬州广陵区	786759	303
25	21009	罗三丹	女	宿迁	1995-04-05	计算机应用	宿州西路	456090	101
26	21009	罗三丹	女	宿迁	1995-04-05	计算机应用	宿州西路	456090	202
27	21009	罗三丹	女	宿迁	1995-04-05	计算机应用	宿州西路	456090	303
28	21110	马强	男	南通	1996-12-05	网络工程	南通汽车站	239800	101
29	21111	冯帅	男	徐州	1997-12-13	网络工程	徐州大学路	789056	101
30	21112	严芳	女	南京	1996-11-28	网络工程	南京建康路	670987	101
31	21113	杨敏	女	连云港	1996-07-09	网络工程	连云港...	459809	101
32	21114	李华	男	镇江	1997-01-02	网络工程	镇江汽车站	679801	101
33	21115	吴一鸣	男	无锡	1996-12-19	网络工程	无锡惠山区	432090	101
34	21116	张欣	女	扬州	1997-11-10	网络工程	扬州汽...	560983	101
35	21117	孙海	男	常州	1995-01-03	网络工程	常州火车站	430979	101
36	21118	马晓峰	男	常州	1997-10-10	网络工程	常州火车站	430889	101
37	22002	王鹏	男	南京	0196-01-01	移动通信	南京珠江路	236789	NULL
38	NULL	NULL	N...	NULL	NULL	NULL	NULL	NULL	101

图 6-35　使用完全外连接查询学生信息和选修的课程号

注意：做完例 6.34 和例 6.35 后，删除新添加的两条记录。

6.5.3 使用交叉连接查询

1. 不使用 WHERE 子句的交叉连接

不使用 WHERE 子句的交叉连接返回的结果是两个表所有行的笛卡儿乘积，即一个表中符合查询条件的行数乘以另一个表中符合查询条件的行数。

视频讲解

【例 6.36】 查询 stuMIS 数据库的 student 表和 grade 表中的所有数据信息。

在查询分析器中，输入如下 Transact-SQL 语句并执行：

```
USE stuMIS
SELECT student.*,cno
FROM student CROSS JOIN grade
```

执行结果如图 6-36 所示。

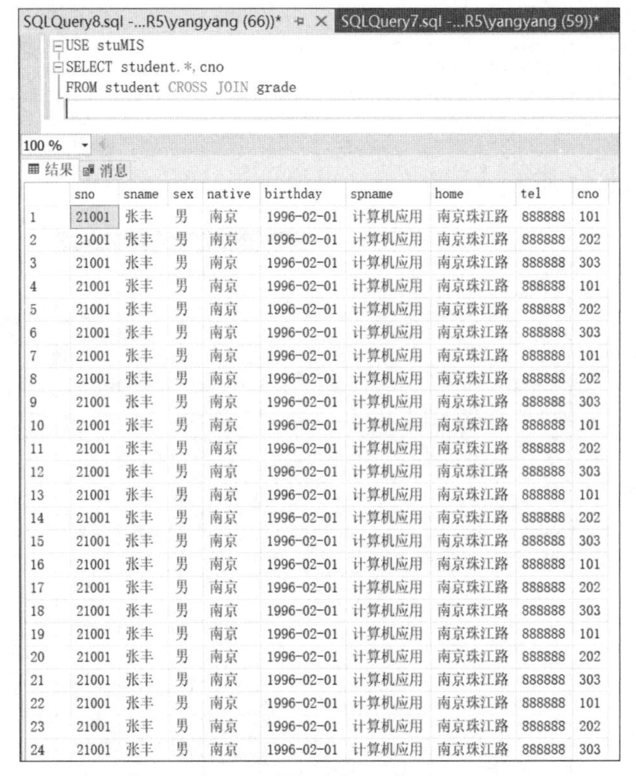

	sno	sname	sex	native	birthday	spname	home	tel	cno
1	21001	张丰	男	南京	1996-02-01	计算机应用	南京珠江路	888888	101
2	21001	张丰	男	南京	1996-02-01	计算机应用	南京珠江路	888888	202
3	21001	张丰	男	南京	1996-02-01	计算机应用	南京珠江路	888888	303
4	21001	张丰	男	南京	1996-02-01	计算机应用	南京珠江路	888888	101
5	21001	张丰	男	南京	1996-02-01	计算机应用	南京珠江路	888888	202
6	21001	张丰	男	南京	1996-02-01	计算机应用	南京珠江路	888888	303
7	21001	张丰	男	南京	1996-02-01	计算机应用	南京珠江路	888888	101
8	21001	张丰	男	南京	1996-02-01	计算机应用	南京珠江路	888888	202
9	21001	张丰	男	南京	1996-02-01	计算机应用	南京珠江路	888888	303
10	21001	张丰	男	南京	1996-02-01	计算机应用	南京珠江路	888888	101
11	21001	张丰	男	南京	1996-02-01	计算机应用	南京珠江路	888888	202
12	21001	张丰	男	南京	1996-02-01	计算机应用	南京珠江路	888888	303
13	21001	张丰	男	南京	1996-02-01	计算机应用	南京珠江路	888888	101
14	21001	张丰	男	南京	1996-02-01	计算机应用	南京珠江路	888888	202
15	21001	张丰	男	南京	1996-02-01	计算机应用	南京珠江路	888888	303
16	21001	张丰	男	南京	1996-02-01	计算机应用	南京珠江路	888888	101
17	21001	张丰	男	南京	1996-02-01	计算机应用	南京珠江路	888888	202
18	21001	张丰	男	南京	1996-02-01	计算机应用	南京珠江路	888888	303
19	21001	张丰	男	南京	1996-02-01	计算机应用	南京珠江路	888888	101
20	21001	张丰	男	南京	1996-02-01	计算机应用	南京珠江路	888888	202
21	21001	张丰	男	南京	1996-02-01	计算机应用	南京珠江路	888888	303
22	21001	张丰	男	南京	1996-02-01	计算机应用	南京珠江路	888888	101
23	21001	张丰	男	南京	1996-02-01	计算机应用	南京珠江路	888888	202
24	21001	张丰	男	南京	1996-02-01	计算机应用	南京珠江路	888888	303

图 6-36 不使用 WHERE 子句的交叉连接

2. 使用 WHERE 子句的交叉连接

使用 WHERE 子句的交叉连接返回的结果是先生成两个表所有行的笛卡儿乘积，然后根据 WHERE 条件从中选择行。

【例 6.37】 对 stuMIS 数据库中的 student 表和 grade 表进行交叉连接查询，查询选修 101 课程的学生信息和成绩，并按成绩降序排列。

在查询分析器中，输入如下 Transact-SQL 语句并执行：

```
USE stuMIS
SELECT student.*,grade.score
FROM student CROSS JOIN grade
WHERE grade.sno=student.sno AND grade.cno='101'
ORDER BY grade.score DESC
```

执行结果如图 6-37 所示。

SQLQuery9.sql -...R5\yangyang (72))*　SQLQuery8.sql -...R5\yangyang (66))*

```
USE stuMIS
SELECT student.*, grade.score
FROM student CROSS JOIN grade
WHERE grade.sno=student.sno AND grade.cno='101'
ORDER BY grade.score DESC
```

100 %　结果　消息

	sno	sname	sex	native	birthday	spname	home	tel	score
1	21004	李想	女	苏州	1997-01-23	计算机应用	苏州东站	650990	90
2	21009	罗三丹	女	宿迁	1995-04-05	计算机应用	宿州西路	456090	89
3	21007	严宏峰	男	徐州	1997-03-04	计算机应用	徐州淮塔路	568790	88
4	21111	冯帅	男	徐州	1997-12-13	网络工程	徐州大学路	789056	88
5	21110	马强	男	南通	1996-12-05	网络工程	南通汽车站	239800	87
6	21001	张丰	男	南京	1996-02-01	计算机应用	南京珠江路	888888	81
7	21117	孙海	男	常州	1995-01-03	网络工程	常州火车站	430979	81
8	21118	马晓峰	男	常州	1997-10-10	网络工程	常州火车站	430889	80
9	21006	赵小平	男	南京	1997-03-09	计算机应用	南京新街口	665054	80
10	21002	王平	男	徐州	1996-03-12	计算机应用	徐州大学路	777001	79
11	21003	程东	男	苏州	1996-12-13	计算机应用	苏州东街	786540	78
12	21112	严芳	女	南京	1996-11-28	网络工程	南京建康路	670987	78
13	21114	李华	男	镇江	1997-01-02	网络工程	镇江汽车站	679801	78
14	21005	林如	女	无锡	1996-10-20	计算机应用	无锡鼋头渚	349890	77
15	21113	杨敏	女	连云港	1996-07-09	网络工程	连云港火车站	459809	67
16	21116	张欣	女	扬州	1997-11-10	网络工程	扬州汽车西站	560983	66
17	21115	吴一鸣	男	无锡	1996-12-19	网络工程	无锡惠山区	432090	65
18	21008	孙岩	女	扬州	1996-10-09	计算机应用	扬州广陵区	786759	60

图 6-37　使用 WHERE 子句的交叉连接查询

6.5.4　使用自连接查询

【例 6.38】 查询同名学生的学号、姓名和专业名。

在查询分析器中，输入如下 Transact-SQL 语句并执行：

```
USE stuMIS
SELECT A.sno,A.sname,B.spname
FROM student A INNER JOIN student B
ON A.sname=B.sname
WHERE A.sno!=B.sno
```

执行结果如图 6-38 所示。

由于 student 表中没有同名的学生，此例查询结果没有返回数据行。读者可自行添加同名学生进行尝试。

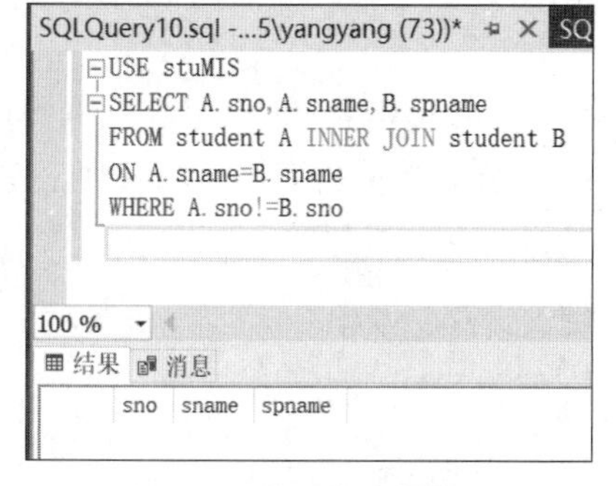

图 6-38　使用自连接查询

6.5.5 使用组合查询

视频讲解

【例 6.39】 在 stuMIS 数据库的 student 表中查询性别为“男”的学生的学号和姓名，并为其增加新列“所属位置”，新列的内容为“学生信息表”。在 grade 表中查询所有的学号和课程号信息，并定义新增列的内容为“选课信息表”，最后将两个查询结果组合在一起。

在查询分析器中，输入如下 Transact-SQL 语句并执行：

```
USE stuMIS
SELECT sno,sname,'学生信息表' AS 所属位置
FROM student
WHERE sex='男'
UNION
SELECT sno,cno,'选课信息表'
FROM grade
```

执行结果如图 6-39 所示。

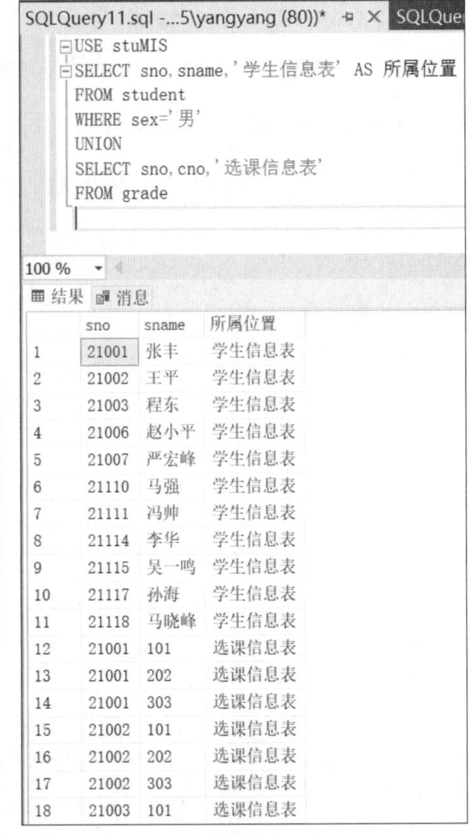

图 6-39 组合查询部分查询结果

在进行组合查询时，查询结果的列标题是第一个查询语句的列标题；需保证每个组合查询语句的选择列表中具有相同数量的表达式；每个查询选择表达式具有相同的数据类型，或者可以自动将它们转换为相同的数据类型。

6.6 学生管理数据库的子查询

6.6.1 带有 IN 或 NOT IN 运算符的子查询

【例 6.40】 在 stuMIS 数据库的 student 表中，查询与“张欣”籍贯相同的学生信息。

在查询分析器中，输入如下 Transact-SQL 语句并执行：

```
USE stuMIS
SELECT * FROM student
WHERE native IN(
  SELECT native FROM student
  WHERE sname='张欣'
  )
```

执行结果如图 6-40 所示。

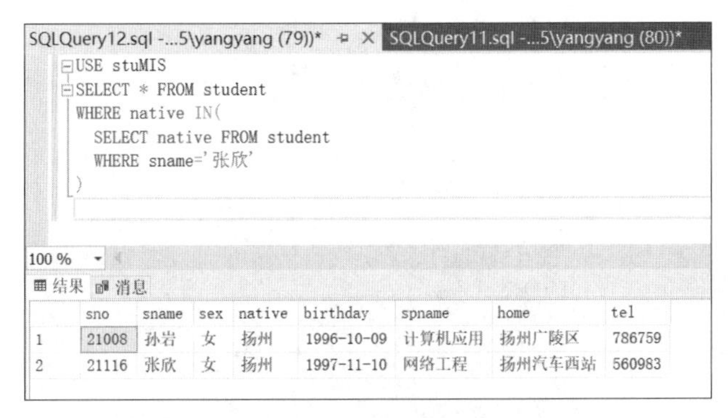

图 6-40　带有 IN 运算符的子查询

【**例 6.41**】 在 stuMIS 数据库的 student 表中，查询与“张欣”籍贯不同的学生信息。

在查询分析器中，输入如下 Transact-SQL 语句并执行：

```
USE stuMIS
SELECT * FROM student
WHERE native NOT IN(
  SELECT native FROM student
  WHERE sname='张欣'
)
```

执行结果如图 6-41 所示。

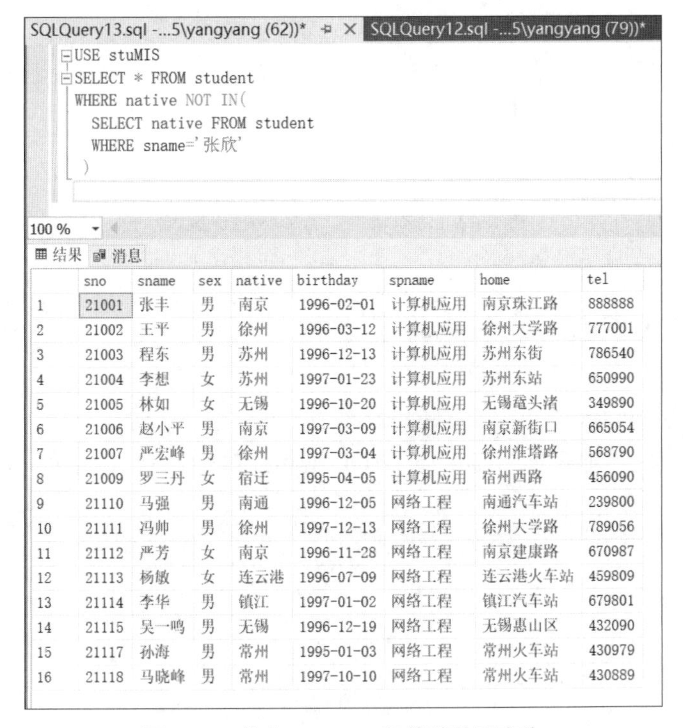

图 6-41　带有 NOT IN 运算符的子查询

6.6.2 带有 ANY 运算符的子查询

【例 6.42】 在 stuMIS 数据库的 student 表中查询任意一个大于平均年龄的学生的学号、姓名和年龄。

在查询分析器中，输入如下 Transact-SQL 语句并执行：

```
USE stuMIS
SELECT sno,sname,YEAR(GETDATE())-YEAR(birthday) as age
FROM student
WHERE YEAR(GETDATE())-YEAR(birthday)>
  ANY (SELECT AVG(YEAR(GETDATE())-YEAR(birthday)) FROM student)
```

执行结果如图 6-42 所示。

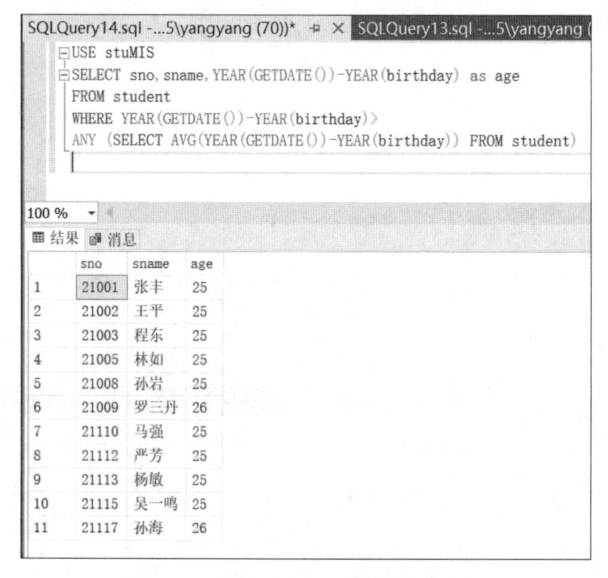

	sno	sname	age
1	21001	张丰	25
2	21002	王平	25
3	21003	程东	25
4	21005	林如	25
5	21008	孙岩	25
6	21009	罗三丹	26
7	21110	马强	25
8	21112	严芳	25
9	21113	杨敏	25
10	21115	吴一鸣	25
11	21117	孙海	26

图 6-42 带有 ANY 运算符的子查询

6.6.3 带有 EXISTS 运算符的子查询

【例 6.43】 查询已选修课程的学生的学号和姓名。

在查询分析器中，输入如下 Transact-SQL 语句并执行：

```
USE stuMIS
SELECT sno,sname
FROM student
WHERE EXISTS
(SELECT sno FROM grade)
```

执行结果如图 6-43 所示。

6.6.4 单值子查询

【例 6.44】 查询成绩在 70 分以上的学生的学号和姓名。

在查询分析器中，输入如下 Transact-SQL 语句并执行：

```
USE stuMIS
SELECT sno,sname
FROM student
WHERE sno IN
(SELECT sno FROM grade WHERE score>70)
```

执行结果如图 6-44 所示。

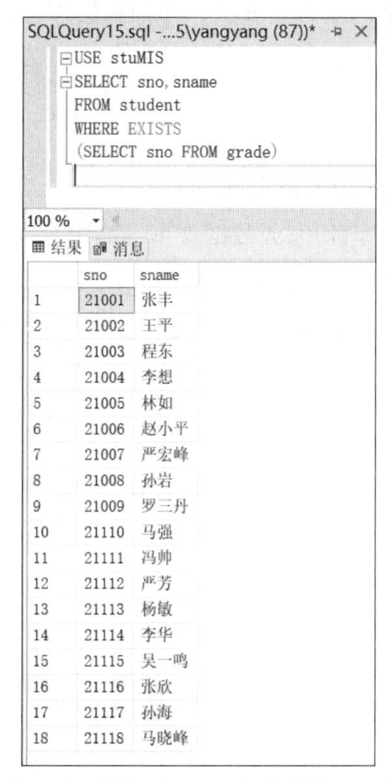

图 6-43 带有 EXISTS 运算符的子查询

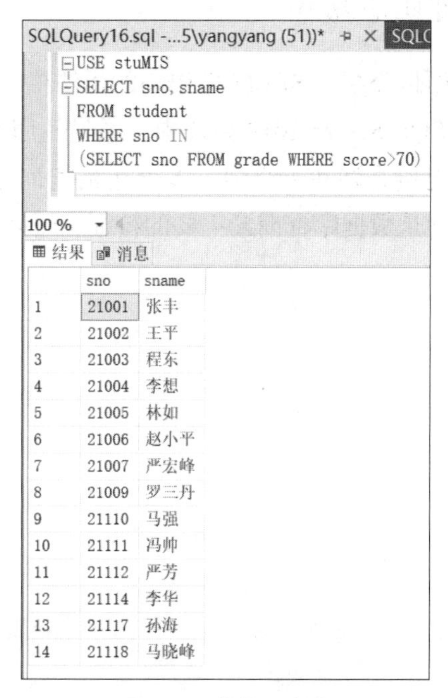

图 6-44 单值子查询

项目拓展训练

1. 拓展训练目的

（1）掌握 SELECT 语句的基本语法和用法。

（2）掌握使用 SELECT 语句进行简单数据查询和复杂数据查询的方法。

2. 拓展训练内容

建议：以下训练在样本数据库 stuMIS 中进行。

（1）查询 course 表中的所有信息。

（2）查询籍贯为“扬州”的学生信息。

（3）查询选修 101 课程的人数。

（4）查询姓“张”且姓名为两个字的学生信息。

（5）查询选修 202课程的学生的学号、姓名、专业和成绩，并按成绩降序排列。

（6）统计“计算机应用”专业的学生平均年龄。

（7）查询年龄大于“计算机应用”专业学生的平均年龄的学生的学号、姓名、性别和年龄。

（8）查询 101 课程成绩在 60~80 分的学生的学号、姓名。

（9）查询籍贯相同但专业不同的学生信息，包括学号、姓名、性别和专业。

（10）查询与“马强”籍贯不同的学生信息，包括学号、姓名、性别和籍贯。

项目小结

本项目介绍了 SELECT 语句的语法格式及数据库中各种查询技术。

在 SQL Server 2019 系统中，通过使用 SELECT 语句完成数据查询。高级数据查询包括多表连接查询和子查询。多表连接查询是指通过多个表之间的共同列的相关性来查询数据，它是数据库查询最主要的特征。子查询可以实现对多个表中的数据进行查询访问。

项目七　Transact-SQL 语言基础

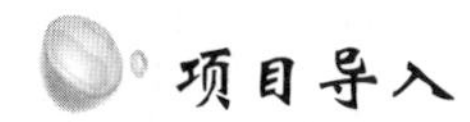

项目导入

信息管理员王明已经创建了学生管理数据库和相关的表，并录入了所有表中的记录。现在，教务科工作人员需要使用 SQL Server 完成更多的操作，如：

（1）在 student 表中插入记录，如输入有误，则输出错误信息。

（2）判断 grade 表中学生成绩的等次，如优秀、良好、合格、不及格。

项目描述

（1）在 SQL Server 数据库中，可以使用 Transact-SQL 语言执行哪些操作？

（2）若想统计和处理数据，还可以通过 Transact-SQL 语言编写成函数执行，这是不是对工作和生活带来了极大的便捷？

教学导航

（1）掌握：变量的声明与使用、各种类型的运算符的使用、Transact-SQL 中控制语句的使用及函数的使用。

（2）理解：常量与变量的区别。

（3）了解：Transact-SQL 语言的概述。

知识准备

7.1　Transact-SQL 语言概述

Transact-SQL 语言是基于商业应用的结构化查询语言，它是标准 SQL 语言的增强版本，是在 SQL 语言基础上扩充而来的。除了提供标准的 SQL 命令之外，Transact-SQL 还提供了类似 C、BASIC 的基本功能。

Transact-SQL 语言是一种交互式查询语言，有自己的数据类型、表达式和关键字等。它是一种非过程化语言，只需要提出“做什么”，不需要指出“如何做”。

7.1.1 Transact-SQL 语言的组成

在 SQL Server 数据库中，Transact-SQL 语言由数据定义语言、数据操纵语言、数据控制语言和增加的语言元素组成。

1. 数据定义语言

视频讲解

数据定义语言是最基础的 Transact-SQL 语言类型，主要用于执行数据库的任务，如创建、删除、修改数据库对象。其主要语句及功能如下。

（1）CREATE 语句：创建对象。

（2）ALTER 语句：修改对象。

（3）DROP 语句：删除对象。

2. 数据操纵语言

数据操纵语言主要用于操纵数据库中的各种对象，如查询、插入、更新和删除数据等。其主要语句及功能如下。

（1）SELECT 语句：查询表或视图中的数据。

（2）INSERT 语句：向表或视图插入数据。

（3）UPDATE 语句：修改表或视图中的数据。

（4）DELETE 语句：删除表或视图中的数据。

3. 数据控制语言

数据控制语言主要用于安全管理，它用来设置或更改数据库用户或角色的权限。其主要语句及功能如下。

（1）GRANT 语句：将语句权限或对象权限授予其他用户和角色。

（2）REVOKE 语句：收回权限，但不影响用户或角色从其他角色中作为成员继承的权限。

（3）DENY 语句：拒绝给当前数据库的用户或角色授予权限，并禁止用户或角色从其他角色继承权限。

4. 增加的语言元素

增加的语言元素是 Microsoft 为了用户编程方便而增加的，如变量、运算符、流程控制语句、函数等。

7.1.2 常量

常量，也称为文字值或标量值，是表示一个特定数据值的符号，它在程序运行过程中值不变。常量的格式取决于它表示的值的数据类型。SQL Server 2019 中的常量分为以下 10 种类型。

1. 字符串常量

字符串常量是指用单引号引起来并包含字母（a~z、A~Z）、数字字符（0~9）以及特殊字符。

以下是字符串常量的示例：

```
'abcd'
'数据库'
'abc@126.com'
```

2. Unicode 字符串

Unicode 字符串的格式与普通字符串相似，但它前面有一个标识符 N（N 代表 SQL-92 标准中的区域语言）。前缀 N 必须是大写。

以下是 Unicode 字符串的示例：

```
N'abcd'
N'数据库'
```

存储 Unicode 数据时，每个字符使用 2 字节，而不是每个字符 1 字节。

3. 二进制常量

二进制常量具有前缀 0x 并且是十六进制数字字符串。这些常量不使用引号引起来。

以下是二进制常量的示例：

```
0xAE
0x12Ef
```

4. bit 常量

bit 常量使用数字 0 或 1 表示，并且不引在引号中。如果使用一个大于 1 的数字，则该数字将转换为 1。

5. datetime 常量

datetime 常量使用特定格式的字符日期值表示，并使用单引号引起来。

以下是 datetime 常量的示例：

```
'December 12, 2011'
'12 December, 2011'
'111212'
'12/12/11'
'2011-12-12 11:11:10'
```

6. 整型常量

整型常量为不使用引号引起来且不包含小数点的数字字符串。整型常量必须全部为数字，不能包含小数。

以下是整型常量的示例：

```
10
500
-236
```

7．decimal 常量

decimal 常量为不使用引号引起来且包含小数点的数字字符串。

以下是 decimal 常量的示例：

```
10.12
2.36
-203.68
```

8．float 和 real 常量

float 和 real 常量使用科学记数法表示。

以下是 float 和 real 常量的示例：

```
101.2E3
2.5E-2
-12E3
```

9．money 常量

money 常量以“$”作为前缀的一个整型或实型常量数据。money 常量不使用引号引起来。

以下是 money 常量的示例：

```
$12
$210.34
-$34.76
```

10．uniqueidentifier 常量

uniqueidentifier 常量是用于表示全局唯一标识符（globally unique identifier，GUID）值的字符串。可以使用字符串或十六进制字符串格式指定。

以下是 uniqueidentifier 常量的示例：

```
'6F9619FF-8B86-D011-B42D-00C04FC964FF'
0xff19966f868b11d0b42d00c04fc964ff
```

7.1.3 变量

视频讲解

变量用于临时存放数据。在程序运行过程中，变量中的数据可以改变。变量由变量名和数据类型组成。变量名用于标识该变量，不能与命令或函数名称相同；变量的数据类型确定变量存放值的格式和允许的运算。

变量分为以下两种。

1．系统全局变量

系统全局变量由系统提供且预先声明，其实质是一组特殊的系统函数，在名称前面加上 @@。用户不能自定义系统全局变量，也不能修改系统全局变量的值。

SQL Server 提供了 30 多个系统全局变量。常用的系统全局变量见表 7-1。

表 7-1　常用的系统全局变量

系统全局变量	描　述
@@CONNECTIONS	返回自上次启动 SQL Server 以来连接或试图连接的次数
@@CURSOR_ROWS	返回最后连接上并打开的游标中当前存在的合格行的数量
@@CPU_BUSY	返回自最近一次启动 SQL Server 以来 CPU 的工作时间，其单位为 ms
@@ERROR	返回最后执行的 Transact-SQL 语句的错误代码
@@DATEFIRST	返回使用 SET DATEFIRST 命令而被赋值的 DATEFIRST 参数值。SET DATEFIRST 命令用来指定每周的第一天是星期几
@@DBTS	返回当前数据库的时间戳值，必须保证数据库中时间戳的值是唯一的
@@FETCH_STATUS	返回针对连接当前打开的任何游标发出的上一条游标 FETCH 语句的状态
@@IDENTITY	返回最后插入行的标识列的列值
@@IDLE	返回自最近一次启动 SQL Server 以来 CPU 处于闲置的时间，单位为 ms
@@IO_BUSY	返回自最后一次启动 SQL Server 以来 CPU 执行输入 / 输出操作的时间，单位为 ms
@@LANGID	返回当前使用的语言的本地语言标识符
@@LANGUAGE	返回当前使用的语言名称
@@LOCK_TIMEOUT	返回当前会话的当前锁定超时设置，其单位为 ms
@@MAX_CONNECTIONS	返回允许连接到 SQL Server 的最大连接数目
@@MAX_PRECISION	返回 decimal 和 numeric 数据类型的精确度
@@NESTLEVEL	返回当前执行的存储过程的嵌套级数，初始值为 0
@@OPTIONS	返回当前 SET 选项的信息
@@PACK_RECEIVED	返回自上次启动 SQL Server 后从网络读取的输入数据包数
@@PACK_SENT	返回自上次启动 SQL Server 后写入网络的输出数据包数
@@PACKET_ERRORS	返回自上次启动 SQL Server 后，在 SQL Server 连接上发生的网络数据包错误数
@@PROCID	返回 Transact-SQL 当前模块的对象标识符
@@REMSERVER	返回远程 SQL Server 数据库服务器在登录记录中显示的名称
@@ROWCOUNT	返回受上一条语句影响的行数，任何不返回行的语句将这个变量设置为 0
@@SERVERNAME	返回运行 SQL Server 的本地服务器的名称
@@SERVICENAME	返回 SQL Server 当前运行的服务器名
@@SPID	返回当前用户进程的会话 ID
@@TEXTSIZE	返回 SET 语句的 TEXTSIZE 选项值，SET 语句定义了 SELECT 语句中 text 或 image 数据的最大长度，基本单位为字节
@@TIMETICKS	返回每个时钟周期的微秒数
@@TOTAL_ERRORS	返回自上次启动 SQL Server 后 SQL Server 遇到的磁盘写入错误数
@@TOTAL_READ	返回自上次启动 SQL Server 后由 SQL Server 读取（非缓存读取）的磁盘的数目
@@TOTAL_WRITE	返回自上次启动 SQL Server 以来 SQL Server 执行的磁盘写入数
@@TRANCOUNT	返回在当前连接上已发生的 BEGIN TRANSACTION 语句的数目
@@VERSION	返回当前的 SQL Server 安装的版本、处理器体系结构、生成日期和操作系统

2. 局部变量

局部变量是用户根据需要在程序内部创建的，它是可以保存单个特定类型数据值的对象，其作用范围仅限于程序内部。局部变量通常作为计数器计算循环执行的次数或控制循环执行的次数，用于保存数据值以供控制流语句测试，以及保存存储过程的返回值或函数返回值。

声明局部变量语法如下。

```
DECLARE @variable_name datatype
```

语法说明如下。

（1）variable_name：局部变量的名称。

（2）datatype：数据类型。

给局部变量赋值有两种方法，语法格式如下。

```
SET @variable_name=value
SELECT @variable_name=value
```

两者的区别为：SET 赋值语句一般用于赋给变量一个指定的常量；SELECT 赋值语句一般用于从表中查询出数据然后赋给变量。

7.1.4 运算符与表达式

运算符是一种符号，用来指定在一个或多个表达式中执行的操作。SQL Server 2019 的运算符分为算术运算符、比较运算符、赋值运算符、位运算符、逻辑运算符、字符串连接运算符和一元运算符。

视频讲解

表达式是标识符、变量、常量、标量函数、子查询、运算符等的组合。表达式可以分为简单表达式和复杂表达式两种类型。简单表达式可以是一个常量、变量、列名或标量函数。复杂表达式是用运算符将两个或更多个简单表达式连接起来的表达式。

1. 算术运算符

算术运算符用于在两个表达式上执行数学运算，这两个表达式可以是任何数字数据类型。SQL Server 2019 的算术运算符描述见表 7-2。

表 7-2 算术运算符

算术运算符	说　明
+（加）	对两个表达式进行加运算
-（减）	对两个表达式进行减运算
*（乘）	对两个表达式进行乘运算
/（除）	对两个表达式进行除运算
%（取模）	返回一个除法运算的整数余数

2. 比较运算符

比较运算符用于对两个表达式进行比较，以测试两个表达式的值是否相同，返回的结果为 TRUE、FALSE 或 UNKOWN。SQL Server 2019 的比较运算符描述见表 7-3。

表 7-3 比较运算符

比较运算符	说　明
=（等于）	对于非空的参数，如果左边的参数等于右边的参数，则返回 TRUE；否则返回 FALSE
<>（不等于）	对于非空的参数，如果左边的参数不等于右边的参数，则返回 TRUE；否则返回 FALSE
>（大于）	对于非空的参数，如果左边的参数值大于右边的参数，则返回 TRUE；否则返回 FALSE
>=（大于或等于）	对于非空的参数，如果左边的参数值大于或等于右边的参数，则返回 TRUE；否则返回 FALSE
<（小于）	对于非空的参数，如果左边的参数值小于右边的参数，则返回 TRUE；否则返回 FALSE
<=（小于或等于）	对于非空的参数，如果左边的参数值小于或等于右边的参数，则返回 TRUE；否则返回 FALSE
! =（不等于）	非 ISO 标准
! <（不小于）	非 ISO 标准
! >（不大于）	非 ISO 标准

3. 赋值运算符

等号（=）是唯一的 Transact-SQL 赋值运算符。

4. 位运算符

位运算符在两个表达式之间执行位操作，这两个表达式可以是整型或与整型兼容的数据类型。SQL Server 2019 的位运算符描述见表 7-4。

表 7-4 位运算符

位 运 算 符	说　明
&（位与）	位与逻辑运算，两个位均为 1 时，结果为 1；否则为 0
|（位或）	位或逻辑运算，只要一个位为 1，结果为 1；否则为 0
^（位异或）	位异或运算，两个位值不同时，结果为 1；否则为 0

5. 逻辑运算符

逻辑运算符用于对某些条件进行测试，以获得其真实情况，运算结果为 TRUE、FALSE 或 UNKNOWN。SQL Server 2019 的逻辑运算符描述见表 7-5。

表 7-5 逻辑运算符

逻辑运算符	说　明
ALL	如果一组比较都为 TRUE，则运算结果为 TRUE
AND	如果两个布尔表达式都为 TRUE，则运算结果为 TRUE
ANY	如果一组比较中有任何一个为 TRUE，则运算结果为 TRUE

续表

逻辑运算符	说　明
BETWEEN	如果操作数在指定的范围之内，则运算结果为 TRUE
EXISTS	如果子查询包含一些行，则运算结果为 TRUE
IN	如果操作数等于表达式列表中的一个，则运算结果为 TRUE
LIKE	如果操作数与一种模式相匹配，则运算结果为 TRUE
NOT	对任何其他布尔运算符的值取反
OR	如果两个布尔表达式中的一个为 TRUE，则运算结果为 TRUE
SOME	如果在一组比较中，有些值为 TRUE，则运算结果为 TRUE

6. 字符串连接运算符

字符串连接运算符通过运算符加号（+）实现两个字符串的连接运算。

7. 一元运算符

一元运算符只对一个表达式执行操作，该表达式可以是 numeric 数据类型类别中的任何一种。SQL Server 2019 的一元运算符描述见表 7-6。

表 7-6　一元运算符

一元运算符	说　明
+（正）	数值为正
-（负）	数值为负
~（位非）	返回数字的非

注意：+（正）和 -（负）运算符可以用于 numeric 数据类型类别中任一数据类型的任意表达式。~（位非）运算符只能用于整数数据类型类别中任一数据类型的表达式。

8. 运算符优先级

当一个复杂的表达式有多个运算符时，运算符优先级决定执行运算的先后次序，这些运算符的执行顺序一般会影响表达式的运行结果。

SQL Server 2019 的运算符优先级描述见表 7-7，级别的数字越小，级别越高。

表 7-7　运算符优先级

级　别	运　算　符
1	~（位非）
2	*（乘）、/（除）、%（取模）
3	+（正）、-（负）、+（加）、+（连接）、-（减）、&（位与）、^（位异或）、|（位或）
4	=, >, <, >=, <=, < >, !=, !>, !<（比较运算符）
5	NOT
6	AND
7	ALL、ANY、BETWEEN、IN、LIKE、OR、SOME
8	=（赋值）

注意：当一个表达式中的两个运算符有相同的运算符优先级时，将按照它们在表达

式中的位置从左到右进行求值；在表达式中使用括号替代定义的运算符优先级，首先对括号中的内容进行求值，从而产生一个值，然后括号外的运算符才可以使用这个值；如果表达式有嵌套的括号，那么首先对嵌套最深的表达式求值。

7.2 流程控制语句

流程控制语句是用来控制程序执行和流程分支的语句。下面介绍 Transact-SQL 的流程控制语句。

7.2.1 BEGIN…END 语句块

BEGIN…END 语句块用于定义一系列的 Transact-SQL 语句，从而可以执行一组 Transact-SQL 语句。语法格式如下。

```
BEGIN
     {
       sql_statement| statement_block
     }
END
```

语法说明如下。

（1）BEGIN：起始关键字，定义 Transact-SQL 语句的起始位置。

（2）sql_statement：任何有效的 Transact-SQL 语句。

（3）statement_block：任何有效的 Transact-SQL 语句块。

（4）END：结束关键字，定义 Transact-SQL 语句的结束位置。

BEGIN…END 语句块允许嵌套使用，BEGIN 和 END 语句必须成对使用。

7.2.2 IF…ELSE 条件语句

IF…ELSE 条件语句指定 Transact-SQL 语句的执行条件。如果满足条件，则在 IF 关键字及其条件之后执行 Transact-SQL 语句，布尔表达式返回 TRUE。可选的 ELSE 关键字引入另一个 Transact-SQL 语句，当不满足 IF 条件时就执行该语句，布尔表达式返回 FALSE。语法格式如下。

```
IF Boolean_expression
     { sql_statement | statement_block}
[ ELSE
     { sql_statement | statement_block} ]
```

语法说明如下。

（1）Boolean_expression：返回 TRUE 或 FALSE 的表达式。如果布尔表达式中含有 SELECT 语句，则必须用括号将 SELECT 语句括起来。

（2）sql_statement：任何有效的 Transact-SQL 语句。

（3）statement_block：任何有效的 Transact-SQL 语句块。若定义语句块，要使用 BEGIN 和 END 定义。

IF…ELSE 条件语句可以嵌套使用。ELSE 子句是可选项，最简单的 IF 语句可以没有 ELSE 子句。

7.2.3 CASE 表达式

CASE 表达式用于计算条件列表并返回多个可能的结果表达式之一。CASE 表达式有 CASE 简单表达式和 CASE 搜索表达式两种。

1. CASE 简单表达式

CASE 简单表达式通过将表达式与一组简单的表达式进行比较来确定结果。语法格式如下。

```
CASE input_expression
     WHEN when_expression THEN result_expression [ ...n ]
     [ ELSE else_result_expression]
END
```

语法说明如下。

（1）input_expression：要计算的表达式，它可以是任意有效的表达式。

（2）when_expression：要与 input_expression 进行比较的简单表达式，它可以是任意有效的表达式。input_expression 及每个 when_expression 的数据类型必须相同或必须是隐式转换的数据类型。

（3）result_expression：当 input_expression = when_expression 计算结果为 TRUE 时返回的表达式。

（4）else_result_expression：比较运算计算结果为 FALSE 时返回的表达式，可以是任意有效的表达式。else_result_expression 及任何 result_expression 的数据类型必须相同或必须是隐式转换的数据类型。

2. CASE 搜索表达式

CASE 搜索表达式通过计算一组布尔表达式来确定结果。语法格式如下。

```
CASE
     WHEN Boolean_expression THEN result_expression [ ...n ]
     [ ELSE else_result_expression]
```

```
END
```

语法说明如下。

（1）Boolean_expression：要计算的布尔表达式，它可以是任意有效的布尔表达式。

（2）result_expression：当 Boolean_expression 表达式的结果为 TRUE 时返回的表达式，它可以是任意有效的表达式。

7.2.4 无条件转移语句

无条件转移语句用于将执行流程转移到标签处，跳过 GOTO 后面的 Transact-SQL 语句，并从标签位置继续处理。语法格式如下。

```
GOTO label
```

如果 GOTO 语句指向 label，则其为处理的起点。标签必须符合标识符规则。

注意：一般不使用 GOTO 语句，因为使用 GOTO 语句实现跳转将破坏结构化语句的结构。

7.2.5 循环语句

循环语句设置重复执行 SQL 语句或语句块的条件。只要指定的条件为真，就重复执行构成循环体的 Transact-SQL 语句或语句块。可以使用 BREAK 和 CONTINUE 关键字在循环内部控制 WHILE 循环中语句的执行。语法格式如下。

```
WHILE Boolean_expression
     { sql_statement | statement_block| BREAK | CONTINUE }
```

语法格式说明如下。

（1）Boolean_expression：返回 TRUE 或 FALSE 的表达式。如果布尔表达式中含有 SELECT 语句，则必须用括号将 SELECT 语句括起来。

（2）sql_statement | statement_block：Transact-SQL 语句或用语句块定义的语句分组。如需要定义语句块，则使用关键字 BEGIN 和 END。

（3）BREAK：从最内层的 WHILE 循环中退出。将执行出现在 END 关键字后面的任何语句。

（4）CONTINUE：使 WHILE 循环重新开始执行，忽略 CONTINUE 关键字后面的任何语句。

7.2.6 返回语句

返回语句用于从存储过程、批处理语句或语句块中无条件退出。语法格式如下。

```
RETURN [integer_expression]
```

其中，integer_expression：返回整数值。除非特别说明，否则返回 0 表示成功，返回非 0 值表示失败。当用于存储过程时，RETURN 不能返回空值。

7.2.7 等待语句

等待语句用于在达到指定时间或时间间隔之前，或者指定语句至少修改或返回一行之前，阻止执行批处理、存储过程或事务。语法格式如下。

```
WAITFOR
{
    DELAY 'time_to_pass'
  | TIME 'time_to_execute'
}
```

语法说明如下。

（1）DELAY：可以继续执行批处理、存储过程或事务之前等待的一段时间间隔，最长可为 24 小时。

（2）'time_to_pass'：等待的时段。可以使用 datetime 数据格式指定，也可以将其指定为局部变量，不能指定日期。

（3）TIME：指定的运行批处理、存储过程或事务的时间。

（4）'time_to_execute'：WAITFOR 语句完成的时间。值的指定与 'time_to_pass' 相同。

7.2.8 错误处理语句

错误处理语句用于对 Transact-SQL 语句实现错误处理。语法格式如下。

```
BEGIN TRY
     { sql_statement| statement_block}
END TRY
BEGIN CATCH
          [ { sql_statement| statement_block} ]
END CATCH
```

语法说明如下。

（1）sql_statement：任何 Transact-SQL 语句。

（2）statement_block：批处理或包含于 BEGIN…END 块中的任何 Transact-SQL 语句组。

7.3 常用函数

为了便于统计和处理数据，SQL Server 2019 提供了系统内置函数和用户自定义函数。函数是一组编译好的 Transact-SQL 语句，它们可以包括一个或多个参数，也可以不包括参数。函数执行的结果是返回一个数值或数值集合，也可能没有返回值。

7.3.1 系统内置函数

视频讲解

在程序设计过程中，常常调用系统提供的内置函数。下面介绍一些常用的系统内置函数。

1. 聚合函数

聚合函数对一组值执行计算，并返回单个值。除了 COUNT 函数以外，聚合函数会忽略空值。聚合函数经常与 SELECT 语句的 GROUP BY 子句一起使用。表 7-8 列举了常用的聚合函数。

表 7-8 常用聚合函数

聚合函数	功能
AVG ([ALL | DISTINCT] expression)	计算一组数据的平均值
MIN ([ALL | DISTINCT] expression)	返回一组数据的最小值
MAX ([ALL | DISTINCT] expression)	返回一组数据的最大值
SUM ([ALL | DISTINCT] expression)	计算一组数据的和
COUNT ({ [[ALL | DISTINCT] expression] | * })	计算总行数，COUNT（*）返回行数，包含空值，返回结果是 int 类型的数据
COUNT_BIG ({ [ALL | DISTINCT] expression } | *)	计算总行数，与 COUNT 函数用法类似，区别是返回值的类型不同，COUNT_BIG 函数返回 bigint 数据类型值
CHECKSUM_AGG ([ALL | DISTINCT] expression)	返回校验和，忽略空值

2. 字符串函数

为了方便字符串类型数据的操作和处理，实现字符串的查找、转换等操作，SQL Server 2019 提供了功能较全的字符串函数。表 7-9 列举了常用的字符串函数。

表 7-9 常用的字符串函数

字符串函数	功能
ASCII (character_expression)	返回字符串表达式中最左侧的字符的 ASCII 代码值
CHAR (integer_expression)	将 int ASCII 代码转换为字符
CHARINDEX (expression1 ,expression2 [, start_location])	返回 expression1 在 expression2 的开始位置，可从 start_location 处进行查找，若未指定 start_location，或者指定为负数或 0，则默认从 expression2 的开始位置查找
DIFFERENCE (character_expression, character_expression)	返回一个整数值，指定两个字符表达式的 SOUNDEX 值之间的差异

续表

字符串函数	功　能
LEFT (character_expression, integer_expression)	返回字符串 character_expression 中从左边开始指定 integer_expression 个的字符
LEN (string_expression)	返回指定字符串表达式的字符数，其中不包含尾随空格
LOWER (character_expression)	将大写字符数据转换为小写字符数据后返回字符表达式
LTRIM (character_expression)	返回删除了前导空格之后的字符表达式
NCHAR (integer_expression)	返回具有指定的整数代码的 Unicode 字符
PATINDEX ('%pattern%' , expression)	返回指定表达式中某模式 '%pattern%' 第一次出现的起始位置；如果在全部有效的文本和字符数据类型中没有找到该模式，则返回 0
REPLACE (string_expression,string_pattern,string_replacement)	用 string_replacement 替换 string_expression 中出现的所有指定字符串 string_pattern
REPLICATE (string_expression,integer_expression)	以 integer_expression 指定的次数重复字符串 string_expression 的值
REVERSE (string_expression)	返回字符串值的逆向值
RIGHT (character_expression, integer_expression)	返回字符串 character_expression 中从右边开始指定 integer_expression 个的字符
RTRIM (character_expression)	截断所有尾随空格后返回一个字符串
SOUNDEX (character_expression)	返回字符表达式对应的 4 个字符的代码
SPACE (integer_expression)	返回由重复的空格组成的字符串
STR (float_expression[, length [,decimal]])	返回由数字数据转换来的字符数据
STUFF (character_expression, start , length , character_expression)	将字符串插入另一个字符串。它在第一个字符串中从开始位置删除指定长度的字符，然后将第二个字符串插入第一个字符串的开始位置
SUBSTRING (value_expression, start_expression, length_expression)	返回字符表达式、二进制表达式、文本表达式或图像表达式的一部分，是 value_expression 中从 start_expression 开始的 length_expression 个字符
UPPER (character_expression)	返回小写字符数据转换为大写字符数据的字符表达式

3. 日期和时间函数

日期和时间函数用于处理日期型或时间型数据，表 7-10 列举了常用的日期时间函数。

表 7-10　常用的日期和时间函数

日期和时间函数	功　能
DATEADD (datepart , number , date)	将一个时间间隔 number 与指定 date 的指定 datepart 相加，返回一个新的 datetime 值
DATENAME（datepart, date）	返回表示指定 date 的指定 datepart 的字符串
DATEPART (datepart , date)	返回表示指定 date 的指定 datepart 的整数
DATEDIFF (datepart , startdate , enddate)	返回两个指定日期之间所跨的日期或时间 datepart 边界的数目
DAY (date)	返回表示指定 date 的“日”部分的整数
MONTH (date)	返回表示指定 date 的“月”部分的整数
YEAR (date)	返回表示指定 date 的“年”部分的整数

续表

日期和时间函数	功　能
GETDATE ( )	返回当前系统的日期和时间，日期时间类型为 datetime
GETUTCDATE ( )	返回当前系统的日期和时间，日期时间类型为 datetime。日期和时间作为 UTC 时间（通用协调时间）返回

4. 数学函数

数学函数便于操作与处理数字数据类型的数据，表 7-11 列举了常用的数学函数。

表 7-11　常用的数学函数

数 学 函 数	功　能
ABS（numeric_expression）	返回数值表达式 numeric_expression 的绝对值
ACOS（float_expression）	返回以弧度表示的角，其余弦是指定的 float_expression 表达式，也称为反余弦
ASIN（float_expression）	返回以弧度表示的角，其正弦为指定 float_expression 表达式，也称为反正弦
ATAN（float_expression）	返回以弧度表示的角，其正切为指定的 float_expression 表达式，也称为反正切函数
ATAN2 (float_expression , float_expression)	返回以弧度表示的角
CEILING（numeric_expression）	返回大于或等于指定数值表达式的最小整数
FLOOR（numeric_expression）	返回小于或等于指定数值表达式的最大整数
PI（ ）	返回 PI 的常量值
RAND（[seed]）	返回一个 0~ 1（不包括 0 和 1）的伪随机 float 值
ROUND（numeric_expression, length [,function]）	返回 numeric_expression 的值，并按给定小数位数四舍五入
SIGN（numeric_expression）	返回指定表达式的正号（+1）、零（0）或负号（-1）

5. 数据类型转换函数

数据类型相同时才可以进行运算。SQL Server 2019 提供了 CAST 和 CONVERT 函数来实现数据类型的转换，两个函数都是将一种数据类型的表达式转换为另一种数据类型的表达式。

1）CAST 函数

语法格式如下。

```
CAST(expression AS data_type[ ( length ) ] )
```

语法说明如下。

（1）expression：任何有效的表达式。

（2）data_type：目标数据类型，包括 xml、bigint 和 sql_variant，不能使用别名数据类型。

（3）length：指定目标数据类型长度的可选整数，默认值为 30。

2）CONVERT 函数

语法格式如下。

```
CONVERT ( data_type[ ( length ) ] , expression [ , style ] )
```

其中，style 指定 CONVERT 函数是如何转换 expression 的整数表达式的。如果 style 为 NULL，则返回 NULL。该范围由 data_type 确定。

除以上介绍的五种系统内置函数外，系统内置函数还有元数据函数、安全函数、行集函数、游标函数、配置函数、文本与图像函数，它们的语法和功能可参考 SQL Server 联机丛书，在这里不再作介绍。

7.3.2 用户自定义函数

视频讲解

SQL Server 2019 提供的系统内置函数方便用户处理数据问题。但在实际使用中，用户可能需要根据自己的要求创建自定义函数。SQL Server 2019 允许用户根据实际需要创建用户自定义函数。与编程语言中的函数类似，它是接收一个或多个参数、执行操作（如复杂计算）并将操作结果以值的形式返回的例程。返回值可以是单个标量值或结果集。

根据用户自定义函数返回值的类型，可将用户自定义函数分为标量值函数和表值函数两大类。其中，表值函数又分为内联表值函数和多语句表值函数。

1. 标量值函数

创建标量值函数的语法格式如下。

```
CREATE FUNCTION [ schema_name. ] function_name
( [ { @parameter_name [ AS ][ type_schema_name. ] parameter_data_type
    [ = default ] [ READONLY ] }
    [ ,...n ]
  ]
)
RETURNS return_data_type
    [ WITH <function_option> [ ,...n ] ]
    [ AS ]
    BEGIN
                function_body
        RETURN scalar_expression
    END
```

语法说明如下。

（1）schema_name：用户自定义函数所属的架构的名称。

（2）function_name：用户自定义函数的名称。

（3）@parameter_name：用户定义函数中的参数。

（4）type_schema_name：参数的数据类型所属的架构。

（5）parameter_data_type：参数的数据类型。

（6）default：参数的默认值。

（7）READONLY：指定不能在函数定义中更新或修改参数。

（8）return_data_type：函数的返回值。

（9）function_option：用来指定创建函数的选项。

（10）function_body：指定一系列定义函数值的 Transact-SQL 语句。

（11）scalar_expression：指定标量函数返回的标量值。

标量函数返回单个数据值，其类型是在 RETURNS 子句中定义的。函数的主体在 BEGIN…END 块中定义，其中包含返回值的一系列 Transact-SQL 语句。

2. 内联表值函数

用户自定义表值函数返回表类型。在创建内联表值函数时，需要使用 TABLE 关键字，指定表值函数的返回值为表。语法格式如下。

```
CREATE FUNCTION [ schema_name. ] function_name
( [ { @parameter_name [ AS ][ type_schema_name. ] parameter_data_type
    [ = default ] [ READONLY ] }
    [ ,...n ]
  ]
)
RETURNS TABLE
    [ WITH <function_option> [ ,...n ] ]
    [ AS ]
    RETURN [ ( ] select_stmt [ ) ]
```

语法格式说明如下。

（1）TABLE：指定表值函数的返回值为表。

（2）select_stmt：定义内联表值函数返回值的单个 SELECT 语句。

任务实施

7.4 Transact-SQL 语言基础操作

在完成本项目前，请将样本数据库 stuMIS 附加至 SQL Server 2019。

7.4.1 使用变量

【例 7.1】 使用系统全局变量查看当前 SQL Server 的版本信息。

在查询分析器中，输入如下 Transact-SQL 语句并执行：

```
SELECT @@VERSION AS '当前 SQL Server 的版本信息'
```

执行结果如图 7-1 所示。

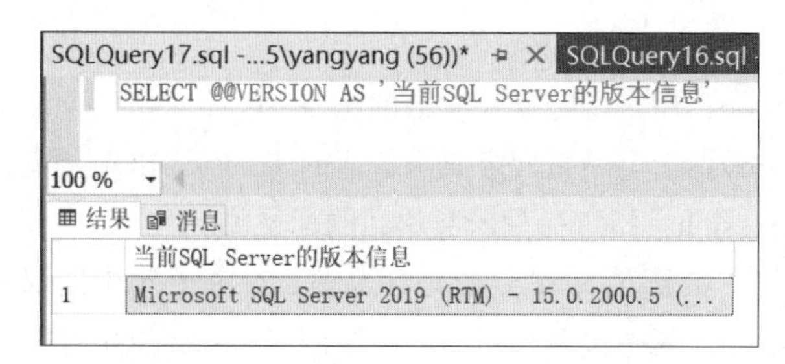

图 7-1　显示当前 SQL Server 的版本信息

【例 7.2】 使用系统全局变量查看当前运行 SQL Server 的本地服务器的名称。

在查询分析器中，输入如下 Transact-SQL 语句并执行：

```
SELECT @@SERVERNAME AS 'SQL Server 的本地服务器的名称'
```

【例 7.3】 定义一个局部变量，并给其赋值，然后输出变量的值。

在查询分析器中，输入如下 Transact-SQL 语句并执行：

```
DECLARE @stu char(20),@grade int
SET @stu='王刚的成绩为'
SET @grade=89
  SELECT @stu,@grade
```

执行结果如图 7-2 所示。

注意：一个 SET 语句只能为一个变量赋值。

7.4.2　使用运算符与表达式

1. 算术运算符

【例 7.4】 说明算术运算符的使用。

在查询分析器中，输入如下 Transact-SQL 语句并执行：

```
SELECT 13+2,13-2
SELECT 13*2,13/2
SELECT 13%3
```

执行结果如图 7-3 所示。

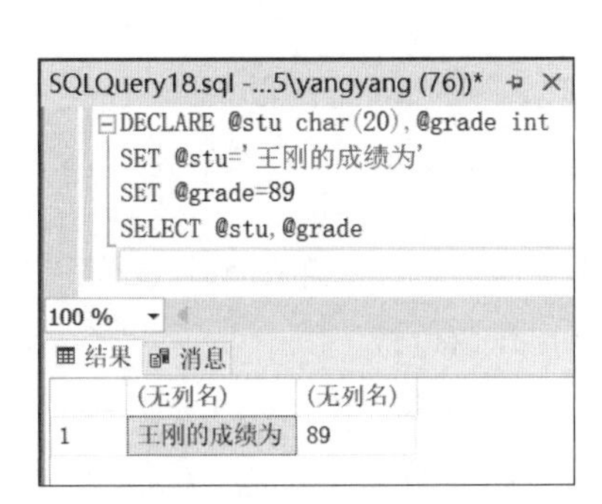

图 7-2　输出定义的局部变量

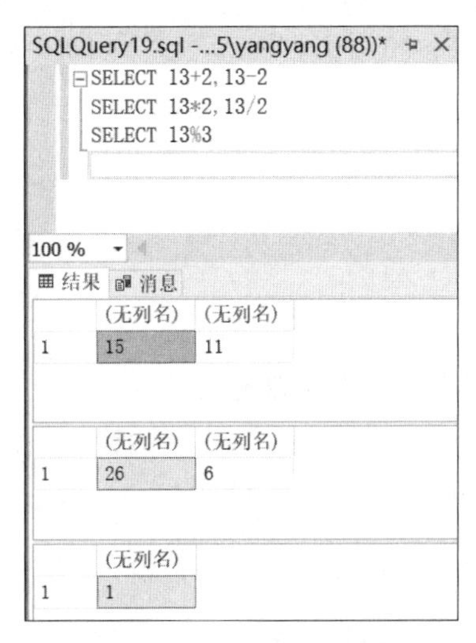

图 7-3　使用算术运算符

2. 比较运算符

【例 7.5】 说明比较运算符的使用。假设项目四里 stuMIS 数据库中的 student 表数据没有删除，查询 stuMIS 数据库 student 表中 sno 为 21002 的学生信息。

在查询分析器中，输入如下 Transact-SQL 语句并执行：

```
USE stuMIS
GO
SELECT *
FROM student
WHERE sno='21002'
```

3. 赋值运算符

【例 7.6】 使用等号（=）为一个变量赋值。

在查询分析器中，输入如下 Transact-SQL 语句并执行：

```
DECLARE @name char(10)
SET @name='李铭'
```

4. 位运算符

【例 7.7】 说明位运算符的使用。

在查询分析器中，输入如下 Transact-SQL 语句并执行：

```
SELECT 20&16,20|16,20^16
```

执行结果如图 7-4 所示。

5. 逻辑运算符

【例 7.8】 说明逻辑运算符的使用。查询 stuMIS 数据库中 student 表中 birtyday 在 1996-1-1 到 1996-12-31 之间的学生信息。

在查询分析器中，输入如下 Transact-SQL 语句并执行：

```
USE stuMIS
GO
SELECT *
FROM student
WHERE birthday BETWEEN '1996-1-1' AND '1996-12-31'
```

6. 字符串连接运算符

【例 7.9】 说明字符串连接运算符的使用。使用加号（+）连接两个字符串。

在查询分析器中，输入如下 Transact-SQL 语句并执行：

```
SELECT '数据库'+'基础与应用'
```

执行结果如图 7-5 所示。

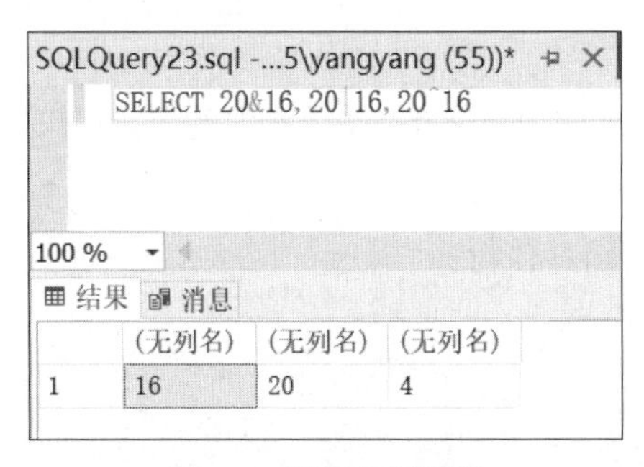

图 7-4 使用位运算符

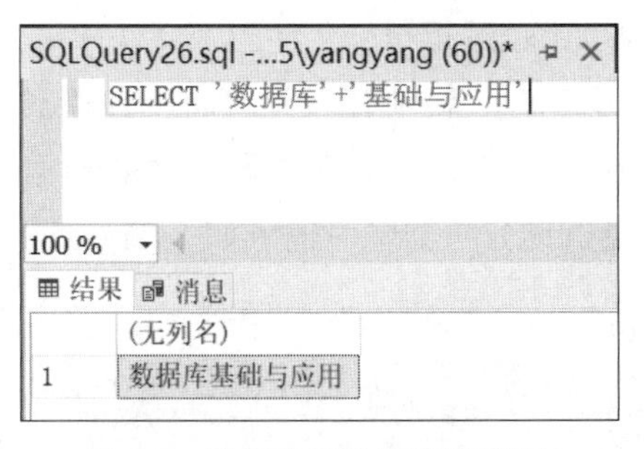

图 7-5 使用字符串连接运算符

7. 运算符优先级

【例 7.10】 计算表达式 2*(4+(5-3)) 的值。

应先计算（5-3）的值，结果为 2；接着计算（4+2）的值，结果为 6；再计算 2*6 的值，结果为 12。

7.5 使用流程控制语句

7.5.1 使用 IF…ELSE 条件语句

【例 7.11】 查询 stuMIS 数据库中 student 表中 sno 为 21008 学生的信息之前，先判断有没有该学生。如果有，执行查询操作；如果没有，输出提示信息。

视频讲解

在查询分析器中，输入如下 Transact-SQL 语句并执行：

```
IF (SELECT COUNT(*) FROM student WHERE sno='21008')=0
  PRINT '没有该学生！'
```

```
ELSE
  BEGIN
    PRINT '该生信息如下：'
    SELECT * FROM student WHERE sno='21008'
  END
```

执行结果如图 7-6 所示。

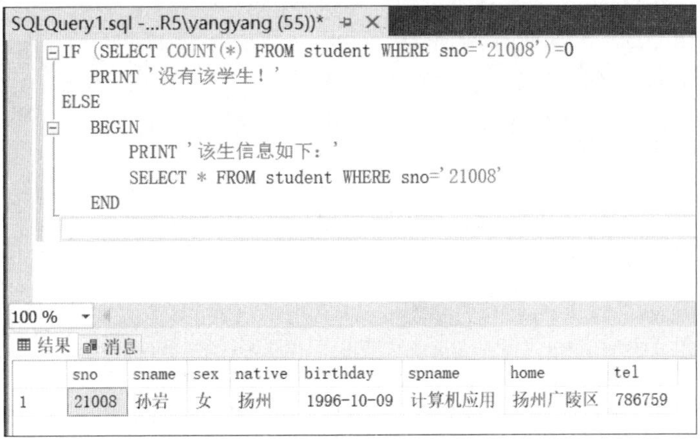

```
SQLQuery1.sql -...R5\yangyang (55))*
IF (SELECT COUNT(*) FROM student WHERE sno='21008')=0
    PRINT '没有该学生！'
ELSE
    BEGIN
        PRINT '该生信息如下：'
        SELECT * FROM student WHERE sno='21008'
    END
```

100 %

结果 消息

	sno	sname	sex	native	birthday	spname	home	tel
1	21008	孙岩	女	扬州	1996-10-09	计算机应用	扬州广陵区	786759

图 7-6　使用 IF…ELSE 条件语句

7.5.2　使用 CASE 表达式

1. CASE 简单表达式

【例 7.12】 使用 CASE 简单表达式，比较成绩等级代表的分数范围。

在查询分析器中，输入如下 Transact-SQL 语句并执行：

```
DECLARE @grade char(20)
SET @grade='优秀'
SELECT '优秀'=
  CASE @grade
    WHEN '优秀' THEN '成绩在 90 到 100 之间'
    WHEN '良好' THEN '成绩在 80 到 89 之间'
    WHEN '中等' THEN '成绩在 70 到 79 之间'
    WHEN '合格' THEN '成绩在 60 到 69 之间'
    WHEN '不合格' THEN '成绩在 0 到 59 之间'
    ELSE '没有相应的等级'
  END
```

执行结果如图 7-7 所示。

2. CASE 搜索表达式

【例 7.13】 使用 CASE 搜索表达式，确定分数所属的成绩等级。

在查询分析器中，输入如下 Transact-SQL 语句并执行：

```
DECLARE @scoreint
SET @score=78
SELECT '78 所属的等级 '=
  CASE
    WHEN @score BETWEEN 90 AND 100 THEN ' 优秀 '
    WHEN @score BETWEEN 80 AND 89 THEN ' 良好 '
    WHEN @score BETWEEN 70 AND 79 THEN ' 中等 '
    WHEN @score BETWEEN 60 AND 69 THEN ' 合格 '
    WHEN @score BETWEEN 0 AND 59 THEN ' 不合格 '
    ELSE ' 没有相应的等级 '
  END
```

执行结果如图 7-8 所示。

```
SQLQuery2.sql -...R5\yangyang (52))*
DECLARE @grade char(20)
SET @grade='优秀'
SELECT '优秀'=
  CASE @grade
    WHEN '优秀' THEN '成绩在90到100之间'
    WHEN '良好' THEN '成绩在80到89之间'
    WHEN '中等' THEN '成绩在70到79之间'
    WHEN '合格' THEN '成绩在60到69之间'
    WHEN '不合格' THEN '成绩在0到59之间'
    ELSE '没有相应的等级'
  END
```

	优秀
1	成绩在90到100之间

图 7-7　使用 CASE 简单表达式

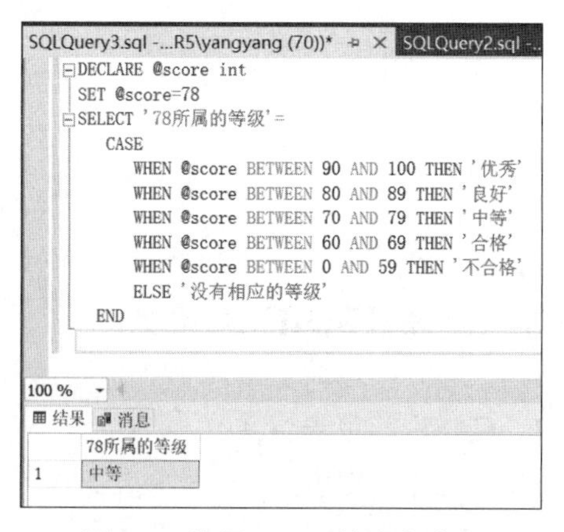

图 7-8　使用 CASE 搜索表达式

7.5.3　使用循环语句

【例 7.14】 使用 WHILE 循环语句输出 1~10 的 10 个整数。

在查询分析器中，输入如下 Transact-SQL 语句并执行：

```
DECLARE @i int,@j int
SET @i=10
SET @j=1
WHILE @i>=@j
  BEGIN
    PRINT @j
    SET @j=@j+1
  END
```

执行结果如图 7-9 所示。

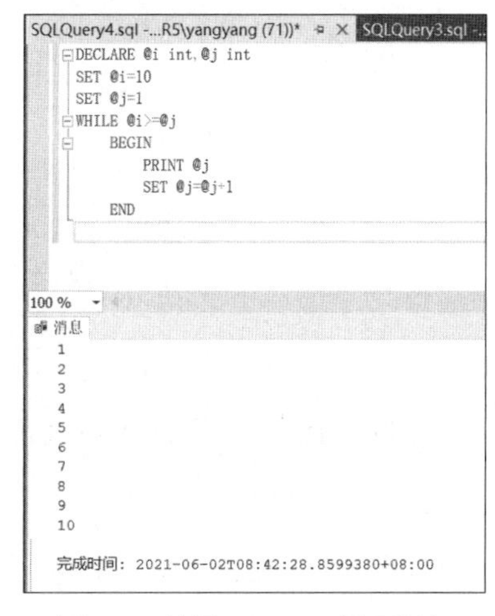

图 7-9　使用 WHILE 循环语句

7.5.4　使用等待语句

【例 7.15】 等待 3 小时 10 分 20 秒后执行查询语句。

在查询分析器中，输入如下 Transact-SQL 语句并执行：

```
BEGIN
    WAITFOR DELAY '03:10:20'
    SELECT * FROM student
END
```

7.6　使用常用函数

7.6.1　使用系统内置函数

【例 7.16】 使用字符串函数。将小写的字符串 mnopq 转换成大写。

视频讲解

在查询分析器中，输入如下 Transact-SQL 语句并执行：

```
SELECT UPPER('mnopq')
```

执行结果如图 7-10 所示。

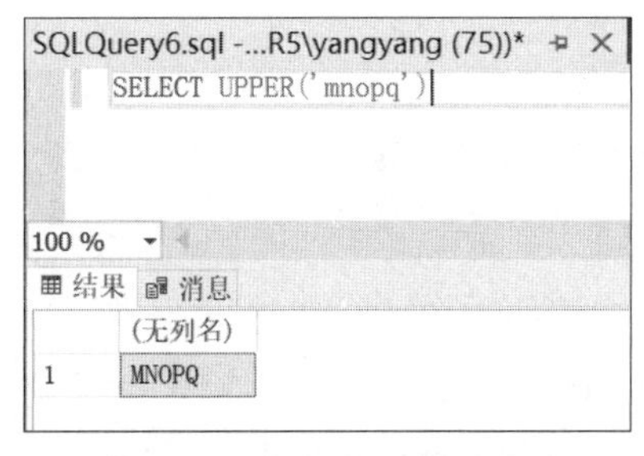

图 7-10　使用 UPPER 函数

【例 7.17】 使用 REPLACE 函数替换字符串。

在查询分析器中，输入如下 Transact-SQL 语句并执行：

```
SELECT REPLACE('数据库基础与应用','基础与应用','概论')
```

执行结果如图 7-11 所示。

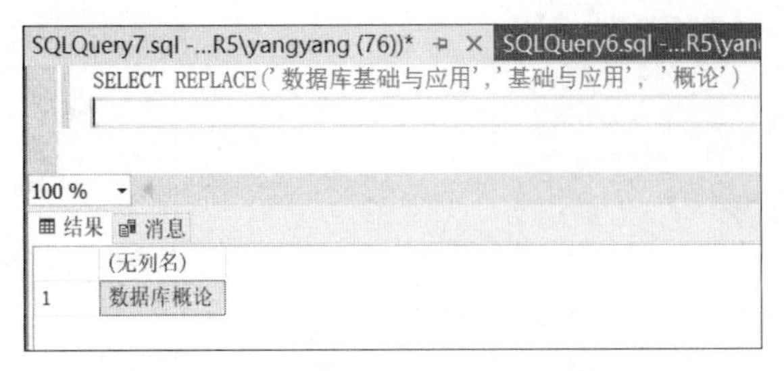

图 7-11　使用 REPLACE 函数

【例 7.18】 使用日期和时间函数获取当前系统的时间、年、月、日。

在查询分析器中，输入如下 Transact-SQL 语句并执行：

```
SELECT GETDATE(),YEAR(GETDATE()),MONTH(GETDATE()),DAY(GETDATE())
```

执行结果如图 7-12 所示。

	(无列名)	(无列名)	(无列名)	(无列名)
1	2021-06-02 08:54:01.257	2021	6	2

图 7-12　使用日期和时间函数

【例 7.19】 使用数学函数。

在查询分析器中，输入如下 Transact-SQL 语句并执行：

```
SELECT ABS(-11)
SELECT PI(),ROUND(-3.23456,2)
SELECT FLOOR(16.1),FLOOR(-16.1)
SELECT CEILING(16.1),CEILING(-16.1)
```

执行结果如图 7-13 所示。

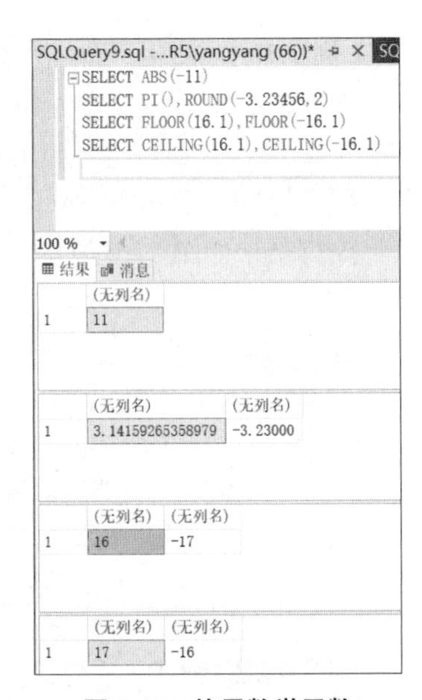

图 7-13　使用数学函数

【例 7.20】 使用 CAST 函数将字符串 70 和 80 转换成数字并相加，将数字 70 和 80 转换为字符串并连接。

在查询分析器中，输入如下 Transact-SQL 语句并执行：

```
SELECT CAST('70' AS int)+CAST('80' AS int) AS '转换为数字'
SELECT CAST(70 AS char(5))+CAST(80 AS char(5)) AS '转换为字符串'
```

执行结果如图 7-14 所示。

SQLQuery10.sql -...5\yangyang (68))* SQLQuery9.sql -...R5\yangyang (66))*

```
SELECT CAST('70' AS int)+CAST('80' AS int) AS '转换为数字'
SELECT CAST(70 AS char(5))+CAST(80 AS char(5)) AS '转换为字符串'
```

100 %

结果 消息

	转换为数字
1	150

	转换为字符串
1	70 80

图 7-14　使用 CAST 函数

【例 7.21】 使用 CONVERT 函数将字符串 06/01/2021 转换为日期。

在查询分析器中，输入如下 Transact-SQL 语句并执行：

```
SELECT CONVERT(date,'06/01/2021',110)
```

执行结果如图 7-15 所示。

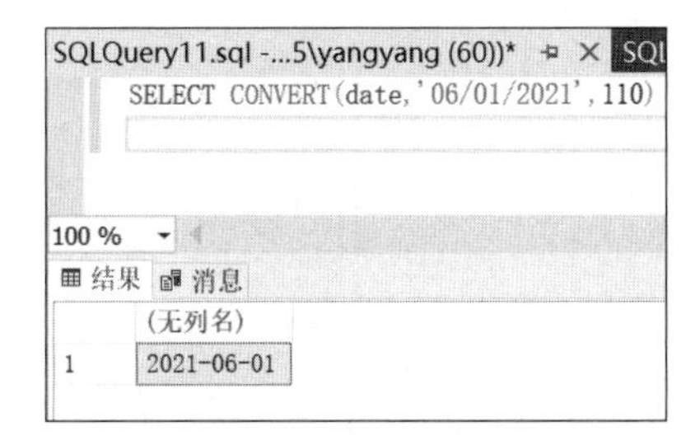

图 7-15　使用 CONVERT 函数

style 的值为 110，表示日期格式为 mm-dd-yy。

7.6.2　使用用户自定义函数

1. 标量值函数

【例 7.22】 创建用户自定义函数。实现从 stuMIS 数据库的 grade 表中根据学生学号返回学生成绩。

视频讲解

在查询分析器中，输入如下 Transact-SQL 语句并执行：

```
USE stuMIS
GO
CREATE FUNCTION getscore(@sno char(12))
RETURNS int
WITH ENCRYPTION
AS
  BEGIN
```

```
    DECLARE @score char
    SELECT @score=score FROM grade
      WHERE sno=@sno
    RETURN @score
  END
```

执行结果如图 7-16 所示。

调用该函数，查找 sno 为 21007 的学生的 score，语句如下：

```
SELECT dbo.getscore('21007') AS '成绩'
```

执行结果如图 7-17 所示。

图 7-16　成功创建标量值函数

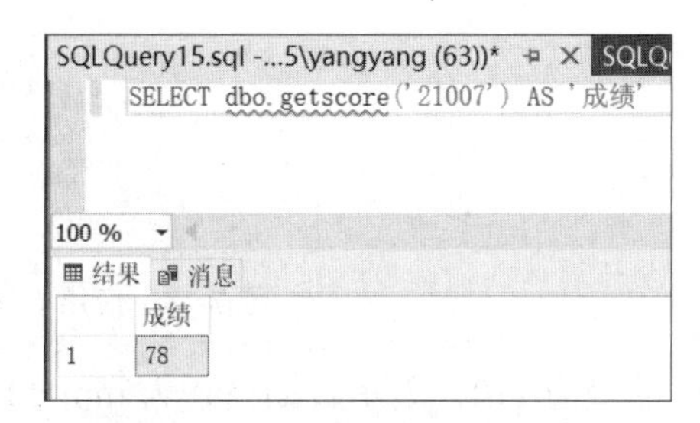

图 7-17　调用标量值函数 getscore

当调用用户自定义的标量值函数时，需要指定其所属架构名称 dbo。

2. 内联表值函数

【例 7.23】 创建用户自定义函数。实现从 student 表中根据学生籍贯返回学生信息。

在查询分析器中，输入如下 Transact-SQL 语句并执行：

```
USE stuMIS
GO
CREATE FUNCTION getstudent(@native char(20))
RETURNS TABLE
WITH ENCRYPTION
AS
  RETURN SELECT * FROM student WHERE native=@native
```

执行结果如图 7-18 所示。

调用 getstudent 函数，查询籍贯为“徐州”的学生信息，语句如下：

```
SELECT * FROM getstudent('徐州')
```

执行结果如图 7-19 所示。

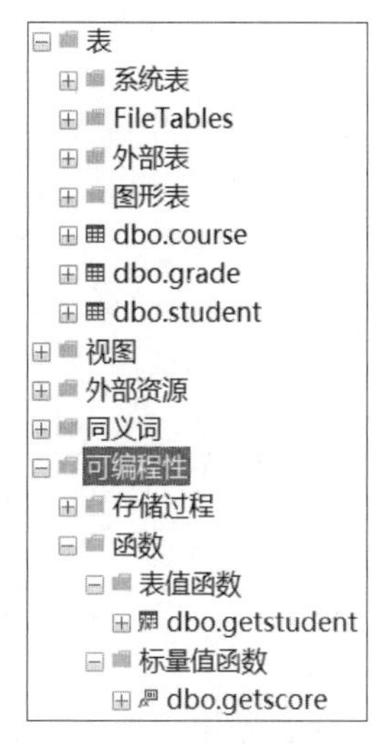

图 7-18　成功创建内联表值函数

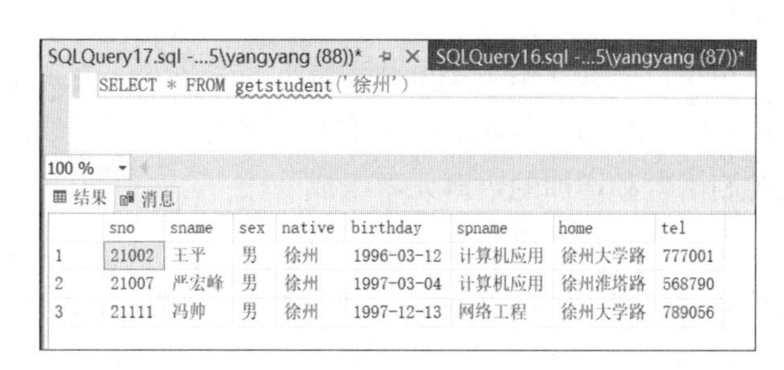

图 7-19　调用内联表值函数 getstudent

项目拓展训练

1. 拓展训练目的

（1）掌握流程控制语句的用法。

（2）掌握常用函数的用法。

2. 拓展训练内容

（1）使用常用的系统内置函数。

- 使用 SELECT 语句查看从 2020 年 1 月 1 日到今天经过了多少年、多少月、多少天。
- 执行 SELECT 'abc'+200，查看返回结果。
- 执行如下语句，查看返回结果。

```
DECLARE @str char(20)
SET @str='数据库基础'
SELECT SUBSTRING(@str,1,3)
```

（2）使用流程控制语句。

- 用 CASE 语句查看某个分数对应的成绩等级，已知成绩等级按分数段分为优秀、良好、中等、及格和不及格。
- 使用 WHILE 语句，在屏幕上输出一个菱形，效果如下所示。

```
   *
  ***
 *****
*******
 *****
  ***
   *
```

项目小结

本项目主要介绍了 Transact-SQL 语言基础、流程控制语句和常用函数。

Transact-SQL 语言是一种交互式查询语言，它由数据定义语言、数据操纵语言、数据控制语言和增加的语言元素组成。

常量，也称为文字值或标量值，它是表示一个特定数据值的符号。变量用于临时存放数据，在程序运行过程中变量中的数据可以改变。

运算符是一种符号，它用来指定要在一个或多个表达式中执行的操作。表达式是标识符、变量、常量、标量函数、子查询、运算符等的组合。

流程控制语句是用来控制程序执行和流程分支的语句。

为了便于统计和处理数据，SQL Server 2019 提供了系统内置函数和用户自定义函数。

项目八　学生管理数据库的视图与索引

项目导入

信息管理员王明已经创建了学生管理数据库和相关的表，并录入了所有表中的记录。现在，需要进行更多的操作，如：

（1）创建视图，使用视图查询学生信息并修改视图。

（2）需要在表中的某个字段上创建索引并修改索引。

项目描述

（1）可以通过什么样的方式快速、准确查询所需数据，从而提高数据存取性能和执行速度?

（2）视图和索引的优点是什么？对它们可以执行哪些操作?

教学导航

（1）掌握：创建、修改和删除视图的方法，以及创建、修改和删除索引的方法。

（2）理解：视图和索引的概念、作用。

（3）了解：视图和索引的类型、优缺点。

知识准备

8.1　视　　图

视频讲解

在对数据库进行操作时，提高数据存取的性能和操作速度使用户能够快速、准确地查询所需的数据。视图可以提高查询数据的效率。

8.1.1　视图的概念

视图是从一个或者几个表（或者视图）中导出的虚拟表，是从现有表中提取若干子集组成的用户的“专用表”，它并不表示任何物理数据。对其中引用的基础表来说，视图的作用类似于筛选。数据库中只存储视图的定义，不存储视图对应的数据，数据仍然存放在原来的表中，用户使用视图时才去查询对应的数据，从视图中查询出来的数据也随表中数据变化而改变。

8.1.2 视图的优缺点

1. 视图的优点

1）数据集中显示

视图着重于用户感兴趣的某些特定数据及所负责的特定任务，通过只允许用户看到视图中定义的数据而不是视图引用表中的数据，从而提高了数据的操作效率。

2）简化数据的操作

在定义视图时，若视图本身是一个复杂查询的结果集，在每一次执行相同的查询时，不必重新写这些复杂的查询语句，可以直接在视图中查询，从而大大简化用户对数据的操作。

3）用户定制数据

视图可以使不同的用户以不同的方式看到不同或者相同的数据集。

4）导出和导入数据

用户可以使用视图将数据导出至其他应用程序。

5）合并分割数据

在某些情况下，由于表中数据量过大，在设计表时常将表进行水平分割或垂直分割，表结构的变化会使应用程序产生不良的影响。使用视图可以重新保持原有的结构关系，从而使外模式保持不变，原有的应用程序仍可以通过视图来重载数据。

6）安全机制

用户通过视图只能查看和修改与自己有关的数据，其他数据库或表既不可见也不可以访问。数据库授权命令可以使用户对数据库的检索限制到特定的数据库对象上，但不能授权到数据库特定行和特定列上。

7）逻辑数据独立性

视图可帮助用户屏蔽真实表结构变化带来的影响。

2. 视图的缺点

视图可以和表一样被查询和更新数据，但在某些情形下，对视图进行操作会受到一定的限制。这些视图的特征包括：由两个以上的表导出的视图；视图的字段来自字段表达式函数；视图定义中有嵌套查询；在一个不允许更新的视图上定义的视图。

8.1.3 视图的类型

在 SQL Server 2019 中，视图分为以下三种类型。

1. 标准视图

通常情况下的视图都是标准视图。标准视图组合了一个或多个表中的数据，可以获得使用视图的大多数优点。它是一个虚拟表，不占物理存储空间。

2. 索引视图

索引视图是被具体化的视图，它包含经过计算的物理数据，可以为视图创建索引，即对视图创建一个唯一聚集索引。索引视图可以显著提高聚合多行数据的视图的查询性能。索引视图适合聚合许多行的查询，但不太适合经常更新的基本数据集。

3. 分区视图

分区视图在一台或多台服务器间水平连接一组成员表中的分区数据，使这些数据看起来像来自同一个表。连接同一个 SQL Server 实例中的成员表的视图是一个本地分区视图。

8.2 索　　引

视频讲解

在相应表中创建索引，可以提高数据库的数据查询性能。

8.2.1 索引的概念

SQL Server 中的索引类似于书的目录，可以通过目录快速找到对应的内容。索引是一个单独的物理的数据库结构，它是某个表中一列或若干列的集合和相应的指向表中物理标识这些值的数据页的逻辑指针清单。索引是依赖于表建立的，它提供了在数据库中编排表中数据的内部方法。数据查询是用户操作数据库的核心任务，在执行查询操作时，需要对整个表进行数据搜索。随着表中数据的增多，搜索就需要很长时间，为提高数据查询效率，数据库引入了索引机制。

例如，数据库中有 1 万条记录，现在要执行 SELECT * FROM table WHERE num=5000 查询。如果没有索引，必须遍历整个表，直到 num 等于 5000 的这一行被找到为止；如果在 num 列上创建索引，SQL Server 不需要任何扫描，直接在索引里找到 5000，就可以得知这一行的位置。

8.2.2 索引的优缺点

1. 索引的优点

建立索引有如下 5 个优点。

1）数据记录的唯一性

通过创建唯一索引，可以保证数据记录的唯一性。

2）提高数据检索效率

在查询数据时，数据库会首先搜索索引列，找到要查询的值，然后按照索引中的位置确定表中的行，提高了数据的检索效率。

3）加快表之间的连接

如果每个表中都有索引列，则数据库可以直接搜索各个表的索引列，从而找到所需的数据。

4）减少查询中的分组和排序时间

给表中的列创建索引，在使用 ORDER BY 和 GROUP BY 子句对数据进行检索时，执行速度将提高。

5）提高系统性能

在检索过程中使用优化隐藏器，可提高系统性能。

2. 索引的缺点

建立索引也有其缺点，具体如下。

（1）创建索引和维护索引要耗费时间，并且随着数据量的增加，耗费的时间也会增加。

（2）索引需要占据磁盘空间。除了数据表占据数据空间之外，每一个索引还要占据一定的物理空间。如果有大量的索引，索引文件可能比数据文件更快达到最大文件尺寸。

（3）当对表中的数据进行增加、删除和修改时，索引也要动态维护，这样会降低数据的维护速度。

8.2.3 索引的类型

在 SQL Server 2019 系统中，按照组织方式的不同，索引可分为聚集索引和非聚集索引两种类型。它们的区别在物理数据的存储方式上。

1. 聚集索引

聚集索引将数据行的键值在表内排序并存储对应的数据记录，使数据表物理顺序与索引顺序一致。

可以在表或视图的一列或多列的组合上创建索引。当建立主键约束时，如果表中没有聚集索引，SQL Server 会用主键列作为聚集索引键。一个表中只能包含一个聚集索引，并非一定要有聚集索引。

2. 非聚集索引

非聚集索引完全独立于数据行的结构，其数据存储在一个位置，索引存储在另一个位置，索引带有指针指向数据的存储位置。

非聚集索引不会对表和视图进行物理排序。一个表中最多只能有一个聚集索引，但可以有一个或多个非聚集索引。

由于创建聚集索引时会改变数据记录的物理存放顺序，因此，当在一个表中要创建聚集索引和非聚集索引时，应先创建聚集索引，再创建非聚集索引。

任务实施

8.3　视图的操作

在完成本项目任务前，请将样本数据库 stuMIS 附加至 SQL Server 2019 中。

8.3.1　创建视图

用户必须拥有数据库所有者授予的创建视图的权限才可以创建视图。用户也必须对定义视图时引用到的表有适当的权限。在 SQL Server 2019 中，通常通过 SSMS 和 Transact-SQL 语句两种方式创建视图。

1. 使用 SSMS 创建视图

视频讲解

【例 8.1】 使用 SSMS 创建一个基于 stuMIS 数据库的名为 V_stu 的视图，该视图能够查询选修 202 课程的学生的学号、姓名和成绩。

（1）打开 SSMS，连接到 SQL Server 上的数据库引擎。

（2）展开服务器，展开“数据库”→ stuMIS 数据库，右击“视图”节点，从弹出的快捷菜单中选择“新建视图”菜单项，如图 8-1 所示。

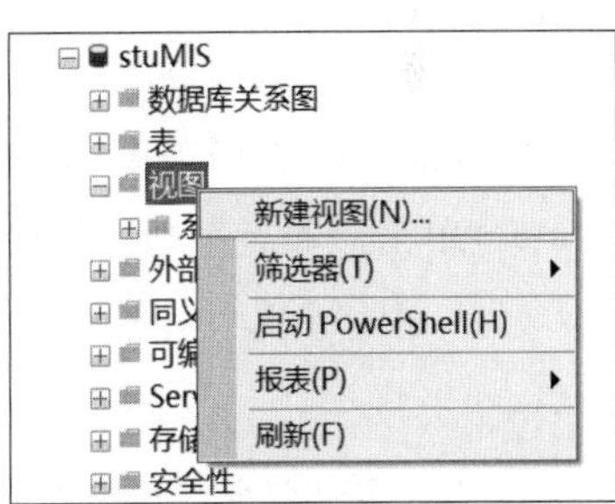

图 8-1　“新建视图”菜单项

（3）弹出“添加表”对话框，如图 8-2 所示。在“表”选项卡中，将 grade 表和 student 表添加为视图的基本表。

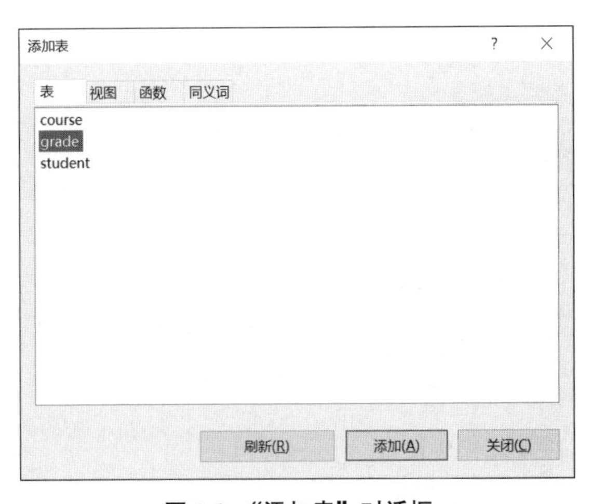

图 8-2　“添加表”对话框

（4）添加完成后，单击“关闭”按钮，开始设计视图。

（5）在“视图”窗口中，勾选 student 表中的 sno、sname 字段名前的复选框，以及 grade 表中的 cno、score 字段名前的复选框，并在“筛选器”中设置 cno 为 202，如图 8-3 所示。

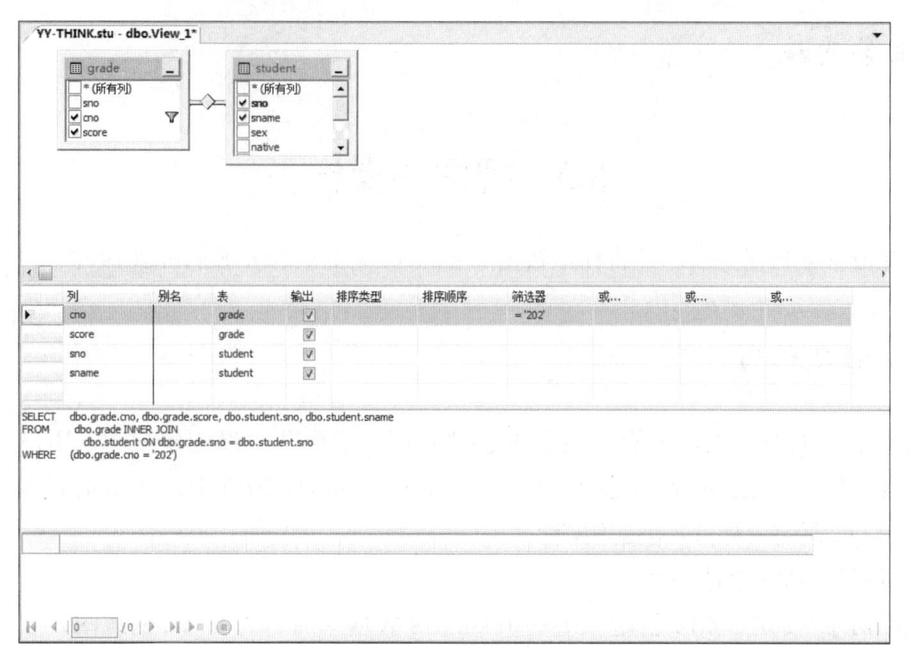

图 8-3　设计视图

（6）单击工具栏中的“保存”按钮，弹出“选择名称”对话框，输入视图名称 V_stu，单击“确定”按钮保存视图。

（7）单击“执行 SQL”按钮，在“显示结果”窗格中显示出查询的结果集，如图 8-4 所示。

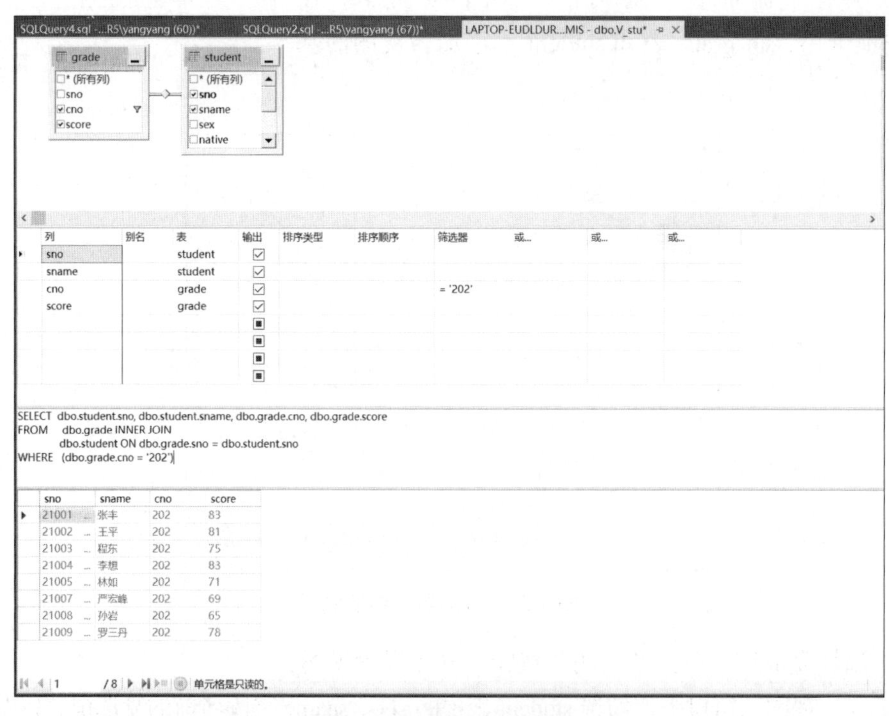

图 8-4　查看查询的结果集

2. 使用 Transact-SQL 语句创建视图

除了使用 SSMS 创建视图外，也可以使用 Transact-SQL 语句创建视图。语法格式如下。

```
CREATE VIEW [ schema_name. ]view_name[ (column [ ,...n ] ) ]
[ WITH <view_attribute> [ ,...n ] ]
AS select_statement
[ WITH CHECK OPTION ]
```

其中：

```
<view_attribute> ::=
    {[ ENCRYPTION ]
    [ SCHEMABINDING ]
    [ VIEW_METADATA ]}
```

语法说明如下。

（1）schema_name：视图所属架构的名称。

（2）view_name：视图的名称。

（3）column：视图中的列使用的名称。

（4）AS：指定视图要执行的操作。

（5）select_statement：定义视图的 SELECT 语句。

（6）CHECK OPTION：强制针对视图执行的所有数据修改语句都必须符合在 select_statement 中设置的条件。

（7）ENCRYPTION：表示对视图进行加密。

（8）SCHEMABINDING：将视图绑定到基础表的架构。

（9）VIEW_METADATA：指定为引用视图的查询请求浏览模式的元数据时，SQL Server 实例将向 DB-Library、ODBC 和 OLE DB API 返回有关视图的元数据信息，而不返回基表的元数据信息。浏览模式的元数据是 SQL Server 实例向这些客户端 API 返回的附加元数据。

【例 8.2】 使用 Transact-SQL 语句创建一个基于 stuMIS 数据库的名为 V_grade 视图来查询“冯帅”同学的所有成绩。

在查询分析器中，输入如下 Transact-SQL 语句并执行：

```
CREATE VIEW V_grade
AS
  SELECT student.sno,student.sname,grade.score
  FROM student INNER JOIN grade
  ON student.sno=grade.sno
  WHERE student.sname='冯帅'
```

执行后，在 SSMS 的左窗格中，视图 V_grade 创建成功，如图 8-5 所示。

创建视图后，可以使用 SELECT 语句进行查询，语句与执行结果如图 8-6 所示。

图 8-5　成功创建 V_grade 视图

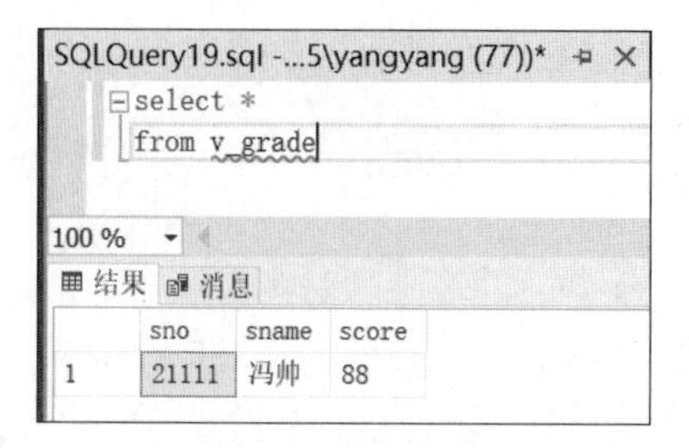

图 8-6　视图查询结果

注意：只有在当前数据库中才能创建视图，视图的命名必须遵循标识符命名规则，且不能与表同名，不能把规则、默认值或触发器与视图相关联。

8.3.2　查看视图

视图创建后，可以通过 SSMS 和系统存储过程查看视图信息。

1. 使用 SSMS 查看视图信息

视频讲解

【例 8.3】 使用 SSMS 查看 V_grade 视图的信息。

（1）打开 SSMS，连接到 SQL Server 上的数据库引擎。

（2）展开服务器，展开“数据库”→ stuMIS →“视图”节点。

（3）右击 V_grade 视图，在弹出的快捷菜单中选择“设计”菜单项，打开“视图”窗口，如图 8-7 所示。在该窗口中，可以对视图进行查看和修改。

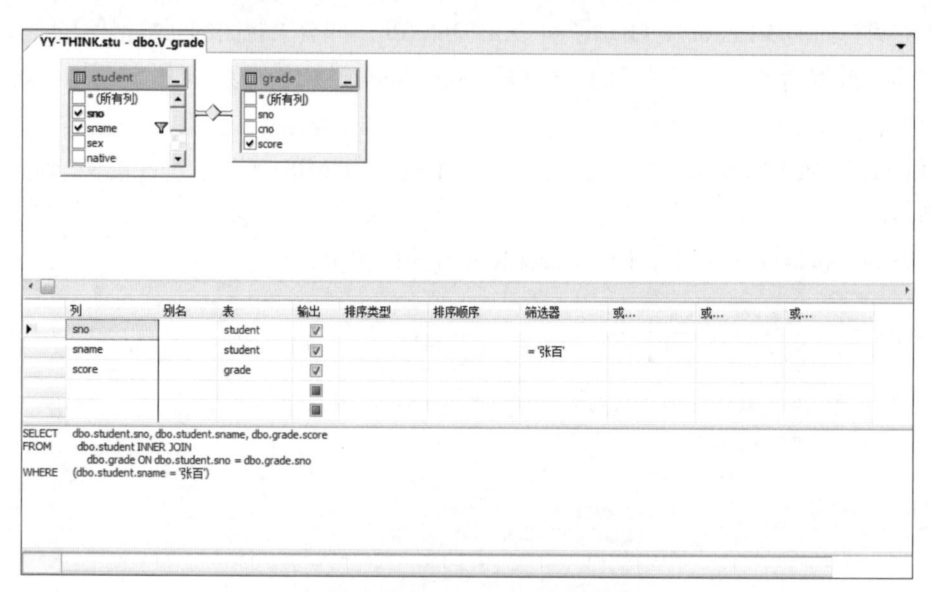

图 8-7　使用 SSMS 查看视图信息

2. 通过系统存储过程查看视图信息

【例 8.4】 通过系统存储过程查看 V_grade 视图的定义信息。

在查询分析器中，输入如下 Transact-SQL 语句并执行：

```
USE stuMIS
EXEC sp_helptext V_grade
```

执行结果如图 8-8 所示。

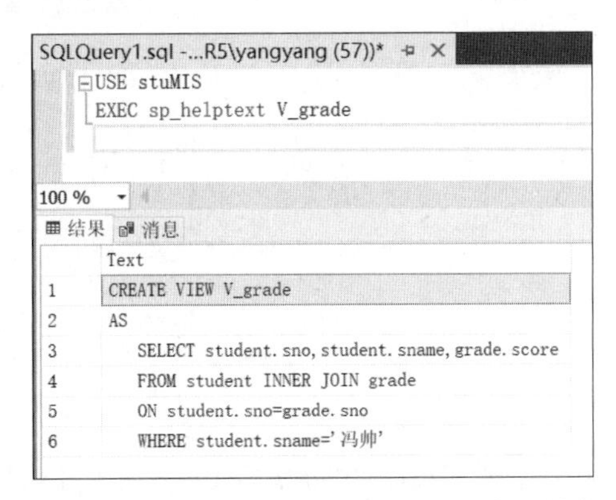

图 8-8 使用系统存储过程查看视图定义信息

【例 8.5】 通过系统存储过程查看 V_grade 视图的名称、拥有者和创建日期等。

在查询分析器中，输入如下 Transact-SQL 语句并执行：

```
USE stuMIS
EXEC sp_help V_grade
```

执行结果如图 8-9 所示。

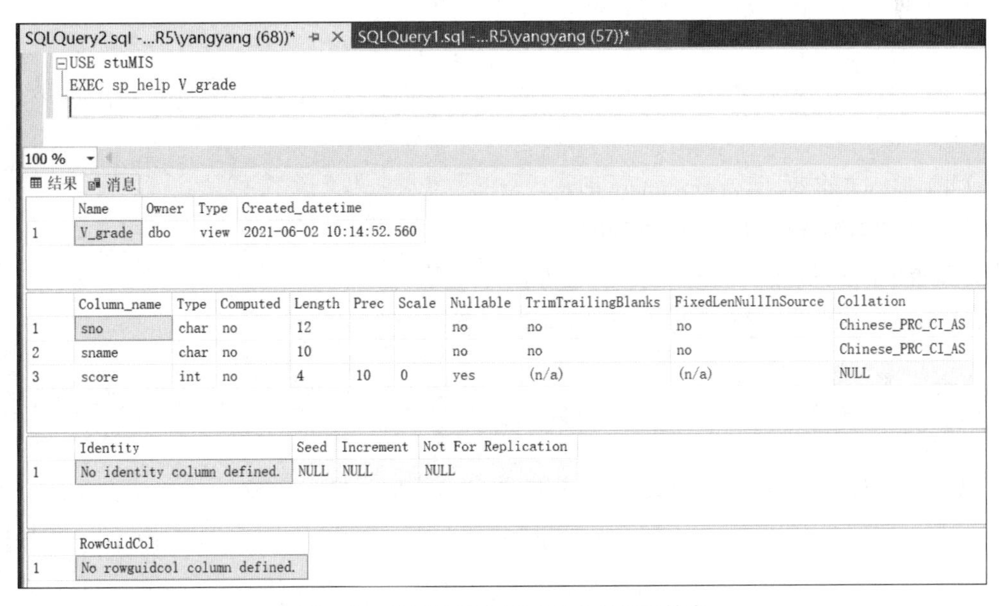

图 8-9 使用系统存储过程查看视图信息

【例 8.6】 通过系统存储过程查看 V_grade 生成视图的对象和列。

在查询分析器中，输入如下 Transact-SQL 语句并执行：

```
USE stuMIS
EXEC sp_depends V_grade
```

执行结果如图 8-10 所示。

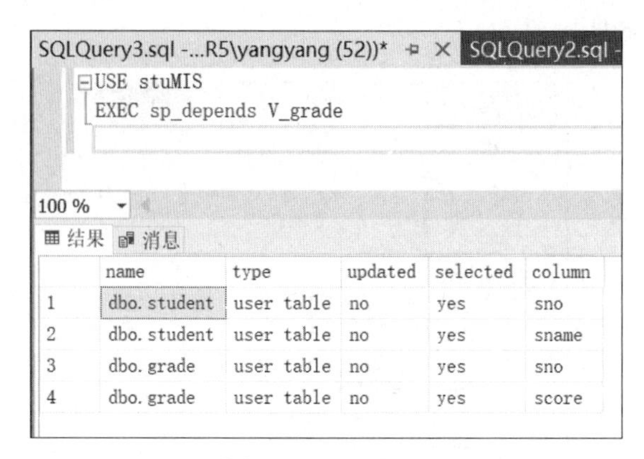

图 8-10　使用系统存储过程查看生成视图的对象和列

8.3.3　重命名视图

在实际使用中，可以通过 SSMS 和系统存储过程对创建好的视图进行重命名。

1. 使用 SSMS 重命名视图

视频讲解

【例 8.7】 将 V_grade 视图重命名为 V_gradenew。

（1）打开 SSMS，连接到 SQL Server 上的数据库引擎。

（2）展开服务器，展开“数据库”→ stuMIS →“视图”节点。

（3）右击 V_grade 视图，在弹出的快捷菜单中选择“重命名”菜单项，如图 8-11 所示。

（4）输入新名称为 V_gradenew 即可。

2. 通过系统存储过程重命名视图

【例 8.8】 将例 8.7 中视图的名称还原成 V_grade。

在查询分析器中，输入如下 Transact-SQL 语句并执行：

```
USE stuMIS
EXEC sp_rename 'V_gradenew','V_grade'
```

执行并刷新后，SSMS 左窗格中，视图重命名成功，如图 8-12 所示。

图 8-11　使用 SSMS 重命名视图

图 8-12　成功重命名视图

8.3.4　修改和删除视图

修改和删除视图可以通过 SSMS 和 Transact-SQL 语句完成。

1. 使用 SSMS 修改视图

在 SSMS 窗口中，右击视图 V_stugrade，在弹出的快捷菜单中选择“设计”菜单项，进入“视图”窗口即可开始修改视图结构，修改完毕后单击工具栏中的“保存”按钮。

2. 使用 Transact-SQL 语句修改视图

使用 Transact-SQL 语句修改视图的语法格式如下。

```
ALTER VIEW [ schema_name . ] view_name[ ( column [ ,...n ] ) ]
[ WITH <view_attribute> [ ,...n ] ]
AS select_statement
[ WITH CHECK OPTION ]
```

其中：

```
<view_attribute>::=
{
    [ ENCRYPTION ]
    [ SCHEMABINDING ]
    [ VIEW_METADATA ]
}
```

【例 8.9】 将例 8.2 中创建的 V_grade 视图修改为包含“赵小平”学生的学号、姓名、籍贯和成绩。

在查询分析器中，输入如下 Transact-SQL 语句并执行：

```
ALTER VIEW V_grade
AS
  SELECT student.sno,student.sname,student.native,grade.score
  FROM student INNER JOIN grade
  ON student.sno=grade.sno
  WHERE student.sname='赵小平'
```

执行结果如图 8-13 所示。

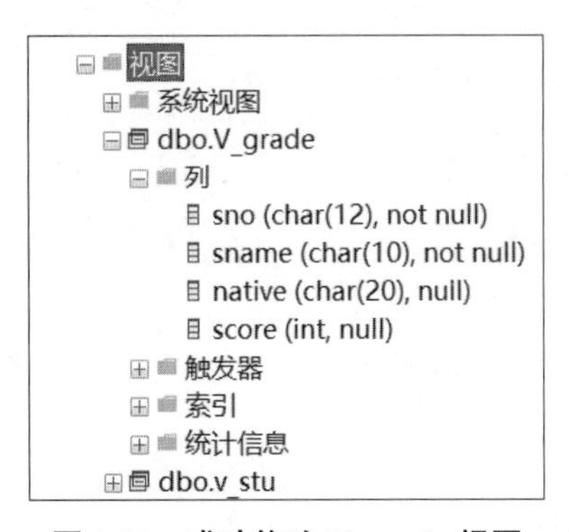

图 8-13　成功修改 V_grade 视图

3. 使用 SSMS 删除视图

【例 8.10】 使用 SSMS 删除 V_grade 视图（为保证后续学习，此例中的视图实际不进行删除）。

（1）打开 SSMS，连接到 SQL Server 上的数据库引擎。

（2）展开服务器，展开“数据库”→ stuMIS →“视图”节点。

（3）右击 V_grade 视图，在弹出的快捷菜单中选择“删除”菜单项，如图 8-14 所示。

图 8-14　“删除”视图菜单项

（4）弹出“删除对象”对话框，单击“确定”按钮即可。

4. 使用 Transact-SQL 语句删除视图

语法格式如下。

```
DROP VIEW [ schema_name . ] view_name [ ...,n ]
```

语法说明如下。

（1）schema_name：视图所属架构的名称。

（2）view_name：要删除的视图的名称。

【例 8.11】 使用 Transact-SQL 语句删除 V_grade 视图（为保证后续学习，此例中的视图实际不进行删除）。

在查询分析器中，输入如下 Transact-SQL 语句并执行：

```
DROP VIEW V_grade
```

8.3.5 视图加密

要保护定义视图的逻辑，可以在 CREATE VIEW 或 ALTER VIEW 语句中指定 WITH ENCRYPTION 选项。

【例 8.12】 修改例 8.9 中的 V_grade 视图，并启用加密。

在查询分析器中，输入如下 Transact-SQL 语句并执行：

```
ALTER VIEW V_grade WITH ENCRYPTION
AS
  SELECT student.sno,student.sname,student.native,grade.score
  FROM student INNER JOIN grade
  ON student.sno=grade.sno
  WHERE student.sname='赵小平'
```

执行结果如图 8-15 所示。

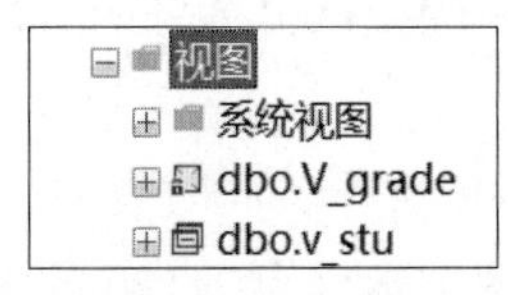

图 8-15　视图加密

如果创建加密视图，则在修改该视图时，必须指定 WITH ENCRYPTION 选项，否则加密将禁用。

8.3.6 通过视图管理数据

通过视图可以插入、修改和删除表中的数据。

视频讲解

1. 插入数据

通过视图，使用 INSERT 语句向表中插入数据。

【例 8.13】 创建一个基于 stuMIS 数据库中的 student 表的 V_stunew 视图，再向该视图中插入一行数据。

在查询分析器中，输入如下 Transact-SQL 语句并执行：

```
CREATE VIEW V_stunew
AS
  SELECT sno,sname,sex
  FROM student
```

再向 V_stunew 视图中插入一行数据。在查询分析器中，输入如下 Transact-SQL 语句并执行：

```
INSERT INTO V_stunew
values('21120','汪非','女')
```

执行后，查询 V_stunew 视图中的数据，结果如图 8-16 所示。

SQLQuery9.sql -...R5\yangyang (53))

```
select *
from v_stunew
```

100 %

结果 消息

	sno	sname	sex
1	21001	张丰	男
2	21002	王平	男
3	21003	程东	男
4	21004	李想	女
5	21005	林如	女
6	21006	赵小平	男
7	21007	严宏峰	男
8	21008	孙岩	女
9	21009	罗三丹	女
10	21110	马强	男
11	21111	冯帅	男
12	21112	严芳	女
13	21113	杨敏	女
14	21114	李华	男
15	21115	吴一鸣	男
16	21116	张欣	女
17	21117	孙海	男
18	21118	马晓峰	男
19	21120	汪非	女

图 8-16 查询插入数据后的视图

2. 更新数据

通过视图，使用 UPDATE 语句可以修改基本表的数据。

【例 8.14】 将例 8.13 中的 V_stunew 视图中学号为 21120 的学生的性别改为“男”。

在查询分析器中，输入如下 Transact-SQL 语句并执行：

```
UPDATE V_stunew
    SET sex='男'
    WHERE sno='21120'
```

执行后，查询 V_stunew 视图中的数据，结果如图 8-17 所示。

3. 删除数据

使用 DELETE 语句删除视图中的数据，同时表中的数据也被删除。

【例 8.15】 删除 V_stunew 视图中学号为 21120 的学生信息。

在查询分析器中，输入如下 Transact-SQL 语句并执行：

```
DELETE FROM V_stunew
WHERE sno='21120'
```

执行后，查询 V_stunew 视图中的数据，结果如图 8-18 所示。

SQLQuery11.sql -...5\yangyang (54))*

```
select *
from v_stunew
```

100 %

结果 消息

	sno	sname	sex
1	21001	张丰	男
2	21002	王平	男
3	21003	程东	男
4	21004	李想	女
5	21005	林如	女
6	21006	赵小平	男
7	21007	严宏峰	男
8	21008	孙岩	女
9	21009	罗三丹	女
10	21110	马强	男
11	21111	冯帅	男
12	21112	严芳	女
13	21113	杨敏	女
14	21114	李华	男
15	21115	吴一鸣	男
16	21116	张欣	女
17	21117	孙海	男
18	21118	马晓峰	男
19	21120	汪非	男

图 8-17　查询更新数据后的视图

SQLQuery13.sql -...5\yangyang (75))*

```
select *
from v_stunew
```

100 %

结果 消息

	sno	sname	sex
1	21001	张丰	男
2	21002	王平	男
3	21003	程东	男
4	21004	李想	女
5	21005	林如	女
6	21006	赵小平	男
7	21007	严宏峰	男
8	21008	孙岩	女
9	21009	罗三丹	女
10	21110	马强	男
11	21111	冯帅	男
12	21112	严芳	女
13	21113	杨敏	女
14	21114	李华	男
15	21115	吴一鸣	男
16	21116	张欣	女
17	21117	孙海	男
18	21118	马晓峰	男

图 8-18　查询删除数据后的视图

通过视图管理数据除了使用 Transact-SQL 语句操作外，还可以使用 SSMS 的方式进行，操作方法与插入、修改和删除表中数据的界面、操作方法基本相同，这里不再举例。

8.4　索引的操作

索引的操作主要包括创建索引、查看索引信息、重命名索引、修改和删除索引。

8.4.1　创建索引

视频讲解

在 SQL Server 2019 中，通常通过 SSMS 和 Transact-SQL 语句两种方式创建索引。

1. 使用 SSMS 创建索引

【例 8.16】 使用 SSMS 给 stuMIS 数据库中的 student 表创建基于 sno 列、名为 sno_index 的唯一非聚集索引。

（1）打开 SSMS，连接到 SQL Server 上的数据库引擎。

（2）展开服务器，展开“数据库”文件夹→ stuMIS →“表”→ student 节点，右击“索引”节点，在弹出的快捷菜单中选择“新建索引”→“非聚集索引”菜单项，如

图 8-19 所示。

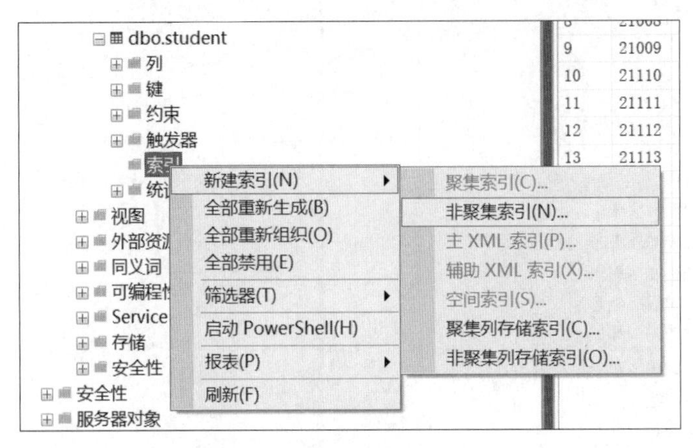

图 8-19 “新建索引”菜单项

(3)弹出“新建索引”对话框，在“常规”页面输入索引名称为 sno_index，勾选“唯一”复选框，如图 8-20 所示。

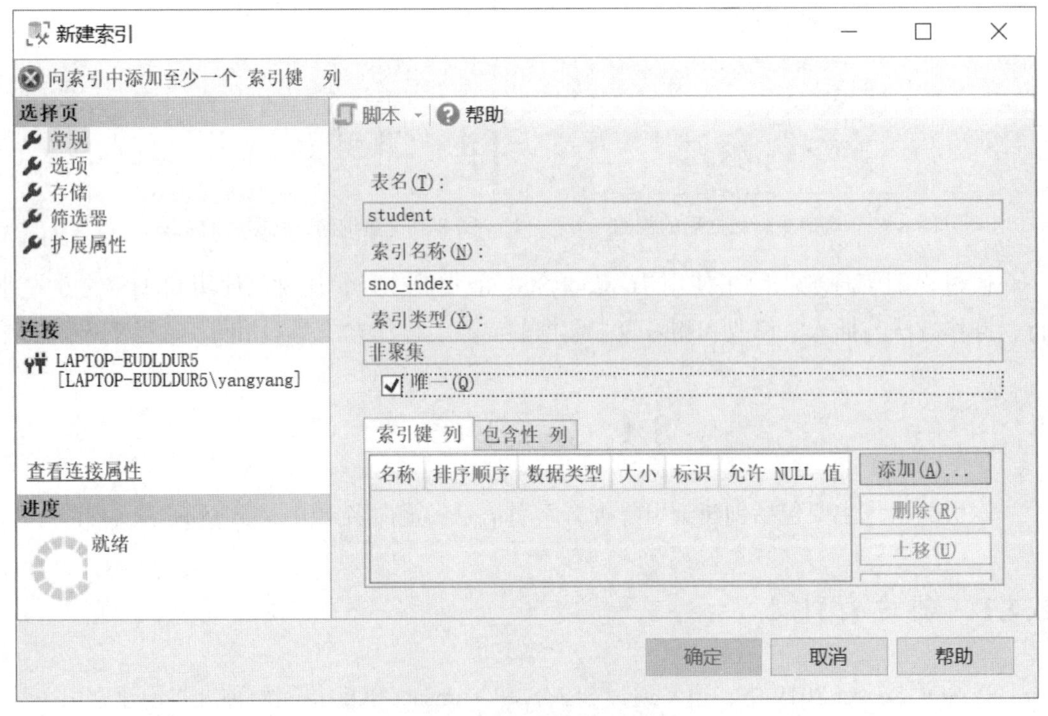

图 8-20 “新建索引”对话框

(4)单击“添加”按钮，在如图 8-21 所示的对话框中勾选 sno 复选框。

(5)单击“确定”按钮，返回“新建索引”对话框，单击该对话框中的“确定”按钮完成索引的创建。

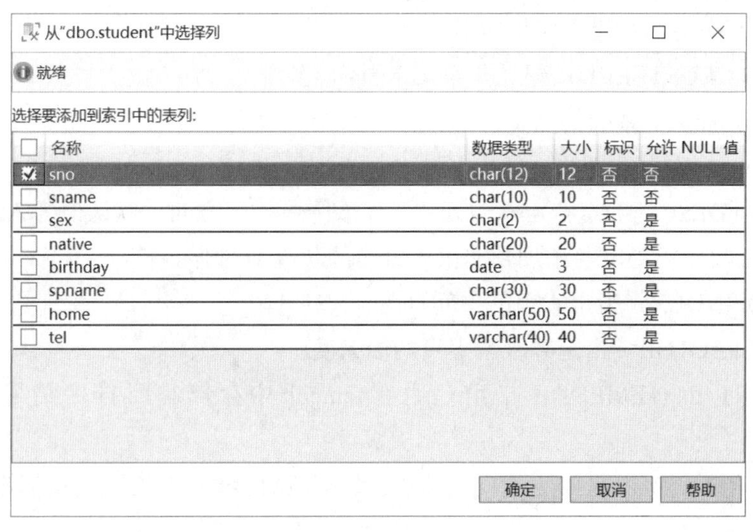

图 8-21　选择列

2. 使用 Transact-SQL 语句创建索引

使用 Transact-SQL 语句创建索引的语法格式如下。

```
CREATE [ UNIQUE ] [ CLUSTERED | NONCLUSTERED ] INDEX index_name
     ON {[ database_name. [ schema_name ] . | schema_name. ] table_or_
view_name}
   (column [ ASC | DESC ] [ ,...n ] )
     [ INCLUDE (column_name [ ,...n ] ) ]
     [ WITH (<relational_index_option> [ ,...n ] ) ]
     [ ON { partition_scheme_name(column_name)|filegroup_name | default }]
```

其中，

```
<relational_index_option>::=
{
  PAD_INDEX = { ON | OFF }
  | FILLFACTOR =fillfactor
  | SORT_IN_TEMPDB = { ON | OFF }
  | IGNORE_DUP_KEY = { ON | OFF }
  | STATISTICS_NORECOMPUTE = { ON | OFF }
  | DROP_EXISTING = { ON | OFF }
  | ONLINE = { ON | OFF }
  | ALLOW_ROW_LOCKS = { ON | OFF }
  | ALLOW_PAGE_LOCKS = { ON | OFF }
  | MAXDOP =max_degree_of_parallelism
}
```

语法说明如下。

（1）UNIQUE：表示为表或视图创建唯一索引。

（2）CLUSTERED：建立聚集索引。

（3）NON CLUSTERED：建立非聚集索引。

（4）index_name：索引的名称。

（5）column：索引基于的一列或多列。

（6）ASC | DESC：确定特定索引列的升序或降序排序方向。默认值为 ASC。

（7）INCLUDE：指定要添加到非聚集索引的叶级别的非键列。

（8）PAD_INDEX：指定索引的中间页级。

（9）FILLFACTOR：指定叶级索引页的填充度。

（10）SORT_IN_TEMPDB：指定是否在 tempdb 中存储临时排序结果。默认值为 OFF。

（11）IGNORE_DUP_KEY：指定在插入操作尝试向唯一索引插入重复键值时的错误响应。

（12）STATISTICS_NORECOMPUTE：指定是否重新计算分发统计信息。

（13）DROP_EXISTING：指定应删除并重新生成已命名的先前存在的聚集或非聚集索引。

（14）ONLINE：指定在索引操作期间，基础表和关联的索引是否可用于查询和修改数据操作。

（15）ALLOW_ROW_LOCKS：指定是否允许使用行锁。

（16）ALLOW_PAGE_LOCKS：指定是否允许使用页锁。

（17）MAXDOP：指定在索引操作期间覆盖最大并行度配置选项。

（18）ON {partition_scheme_name(column_name)：指定分区方案。

（19）filegroup_name：为指定文件组创建指定索引。

（20）default：为默认文件组创建指定索引。

【例 8.17】 使用 Transact-SQL 语句为 stuMIS 数据库中的 course 表的 cno 列创建唯一聚集索引 cno_index。

在查询分析器中，输入如下 Transact-SQL 语句并执行：

```
USE stuMIS
CREATE UNIQUE CLUSTERED INDEX cno_index
ON course(cno)
```

执行结果如图 8-22 所示。

course 表中已定义了 cno 为主键，因此该表中已存在一个聚集索引。由于一个表中只能有一个聚集索引，因此需将它删除后才能创建索引 cno_index。

【例 8.18】 使用 Transact-SQL 语句为 stuMIS 数据库中的 course 表的 cname 列创建一个不唯一非聚集索引 cname_index，按升序排列，填充度为 20%。

在查询分析器中，输入如下 Transact-SQL 语句并执行：

```
USE stuMIS
CREATE NONCLUSTERED INDEX cname_index
ON course(cname ASC)
WITH FILLFACTOR=20
```

执行结果如图 8-23 所示。

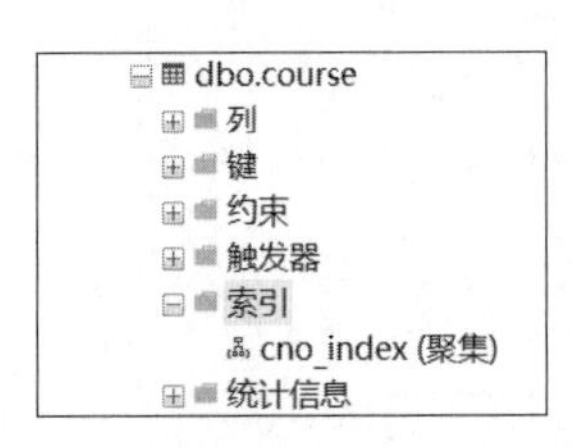

图 8-22　成功创建索引 cno_index

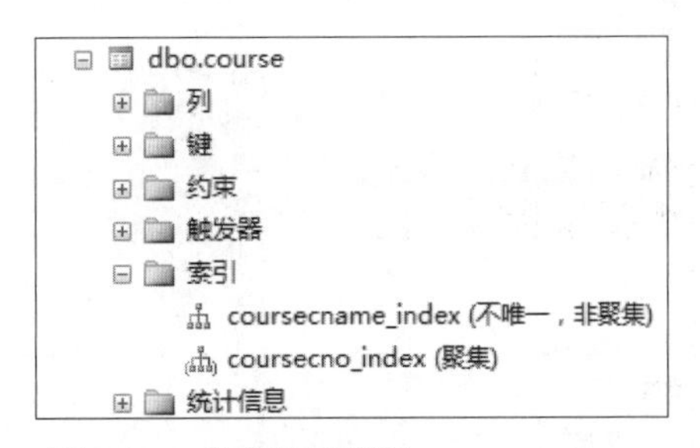

图 8-23　成功创建索引 cname_index

8.4.2　查看索引信息

创建索引后，可以查看索引信息，通常有以下两种方法。

1．使用 SSMS 查看索引信息

【例 8.19】 使用 SSMS 查看例 8.16 中创建的索引信息。

视频讲解

（1）打开 SSMS，连接到 SQL Server 上的数据库引擎。

（2）展开服务器，展开“数据库”→ stuMIS →“表”→ dbo.student →“索引”节点，右击 sno_index 索引，从弹出的快捷菜单中选择“属性”菜单项，如图 8-24 所示。

图 8-24　选择索引的“属性”菜单项

（3）弹出“索引属性 -sno_index”对话框，如图 8-25 所示。可以看到该索引的信息。

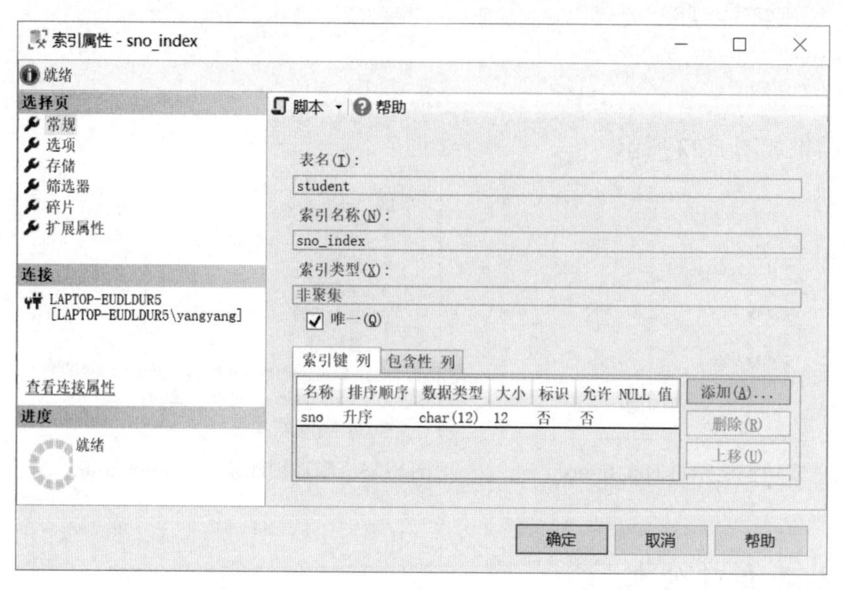

图 8-25 “索引属性 -sno_index”对话框

2. 使用系统存储过程查看索引信息

【**例 8.20**】 使用系统存储过程 sp_helpindex 查看 stuMIS 数据库的 course 表中的索引信息。

在查询分析器中，输入如下 Transact-SQL 语句并执行：

```
USE stuMIS
EXEC sp_helpindex course
```

执行结果如图 8-26 所示。

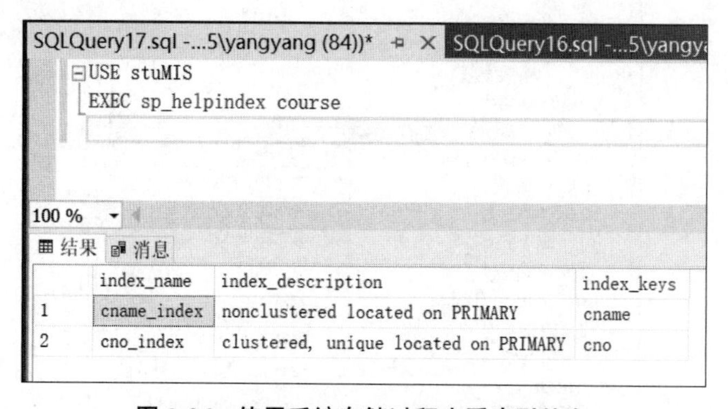

图 8-26 使用系统存储过程查看索引信息

8.4.3 重命名索引

可以使用以下两种方法重命名创建好的索引。

1. 使用 SSMS 重命名索引

右击需要重命名的索引，在弹出的快捷菜单中选择“重命名”菜单项，然后输入新名称即可。

2. 使用 Transact-SQL 语句重命名索引

语法格式如下。

```
EXEC sp_rename table_name.old_index_name,new_index_name
```

语法说明如下。

（1）table_name.old_index_name：表中的原索引名称。

（2）new_index_name：新索引名称。

【例 8.21】 使用 Transact-SQL 语句将 stuMIS 数据库中的 course 表的索引 cno_index 重命名为 stucno_index。

在查询分析器中，输入如下 Transact-SQL 语句并执行：

```
USE stuMIS
EXEC sp_rename 'course.cno_index','stucno_index'
```

执行结果如图 8-27 所示。

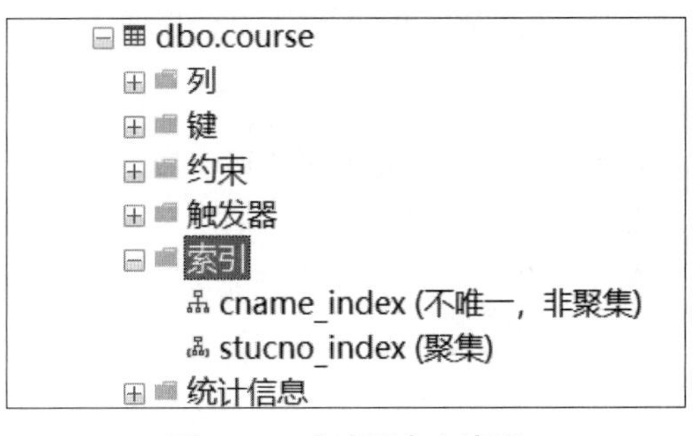

图 8-27　成功重命名索引

8.4.4　修改和删除索引

创建索引之后，用户也可以修改和删除索引。同样地，也可以使用两种方法：SSMS 和 Transact-SQL 语句。下面主要介绍使用 Transact-SQL 语句修改和删除索引。

1. 修改索引

当数据发生变化时，要重新生成索引、重新组织索引或禁止索引。

重新生成索引表示删除索引并重新生成，可以删除碎片、回收磁盘空间和重新排序索引。重新生成索引的语法格式如下。

```
ALTER INDEX index_name ON table_or_view_name REBUILD
```

重新组织索引对索引碎片的整理程序低于重新生成索引，其语法格式如下。

```
ALTER INDEX index_name ON table_or_view_name REORGANIZE
```

禁止索引表示禁止用户访问索引，其语法格式如下。

```
ALTER INDEX index_name ON table_or_view_name DISABLES
```

语法说明如下。

（1）index_name：表示要修改的索引名称。

（2）table_or_view_name：表示当前索引基于的表名或视图名。

【例 8.22】 重建 stuMIS 数据库中 course 表中的所有索引。

在查询分析器中，输入如下 Transact-SQL 语句并执行：

```
USE stuMIS
ALTER INDEX ALL ON course REBUILD
```

【例 8.23】 重建 stuMIS 数据库中 student 表中的 sno_index 索引。

在查询分析器中，输入如下 Transact-SQL 语句并执行：

```
USE stuMIS
ALTER INDEX sno_index ON student REBUILD
```

2. 删除索引

使用 Transact-SQL 语句删除索引的语法格式如下。

```
DROP INDEX
{index_name ON table_or_view_name[,...n]
 | table_or_view_name.index_name[,...n]
}
```

语法说明如下。

（1）index_name：指定要删除的索引名。

（2）table_or_view_name：指定索引所在的表名或视图名。

【例 8.24】 使用 Transact-SQL 语句删除 stuMIS 数据库中的 course 表中的 cname_index 索引。

在查询分析器中，输入如下 Transact-SQL 语句并执行：

```
USE stuMIS
DROP INDEX course.cname_index
```

注意： DROP INDEX 语句不能删除通过 PRIMARY KEY 或 UNIQUE 约束创建的索引。要删除这些索引必须先删除约束。在删除聚集索引时，表中的所有非聚集索引都将被重建。在系统表的索引上不能进行 DROP INDEX 操作。

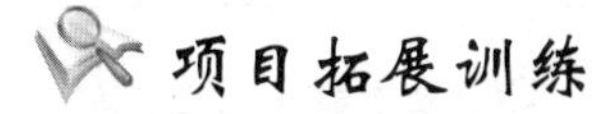

项目拓展训练

1．拓展训练目的

掌握使用 SSMS 和 Transact-SQL 语句两种方法来创建、查看、修改、删除视图和索引。

2．拓展训练内容

建议：以下训练在样本数据库 stuMIS 中进行。

（1）使用 SSMS 对 stuMIS 数据库中的 course 表的 cno 列创建一个唯一聚集索引 cno_index。

（2）使用 Transact-SQL 语句对 stuMIS 数据库中的 student 表的 sname、sex 列创建不唯一非聚集索引 student_index。

（3）使用 Transact-SQL 语句将（2）中创建的 student_index 索引重命名为 newstudent_index。

（4）使用 SSMS 删除（1）中创建的索引 cno_index。

（5）使用 Transact-SQL 语句删除（3）中的索引 newstudent_index。

（6）使用 SSMS 在 stuMIS 数据库中的 course 表中创建一个 newcourse_view 视图，视图中包含 course 表中的所有信息。

（7）使用 Transact-SQL 语句在 stuMIS 数据库中的 student 表中创建一个 newstu_view 视图，视图中包含 sno、sname、sex 信息。

（8）在（7）创建的 newstu_view 视图中用 Transact-SQL 语句插入、更新和删除一条数据，数据自定义。

（9）使用 Transact-SQL 语句删除（6）中创建的 newcourse_view 视图。

（10）使用 SSMS 删除（7）中创建的 newstu_view 视图。

项目小结

本项目介绍了视图和索引的概念、作用、类型和优缺点，以及视图和索引的创建、修改和删除等。

视图是从一个或者几个表（或者视图）中导出的虚拟表，是从现有表中提取若干子集组成的用户的专用表，它并不表示任何物理数据。在 SQL Server 2019 中，视图分为三种类型：标准视图、索引视图和分区视图。通常通过 SSMS 和 Transact-SQL 语句两种方式创建、查看和修改视图。

SQL Server 中的索引类似于书的目录，可以通过目录快速找到对应的内容。索引是一个单独的物理的数据库结构，它是某个表中一列或若干列的集合和相应的指向表中物理标识这些值的数据页的逻辑指针清单。在 SQL Server 2019 系统中，索引按照组织方式的不同，可分为聚集索引和非聚集索引两种类型。通常通过 SSMS 和 Transact-SQL 语句两种方式创建、查看和修改索引。

项目九 学生管理数据库的存储过程与触发器

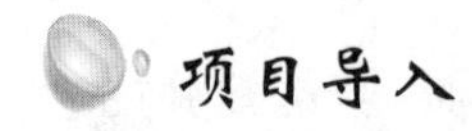

项目导入

学校需要查询学生的各种信息，信息管理员王明需要做以下操作，包括：

（1）查询某系有几个班级。

（2）查询某个班级的学生的信息。

（3）输入学号，输出该学生所在班级。

（4）当有学生退学，能够自动更新有关表中的人数值。

（5）不允许用户对 grade 表进行修改、删除。

项目描述

（1）存储过程和触发器的作用是什么？它们在工作中会带来什么样的便捷？

（2）可以对存储过程和触发器进行哪些操作？

教学导航

（1）掌握：创建和执行存储过程的方法，以及如何管理存储过程；创建和启用触发器的方法，以及如何管理触发器。

（2）理解：存储过程和触发器的概念。

（3）了解：存储过程和触发器的类型。

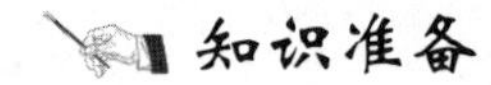

知识准备

视频讲解

9.1 存储过程概述

存储过程是数据库的对象之一，也是数据库的子程序。在客户端和服务器端都可以直接调用它。存储过程使数据库的管理和应用更加方便、灵活。

9.1.1 存储过程的概念

存储过程是存放在数据库服务器中的一组预编译过的 Transact-SQL 语句组成的模块，

它能够向用户返回数据、向数据库表中插入和修改数据，以及执行系统函数和管理操作。使用存储过程可以提高 SQL 的功能和灵活性，完成复杂的判断和运算，提高数据库的访问速度。

9.1.2　存储过程的类型

在 SQL Server 2019 中，可以使用的存储过程类型分为用户定义的存储过程、扩展存储过程和系统存储过程三种。

1. 用户定义的存储过程

用户定义的存储过程是用户自行创建并存储在用户数据库中的存储过程，它封装了可重用代码的模块或例程，可以接收输入参数，向客户端返回表格或标量结果和消息，调用数据定义语言和数据操纵语言语句，然后返回输出参数。

2. 扩展存储过程

扩展存储过程是用户使用外部程序语言编写的外部例程，其名称以 xp_ 为前缀。扩展存储过程是以动态链接库的形式存在的，在使用和执行上与一般存储过程相同。

3. 系统存储过程

系统存储过程是由 SQL Server 提供的存储过程，可以用来实现 SQL Server 2019 中的许多管理活动，它作为命令执行。系统存储过程定义在系统数据库 master 中，其名称以 sp_ 为前缀。

9.2　触发器概述

触发器是一种特殊的存储过程，它是被指定关联到一个表的数据对象。在满足某种特定条件时，触发器被激活并自动执行，完成各种复杂的任务。触发器通常用于对表实现完整性约束。

9.2.1　触发器的概念

触发器是一类由事件驱动的特殊过程，它建立在触发事件上。用户对该触发器指定的数据执行插入、删除或修改操作时，SQL Server 会自动执行建立在这些操作上的触发器。触发器的主要功能是实现主键和外键不能保证的复杂的参照完整性和数据的一致性。它的主要优点为：触发器是自动的，当对表中的数据做了任何修改后将立即被激活；触发器可以通过数据库中的相关表进行层叠更改；触发器可以强制限制，这些限制比用 CHECK 约束定义的更复杂，与 CHECK 约束不同的是，触发器可以引用其他表中的列。

9.2.2 触发器的类型

在 SQL Server 2019 中，按照触发事件的不同，可以将触发器分为 DML（数据操纵语言）触发器和 DDL（数据定义语言）触发器。

1. DML 触发器

当数据库中发生 DML 事件时，将调用 DML 触发器。DML 事件指定在表或视图中执行 INSERT、UPDATE 或 DELETE 操作，因此 DML 触发器根据事件类型可分为 INSERT、UPDATE 和 DELETE 三种类型；根据触发器和触发事件的操作事件可分为 AFTER 和 INSTEAD OF 两种类型。

2. DDL 触发器

当数据库中发生 DDL 事件时，将调用 DDL 触发器。DDL 事件包括 CREATE、ALTER、DROP、GRANT、DENY 和 REVOKE 语句操作。DDL 触发器的主要作用是执行管理操作，限制数据库中未经许可的更新和变化。

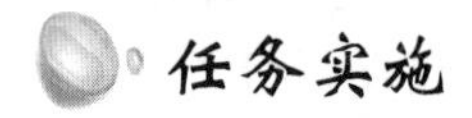

9.3 简单存储过程的操作

在完成本项目任务前，请将样本数据库 stuMIS 附加至 SQL Server 2019 中。

视频讲解

9.3.1 创建存储过程

1. 使用 SSMS 创建存储过程

（1）打开 SSMS，连接到 SQL Server 上的数据库引擎。

（2）展开服务器，展开“数据库”→ stuMIS →“可编程性”节点，右击“存储过程”节点，从弹出的快捷菜单中选择“新建存储过程”菜单项，打开一个模板。

（3）根据需要修改模板中的语句即可。

2. 使用 Transact-SQL 语句创建存储过程

使用 Transact-SQL 语句创建存储过程的语法格式如下。

```
CREATE PROCEDURE procedure_name
[WITH ENCRYPTION]
[WITH RECOMPILE]
AS
Sql_statement
```

语法说明如下。

（1）WITH ENCRYPTION：对存储过程进行加密。

（2）WITH RECOMPILE：对存储过程重新编译。

【例 9.1】 使用 Transact-SQL 语句在 stuMIS 数据库中创建一个名为 p_stu 的存储过程。该存储过程返回 student 表中所有籍贯为“徐州”的学生的记录。

在查询分析器中，输入如下 Transact-SQL 语句并执行：

```
CREATE PROCEDURE p_stu
AS
SELECT *
FROM student
WHERE native='徐州'
```

【例 9.2】 使用 Transact-SQL 语句在 stuMIS 数据库中创建一个名为 p_grade 的存储过程。该存储过程返回学号为 21002 的学生的成绩情况。

在查询分析器中，输入如下 Transact-SQL 语句并执行：

```
CREATE PROCEDURE p_grade
AS
SELECT *
FROM grade
WHERE sno='21002'
```

9.3.2 执行存储过程

成功创建存储过程后，用户需要执行存储过程来检查存储过程的返回结果。

1. 使用 SSMS 执行存储过程

【例 9.3】 使用 SSMS 执行例 9.1 中创建的存储过程 p_stu。

（1）打开 SSMS，连接到 SQL Server 上的数据库引擎。

（2）展开服务器，展开“数据库”→stuMIS→“可编程性”→“存储过程”节点，右击存储过程 dbo.p_stu，从弹出的快捷菜单中选择“执行存储过程”菜单项，如图 9-1 所示。

（3）弹出“执行过程”对话框，单击“确定”按钮即可。

（4）在 SSMS 窗口中打开一个新的查询窗口，显示执行的 Transact-SQL 语句和运行结果，如图 9-2 所示。

图 9-1 “执行存储过程”菜单项

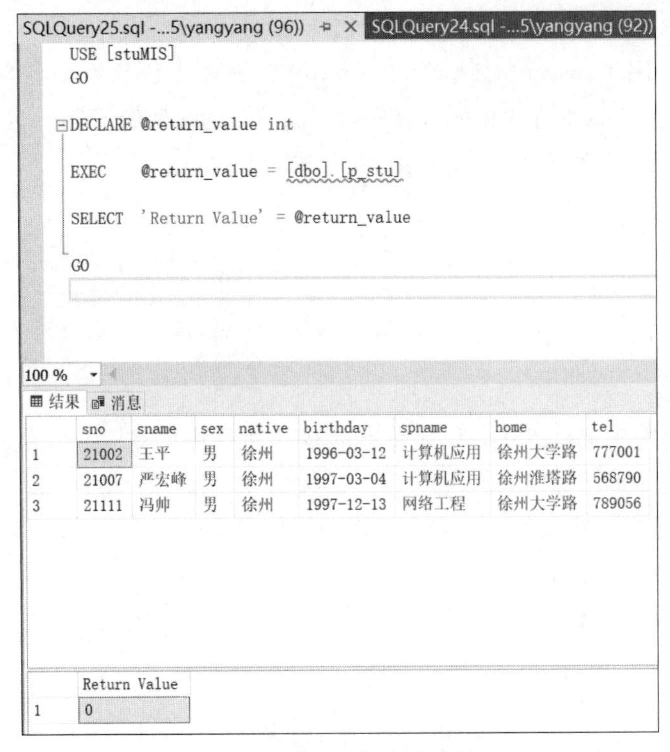

图 9-2　成功执行存储过程

2. 使用 Transact-SQL 语句执行存储过程

执行存储过程的 Transact-SQL 语句的语法格式如下。

```
EXEC procedure_name
```

【例 9.4】 使用 Transact-SQL 语句执行例 9.2 中创建的存储过程 p_grade。

在查询分析器中，输入如下 Transact-SQL 语句并执行：

```
USE stuMIS
EXEC p_grade
```

执行结果如图 9-3 所示。

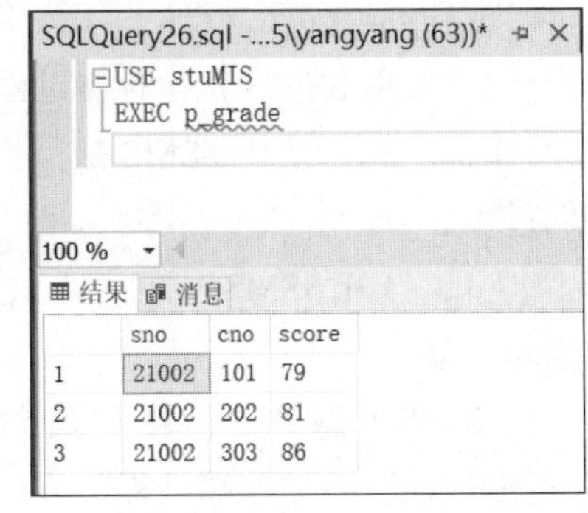

图 9-3　成功执行存储过程

视频讲解

9.3.3 查看存储过程

1. 使用 SSMS 查看存储过程

（1）打开 SSMS，连接到 SQL Server 上的数据库引擎。

（2）展开服务器，展开“数据库”→ stuMIS →“可编程性”→“存储过程”节点，右击存储过程 dbo.p_stu，从弹出的快捷菜单中选择“属性”菜单项。

（3）弹出“存储过程属性”对话框，可以查看存储过程。

2. 使用 Transact-SQL 语句查看存储过程

使用 Transact-SQL 语句查看存储过程，需要使用系统存储过程。如 sp_helptext 查看存储过程的定义；sp_help 查看有关存储过程的信息；sp_depends 查看存储过程的依赖关系。读者可自行练习。

9.3.4 修改存储过程

1. 使用 SSMS 修改存储过程

（1）打开 SSMS，连接到 SQL Server 上的数据库引擎。

（2）展开服务器，展开“数据库”→ stuMIS →“可编程性”→“存储过程”节点，右击要修改的存储过程 dbo.p_stu，从弹出的快捷菜单中选择“修改”菜单项，如图 9-4 所示。

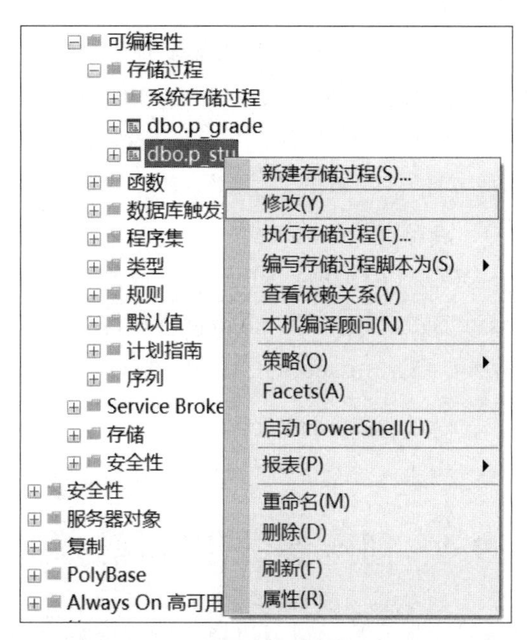

图 9-4 “修改存储过程”菜单项

（3）打开修改存储过程的窗口，直接进行修改，修改完毕保存即可。

2. 使用 Transact-SQL 语句修改存储过程

语法格式如下。

```
ALTER PROCEDURE procedure_name
[WITH ENCRYPTION]
[WITH RECOMPILE]
AS
Sql_statement
```

【例 9.5】 修改 p_stu 存储过程，显示籍贯为“徐州”的学生的 sno、sex 和 native 三个字段。

在查询分析器中，输入如下 Transact-SQL 语句并执行：

```
ALTER PROCEDURE p_stu
AS
SELECT sno,sex,native
FROM student
WHERE native='徐州'
```

9.3.5 删除存储过程

1. 使用 SSMS 删除存储过程

【例 9.6】 使用 SSMS 删除 p_stu 存储过程。

（1）打开 SSMS，连接到 SQL Server 上的数据库引擎。

（2）展开服务器，展开“数据库”→ stuMIS →“可编程性”→“存储过程”节点，右击 dbo.p_stu 存储过程，从弹出的快捷菜单中选择“删除”菜单项。

（3）弹出“删除对象”对话框，单击“确定”按钮即可。

2. 使用 Transact-SQL 语句删除存储过程

删除存储过程是通过 DROP PROCEDURE 语句完成的。

【例 9.7】 使用 Transact-SQL 语句删除 p_grade 存储过程。

在查询分析器中，输入如下 Transact-SQL 语句并执行：

```
DROP PROCEDURE p_grade
```

9.4 创建参数化存储过程

存储过程可以不带参数或带参数，参数可以是输入参数或输出参数。通过参数向存储过程输入和输出信息来扩展存储过程的功能。

9.4.1 创建和执行带输入参数的存储过程

通过定义输入参数，可以在存储过程中设置一个条件，在执行该存储过程时为这个条件指定值，然后在存储过程中返回相应的信息。

1. 创建带输入参数的存储过程

定义接收输入参数的存储过程时，需要声明一个或多个变量作为参数。语法格式如下。

```
CREATE PROCEDURE procedure_name
@parameter_name datatype=[default]
[with encryption]
[with recompile]
AS
Sql_statement
```

语法说明如下。

（1）@parameter_name：存储过程的参数名。

（2）datatype：参数的数据类型。

（3）default：参数的默认值。当执行存储过程时未提供该参数的变量值，则使用default 值。

【例 9.8】 使用 Transact-SQL 语句在 stuMIS 数据库中创建一个名为 p_stunew 的存储过程。该存储过程能够根据给定的学生的籍贯 native 显示相应的 student 表中的记录。

视频讲解

在查询分析器中，输入如下 Transact-SQL 语句并执行：

```
CREATE PROCEDURE p_stunew
@native char(20)
AS
SELECT *
FROM student
WHERE native=@native
```

注意：存储过程中允许有一个或多个输入参数，多个输入参数之间需要使用逗号隔开。

2. 执行带输入参数的存储过程

在执行带输入参数的存储过程时，要为输入参数赋值，语法格式如下。

```
EXEC procedure_name
[@parameter_name=value]
[,...n]
```

【例 9.9】 使用为输入参数赋值的方法执行例 9.8 中创建的存储过程，查询籍贯是“徐州”的学生记录。

在查询分析器中，输入如下 Transact-SQL 语句并执行：

```
EXEC p_stunew @native='徐州'
```

执行结果如图 9-5 所示。

以下命令的执行结果与上面相同：

```
EXEC p_stunew '徐州'
```

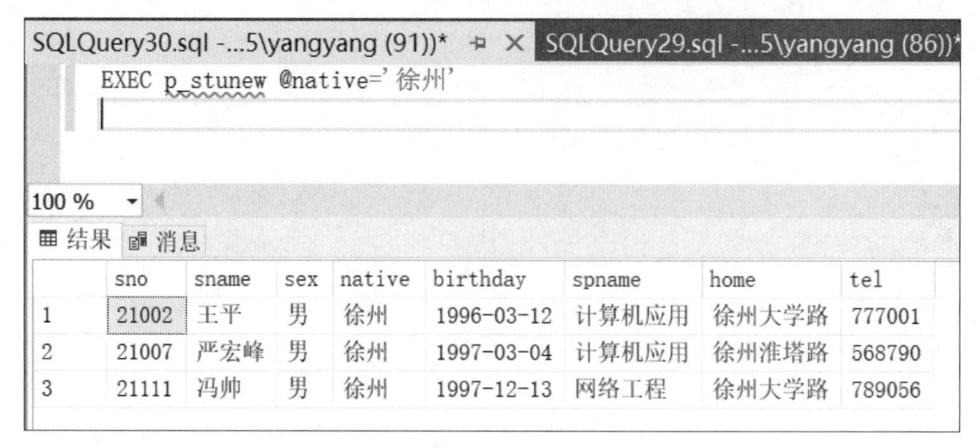

图 9-5 执行带输入参数的存储过程

9.4.2 创建和执行带输出参数的存储过程

用户若想获取存储过程中检索出来的字段信息，则可以在存储过程中声明输出参数。

1. 创建带输出参数的存储过程

通过定义输出参数，可以从存储过程中返回一个或多个值，语法格式如下。

```
@parameter_name datatype=[default]OUTPUT
```

【例 9.10】 创建存储过程 p_stunum，要求根据用户给定的学生籍贯 native，统计来自该籍贯的学生数量，并将数量以输出变量的形式返回给用户。

在查询分析器中，输入如下 Transact-SQL 语句并执行：

```
CREATE PROCEDURE p_stunum
@native char(20),
@studentnum int OUTPUT
AS
SET @studentnum=
(SELECT COUNT(*)
  FROM student
  WHERE native=@native
)
PRINT @studentnum
```

2. 执行带输出参数的存储过程

【例 9.11】 执行例 9.10 中创建的存储过程 p_stunum。

在查询分析器中，输入如下 Transact-SQL 语句并执行：

```
USE stuMIS
DECLARE @native char(20),@studentnum int
```

```
SET @native='徐州'
EXEC p_stunum @native,@studentnum
```

执行结果如图 9-6 所示。

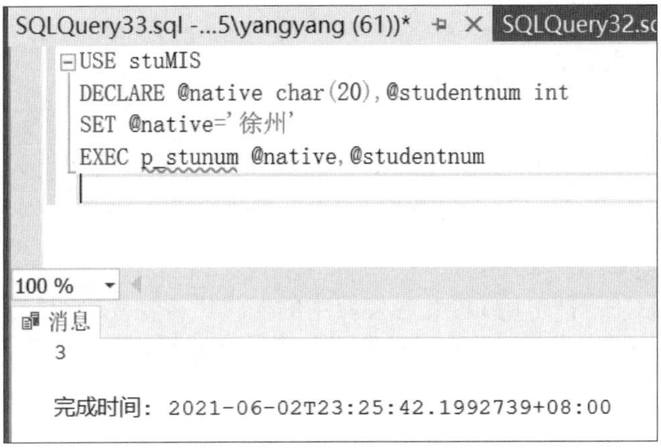

图 9-6　执行带输出参数的存储过程

9.5　触发器的操作

9.5.1　创建 DML 触发器和 DDL 触发器

视频讲解

1. 通过 SSMS 创建触发器

通过 SSMS 只能创建 DML 触发器。

（1）打开 SSMS，连接到 SQL Server 上的数据库引擎。

（2）首先展开服务器，然后展开“数据库”文件夹及相应的数据库，接着展开“表”节点及相应的表，右击“触发器”节点，从弹出的快捷菜单中选择“新建触发器”菜单项。

（3）在打开的“触发器脚本编辑”窗口中，输入相应的创建触发器的命令，单击“执行”按钮。

2. 通过 Transact-SQL 语句创建触发器

1）创建 DML 触发器

创建 DML 触发器的语法格式如下。

```
CREATE TRIGGER [schema_name.]trigger_name
ON{table | view}
[WITH<dml_trigger_option>[,...n]]
{FOR | AFTER | INSTEAD OF}
{[INSERT][,][UPDATE][,][DELETE]}
AS{sql_statement[;][,...n]}
```

语法说明如下。

（1）schema_name：DML 触发器所属架构的名称。

（2）trigger_name：指定触发器的名称。

（3）table | view：在其上执行触发器的表或视图。

（4）dml_trigger_option：创建 DML 触发器的选项，常用选项为 ENCRYPTION，加密触发器的定义文本信息。

（5）FOR | AFTER：在引发触发器执行的语句中的操作都已成功执行，并且所有的约束检查也成功完成后，才执行该触发器。若仅指定 FOR 关键字，则 AFTER 为默认值。

（6）INSTEAD OF：指定用 DML 触发器中的操作代替触发语句的操作。

（7）[INSERT][,][UPDATE][,][DELETE]：指定数据操纵语句。

（8）sql_statement：触发条件和操纵语句。

【例 9.12】 对 stuMIS 数据库中的 grade 表创建 INSERT 触发器 trigger_addgrade，用于检查添加的学生成绩是否符合填写规范，如果不符合规范，则拒绝添加。

在查询分析器中，输入如下 Transact-SQL 语句并执行：

```
CREATE TRIGGER trigger_addgrade
ON grade
AFTER INSERT
AS
  IF(SELECT score FROM inserted) NOT BETWEEN 0 AND 100
  BEGIN
    PRINT '成绩不符合规范，请核查！ '
    ROLLBACK TRANSACTION
  END
```

注意：ROLLBACK TRANSACTION 语句进行事务回滚，当成绩不符合规范时，拒绝向 grade 表中添加信息。

创建 trigger_addgrade 触发器后，执行以下语句：

```
INSERT INTO grade VALUES
('21119','404',101)
```

执行结果如图 9-7 所示。

接着执行以下语句：

```
INSERT INTO grade VALUES
('21119','404',65)
```

执行结果如图 9-8 所示。

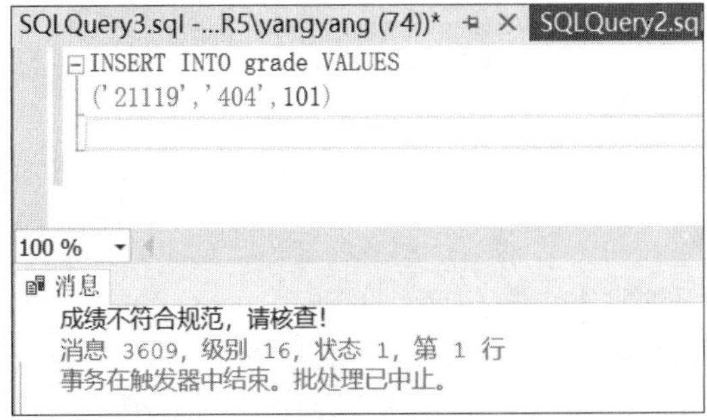

图 9-7　使用 INSERT 触发器（不符合规范）

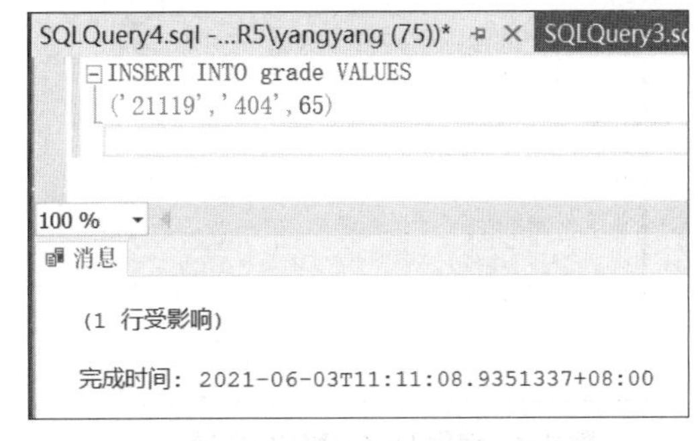

图 9-8　使用 INSERT 触发器（符合规范）

【**例 9.13**】 对 stuMIS 数据库中的 grade 表创建 DELETE 触发器 trigger_deletegrade，当某位学生的信息被删除时，显示他的相关信息。

在查询分析器中，输入如下 Transact-SQL 语句并执行：

```
CREATE TRIGGER trigger_deletegrade
ON grade
AFTER DELETE
AS
  SELECT sno,cno,score FROM deleted
```

创建 trigger_deletegrade 触发器后，执行以下语句：

```
DELETE FROM grade WHERE sno='21006'
```

执行结果如图 9-9 所示。

【**例 9.14**】 对 stuMIS 数据库中的 student 表创建 UPDATE 触发器 trigger_updatestudent，当修改 student 表中的学生姓名时将触发该触发器。

在查询分析器中，输入如下 Transact-SQL 语句并执行：

```
CREATE TRIGGER trigger_updatestudent
ON student
FOR UPDATE
AS
IF UPDATE(sname)
 BEGIN
  PRINT '该事务不能被处理，学生姓名无法修改！'
  ROLLBACK TRANSACTION
 END
```

创建 trigger_updatestudent 触发器后，执行以下语句：

```
UPDATE student SET sname='王阳'
WHERE sno='21001'
```

执行结果如图 9-10 所示。

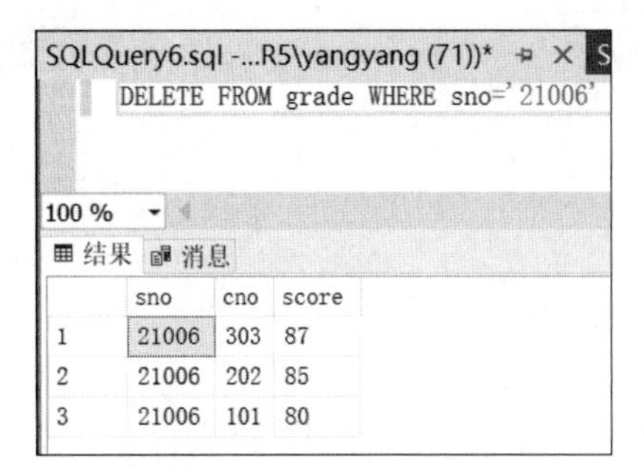

图 9-9　使用 DELETE 触发器

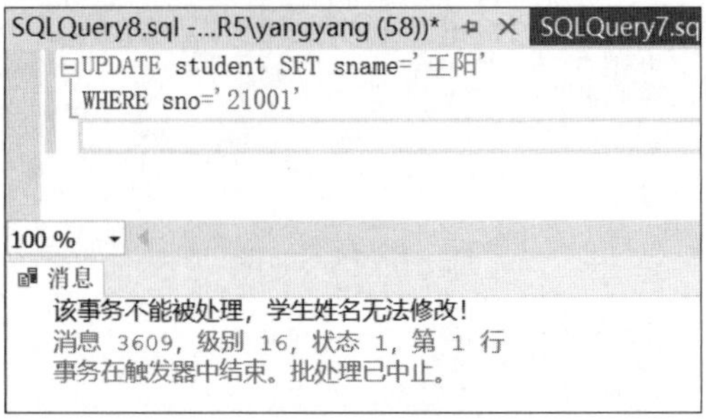

图 9-10　使用 UPDATE 触发器

2）创建 DDL 触发器

创建 DDL 触发器的语法格式如下。

```
CREATE TRIGGER trigger_name
ON{ALL SERVER | DATABASE}
[WITH<dml_trigger_option>[,...n]]
{FOR | AFTER}{event_type | event_group}[,...n]
{[INSERT][,][UPDATE][,][DELETE]}
AS{sql_statement[;][,...n]}
```

语法说明如下。

（1）ALL SERVER：表示 DDL 触发器的作用域是整个服务器。

（2）DATABASE：表示 DDL 触发器的作用域是整个数据库。

（3）event_type：执行之后将导致触发 DDL 触发器的 Transact-SQL 语句事件的名称。

（4）event_group：预定义的 Transact-SQL 语句事件分组的名称。

【例 9.15】 创建一个 DDL 触发器用于防止删除或修改 stuMIS 数据库中的表。

在查询分析器中，输入如下 Transact-SQL 语句并执行：

```
CREATE TRIGGER trigger_protecttable
ON DATABASE
FOR DROP_TABLE,ALTER_TABLE
AS
 BEGIN
  PRINT '无法对本数据库中的表进行删除或修改！'
  ROLLBACK TRANSACTION
 END
```

创建 trigger_protecttable 触发器后，执行以下语句：

```
USE stuMIS
DROP TABLE grade
```

执行结果如图 9-11 所示。

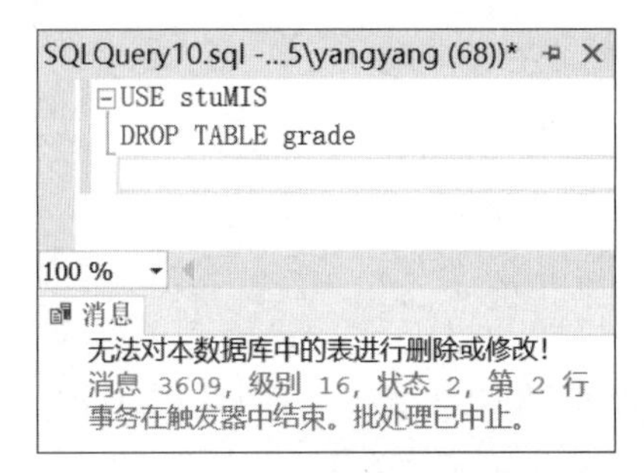

图 9-11　使用 DDL 触发器

9.5.2　禁用/启用触发器

视频讲解

1. 禁用触发器

禁用触发器的语法格式如下。

```
DISABLE TRIGGER{[schema_name.]trigger_name[,...n] | ALL}
ON{object_name | DATABASE | ALL SERVER}
```

语法说明如下。

（1）schema_name：触发器所属架构的名称，该选项只针对 DML 触发器。

（2）trigger_name：触发器名称。

（3）ALL：指禁用在 ON 子句作用域中定义的所有触发器。

（4）object_name：触发器所在的表或视图名称。

（5）DATABASE | ALL SERVER：针对 DDL 触发器，指定数据库或服务器的范围。

【例 9.16】 禁用 DML 触发器 trigger_addgrade。

在查询分析器中，输入如下 Transact-SQL 语句并执行：

```
DISABLE TRIGGER trigger_addgrade ON grade
```

【例 9.17】 禁用 DDL 触发器 trigger_protecttable。

在查询分析器中，输入如下 Transact-SQL 语句并执行：

```
DISABLE TRIGGER trigger_protecttable ON DATABASE
```

2. 启用触发器

启用触发器的语法格式如下。

```
ENABLE TRIGGER{[schema_name.]trigger_name[,...n] | ALL}
ON{object_name | DATABASE | ALL SERVER}
```

【例 9.18】 启用 DML 触发器 trigger_addgrade。

在查询分析器中，输入如下 Transact-SQL 语句并执行：

```
ENABLE TRIGGER trigger_addgrade ON grade
```

【例 9.19】 启用 DDL 触发器 trigger_protecttable。

在查询分析器中，输入如下 Transact-SQL 语句并执行：

```
ENABLE TRIGGER trigger_protecttable ON DATABASE
```

启用 / 禁用触发器也可通过 SSMS 实现，如图 9-12 所示。这里不再举例说明。

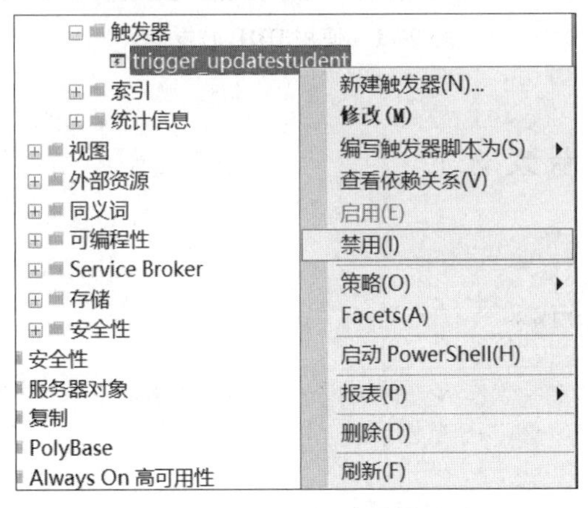

图 9-12 “禁用”触发器菜单项

9.5.3 修改触发器

1. 使用 SSMS 修改触发器

（1）打开 SSMS，连接到 SQL Server 上的数据库引擎。

（2）首先展开服务器，然后展开“数据库”及相应的数据库，再展开“表”节点及相应的表，最后展开“触发器”节点，右击相应的触发器，从弹出的快捷菜单中选择“修改”菜单项。

（3）打开“触发器脚本编辑”窗口进行修改。修改完毕后，单击“执行”按钮即可。

注意：被设置成 WITH ENCRYPTION 的触发器是不能被修改的。

2. 使用 Transact-SQL 语句修改触发器

1）修改 DML 触发器

语法格式如下。

```
ALTER TRIGGER [schema_name.]trigger_name
ON{table | view}
[WITH<dml_trigger_option>[,...n]]
{FOR | AFTER | INSTEAD OF}
{[INSERT][,][UPDATE][,][DELETE]}
AS{sql_statement[;][,...n]}
```

2）修改 DDL 触发器

语法格式如下。

```
ALTER TRIGGER trigger_name
ON{ALL SERVER | DATABASE}
[WITH<dml_trigger_option>[,...n]]
{FOR | AFTER}{event_type | event_group}[,...n]
{[INSERT][,][UPDATE][,][DELETE]}
AS{sql_statement[;][,...n]}
```

ALTER TRIGGER 语句的其他语法与 CREATE TRIGGER 语句类似，这里不再重复说明。

9.5.4 删除触发器

1. 使用 SSMS 删除触发器

1）删除 DML 触发器

右击要删除的触发器，从弹出的快捷菜单中选择“删除”菜单项，在弹出的“删除对象”窗口中单击“确定”按钮，完成删除触发器的操作。

2）删除 DDL 触发器

右击要删除的触发器，选择“删除”菜单项即可。

2. 使用 Transact-SQL 语句删除触发器

删除 DML 触发器和 DDL 触发器时，语法格式是不同的。

1）删除 DML 触发器

语法格式如下。

```
DROP TRIGGER trigger_name[,...n]
```

【例 9.20】 删除 DML触发器 trigger_addgrade。

在查询分析器中，输入如下 Transact-SQL 语句并执行：

```
DROP TRIGGER trigger_addgrade
```

2）删除 DDL 触发器

语法格式如下。

```
DROP TRIGGER trigger_name[,...n]
ON{DATABASE | ALL SERVER}
```

在创建或修改触发器时，如指定了 DATABASE，则删除时也必须指定 DATABASE；ALL SERVER 也是如此。

【例 9.21】 删除 DDL触发器 trigger_protecttable。

在查询分析器中，输入如下 Transact-SQL 语句并执行：

```
DROP TRIGGER trigger_protecttable ON DATABASE
```

项目拓展训练

1. 拓展训练目的

（1）掌握存储过程和触发器的基本知识。

（2）掌握用 Transact-SQL 语句和 SSMS 方法操作存储过程和触发器。

2. 拓展训练内容

建议：以下训练在样本数据库 stuMIS 中进行。

（1）使用 Transact-SQL 语句在 stuMIS 数据库中创建一个名为 s_student 的存储过程，要求该存储过程返回 student 表中所有性别为“女”的学生信息。

（2）使用 Transact-SQL 语句执行（1）中创建的 s_student 存储过程。

（3）使用 Transact-SQL 语句修改（1）中创建的 s_student 存储过程，要求根据用户输入的性别进行查询，并要求加密。

（4）使用 Transact-SQL 语句在 stuMIS 数据库中创建一个名为 s_grade 的存储过程，要求该存储过程返回 grade 表中学号为 21005 的学生的课程成绩。

（5）使用 SSMS 删除存储过程 s_student。

（6）使用 Transact-SQL 语句删除存储过程 s_grade。

（7）在 stuMIS 数据库中的 student 表上创建一个触发器 s_trigger，当执行 INSERT 操作时，显示一条“数据插入成功”的消息。

（8）在 stuMIS 数据库中的 course 表上创建一个触发器 s_triggernew，当执行 DELETE 操作时，显示该课程的相关信息。

（9）在 stuMIS 数据库中的 student 表上创建一个触发器 s_triggercopy，该触发器将被 UPDATE 操作激活，不允许用户修改表中的 sname 列。

（10）分别使用 SSMS 和 Transact-SQL 语句删除（7）和（8）中创建的触发器。

项目小结

本项目主要介绍了存储过程与触发器。

存储过程是存放在数据库服务器中的一组预编译过的 Transact-SQL 语句组成的模块，它能够向用户返回数据、向数据库表中插入和修改数据，以及执行系统函数和管理操作。在 SQL Server 2019 中，可以使用的存储过程类型分为用户定义的存储过程、扩展存储过程和系统存储过程三种。存储过程的操作主要包括创建、执行、查看、修改和删除。

触发器是一种特殊的存储过程，它是被指定关联到一个表的数据对象。在满足某种特定条件时，触发器被激活并自动执行，完成各种复杂的任务。在 SQL Server 2019 中，按照触发事件的不同，可以将触发器分为 DML 触发器和 DDL 触发器。触发器的操作包括创建、禁用 / 启用、查看、修改和删除。

项目十　备份与还原学生管理数据库

项目导入

为更好地提高工作效率，学校决定更换服务器，将原服务器上的学生管理数据库转移到新服务器上。此时，信息管理员王明需要将数据库进行备份，并转移到新服务器上，然后还原数据库。

项目描述

（1）当数据库中存在大量的重要数据时，如何防止用户误操作、硬件故障或自然灾害等造成的数据丢失或数据库瘫痪？

（2）当有了备份的数据库文件时，如何还原到被破坏前的数据库？

教学导航

（1）掌握：创建和删除备份设备的方法，以及备份数据和还原数据的方法。

（2）理解：各种类型的备份。

知识准备

10.1 备份概述

视频讲解

虽然数据库管理系统采取了各种措施来保证数据库的安全性和完整性，但在实际应用中，可能会因软件错误、病毒、用户操作失误、硬件故障或自然灾害等造成运行事务的异常中断，甚至全部业务的瘫痪。为防止这种情况的发生，数据备份成了数据的保护手段。

SQL Server 备份为保护存储在 SQL Server 数据库中的关键数据提供了基本安全保障。为了最大限度地降低灾难性数据丢失的风险，需要定期备份数据库以保留对数据所做的修改。

10.1.1 备份的概念

备份就是制作数据库结构、对象和数据的副本，并存储在备份设备上，如磁盘或磁带。当数据库发生错误时，用户可以利用备份恢复数据库。

10.1.2 备份的类型

数据库的备份有以下 4 种类型。

1. 完整备份

完整备份是指备份整个数据库，包含特定数据库、一组特定的文件组或文件中的所有数据，以及可以恢复这些数据的足够的日志。完整备份是在某一时间点对数据库进行备份，并将这个时间点作为恢复数据库的基点。它是数据库的完整副本，所以备份时间较长，所占存储空间较大。完整备份是任何备份策略中都要求完成的第一种备份类型，也就是说，无论采用何种备份类型或备份策略，在对数据库进行备份之前，必须首先对其进行完整备份，它是其他类型备份的基础。只有在执行了完整备份后，才可以执行差异备份或事务日志备份。

2. 差异备份

差异备份是完整备份的补充，只备份上次完整备份以来变化的数据。差异备份比完整备份工作量小且备份速度更快。当已经执行了完整备份后，才能执行差异备份。在还原数据时，要先还原完整备份后再还原差异备份。

3. 事务日志备份

事务日志备份仅备份日志记录。事务日志备份比完整备份更节省时间和空间，而且在还原时可以指定还原到某一个事务。在还原数据时，首先还原最近的完整备份，然后还原在该完整备份以后的所有事务日志备份。事务日志备份可以记录数据库的更改，如果没有执行事务日志备份，则数据库可能无法正常工作。事务日志备份只记录事务日志的适当部分。在 SQL Server 2019 系统中，事务日志备份有三种类型：纯日志备份、大容量操作日志备份和尾日志备份。具体情况如表 10-1 所示。

表 10-1 事务日志备份类型

事务日志备份类型	描　述
纯日志备份	仅包含一定间隔的事务日志记录，不包含在大容量日志恢复模式下执行的任何大容量更改的备份
大容量操作日志备份	包含日志记录以及由大容量操作更改的数据页的备份。不允许对大容量操作日志备份进行时间点恢复
尾日志备份	对可能已损坏的数据库进行的日志备份，用于捕获尚未备份的日志记录。尾日志备份在出现故障时进行，用于防止丢失工作数据，可以包含纯日志记录或大容量操作日志记录

4. 文件和文件组备份

文件和文件组备份只备份特定的数据库文件或文件组。文件和文件组备份可以使用户仅还原已损坏的文件或文件组。当数据库非常大时，可以进行数据库文件或文件组的备份。

10.1.3 备份设备

备份设备是用来存储数据库、事务日志或文件和文件组备份的存储介质。常见的备份设备分为以下三种类型。

1. 磁盘备份设备

磁盘备份设备是存储在硬盘或其他磁盘媒体上的文件。用户可以在服务器的本地磁盘上或共享网络资源的远程磁盘上定义磁盘备份设备，磁盘备份设备的空间根据需要可大可小，最大文件大小相当于磁盘上的可用磁盘空间。

2. 磁带备份设备

磁带备份设备与磁盘备份设备不同，其必须物理连接到运行 SQL Server 实例的计算机上，不支持备份到远程磁带设备上。如果磁带备份设备在备份过程中已满，但仍需写入一些数据，SQL Server 将提示更新磁带并继续备份。

3. 物理和逻辑备份设备

物理备份设备是操作系统对备份设备进行引用和管理，如 C:\backups\data\full.bak。

逻辑备份设备是利用工具对数据库对象进行导出工作。引用逻辑备份设备名称比引用物理备份设备名称简单，例如，上述物理备份设备的逻辑设备名称可以是 data_backup。逻辑备份设备名称被永久保存在 SQL Server 的系统表中。

10.2 还原概述

视频讲解

还原是与备份相对应的操作。完成数据备份后，当系统崩溃或发生错误时，就可以从备份文件中还原数据库。在还原数据库时，SQL Server 会自动将备份文件中的数据全部复制到数据库，并回滚任何未完成的事务，保证数据完整性。

10.2.1 还原的概念

还原是从一个或多个备份中还原数据，并在还原最后一个备份后，使数据库在线且处于一致且可用的状态的一组完整的操作。

10.2.2 还原的策略

SQL Server 2019 有以下三种还原策略，不同的还原策略在 SQL Server 备份、还原方式和性能方面存在不同。

1. 完整还原策略

完整还原策略是 SQL Server 2019 数据库还原策略中的一种提供最全面保护的模式。

它完整记录了所有的事务，并保留所有的事务日志记录，直到将它们备份。它可以将数据库还原到任意时间点。完整还原策略可在最大范围内防止出现故障时丢失数据的情况，使数据库避免受到媒体故障的影响。该策略的主要问题是事务日志文件较大及由此导致的较大的存储量和较高的性能开销。

2. 大容量日志还原策略

大容量日志还原策略是对完整还原策略的补充，它也使用数据库备份和事务日志备份来还原数据库。该策略对某些大规模或大容量数据操作进行最小记录并提供最佳性能。但是若日志不完整，出现问题时，数据有可能无法还原。因此，一般只有在需要进行大量数据操作时才使用大容量日志还原策略。

3. 简单还原策略

简单还原策略是最简单的记录事务日志的方式。它能够记录大多数事务，确保数据库的一致性。数据库操作完成、成功提交后，事务日志将自动截断，不活动的日志将被删除。但是，如果没有事务日志备份，在还原数据库时只能还原到最近的数据备份时间，不能还原到故障点或特定的计时点。如果要还原到这些计时点，必须使用完整还原策略或大容量日志还原策略。简单还原策略一般用于小型的不常更新数据的数据库。

10.2.3 还原的类型

还原数据是指让数据库根据备份的数据回到备份时的状态。在还原之前，要确保没有用户使用数据库，否则无法执行还原。

1. 常规还原

在执行还原之前，先说明 RECOVERY 选项，该选项用于通知 SQL Server 2019 数据库还原过程已经结束，用户可以重新开始使用数据库。它只能用于还原过程的最后一个文件。

2. 时间点还原

在 SQL Server 2019 中进行事务日志备份时，不仅给事务日志中的每个事务标上日志号，还给它们标上一个时间。这个时间与 RESTORE 语句的 STOPAT 从句结合，允许将数据返回到前一个状态。这个过程只适用于事务日志备份。

任务实施

10.3 备份数据

在完成本项目任务前，请将样本数据库 stuMIS 附加至 SQL Server 2019 中。备份数据可以使用 SSMS 和 Transact-SQL 语句两种方法实现。

10.3.1　备份设备的创建与删除

视频讲解

1. 使用 SSMS 创建和删除备份设备

【例 10.1】 创建 stuMIS 数据库的备份设备 stuMIS_bac。

（1）打开 SSMS，连接到 SQL Server 上的数据库引擎。

（2）展开“服务器对象”节点，右击“备份设备”节点，从弹出的快捷菜单中选择“新建备份设备”菜单项，如图 10-1 所示。

图 10-1　“新建备份设备”快捷菜单

（3）弹出“备份设备”对话框，在“设备名称”文本框中输入 stuMIS_bac，在“文件”文本框中选择备份设备路径，这里保持默认值，如图 10-2 所示。

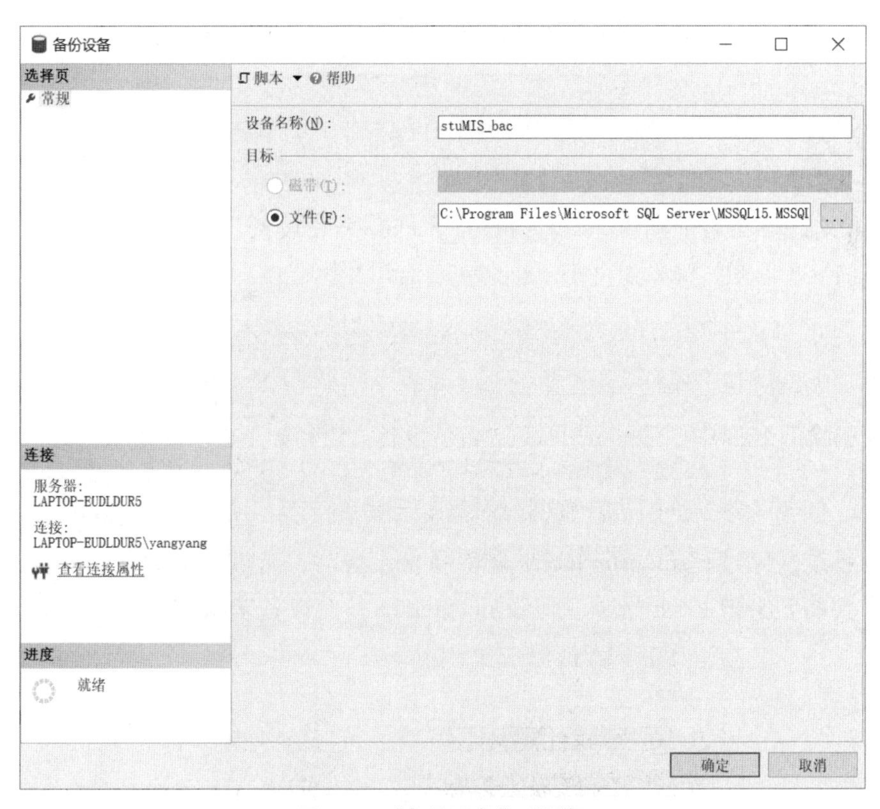

图 10-2　“备份设备”对话框

(4) 单击“确定”按钮，完成备份设备的创建。

【例 10.2】 删除例 10.1 中创建的备份设备。

(1) 打开 SSMS，连接到 SQL Server 上的数据库引擎。

(2) 展开“服务器对象”→“备份设备”节点，右击 stuMIS_bac 备份设备，从弹出的快捷菜单中选择“删除”菜单项。

(3) 弹出“删除对象”对话框，单击“确定”按钮，完成备份设备的删除。

2. 使用系统存储过程创建和删除备份设备

使用系统存储过程创建备份设备的语法格式如下。

```
SP_ADDUMPDEVICE[@devtype=]'device_type',
          [@logicalname=]'logical_name',
          [@physicalname=]'physical_name'
```

语法说明如下。

(1) [@devtype=]'device_type'：指定备份设备的类型。

(2) [@logicalname=]'logical_name'：指定在 BACKUP 和 RESTORE 语句中使用的备份设备的逻辑名称。

(3) [@physicalname=]'physical_name'：指定备份设备的物理名称。

【例 10.3】 在本地硬盘上创建一个名为 mybackup 的备份设备。

在查询分析器中，输入如下 Transact-SQL 语句并执行：

```
USE stuMIS
EXEC sp_addumpdevice 'disk','mybackup','C:\Program Files\Microsoft SQL Server\MSSQL10.MSSQLSERVER\MSSQL\Backup\backup.bak'
```

【例 10.4】 在磁带上创建一个名为 tape_backup 备份设备。

在查询分析器中，输入如下 Transact-SQL 语句并执行：

```
USE stuMIS
EXEC sp_addumpdevice 'tape','tape_backup','\\.\tape0'
```

如要删除例 10.3 中创建的 mybackup 备份设备，语句如下：

```
EXEC sp_dropdevice 'mybackup',DELFILE
```

使用系统存储过程 sp_dropdevice 删除备份设备时，若被删除的备份设备类型是磁盘，则需要指定 DELFILE 选项。假设 mybackup 备份设备未被删除，因为后续例题需使用。

10.3.2 学生管理数据库的完整备份

视频讲解

1. 使用 SSMS 执行完整备份

【例 10.5】 为 stuMIS 数据库进行完整备份。

（1）打开 SSMS，连接到 SQL Server 上的数据库引擎。

（2）展开“数据库”节点，右击 stuMIS 数据库，从弹出的快捷菜单中选择“属性”菜单项。

（3）弹出“数据库属性 -stuMIS”对话框，打开“选项”页面，在“恢复模式”下拉列表框中选择“完整”选项，如图 10-3 所示，单击“确定”按钮。

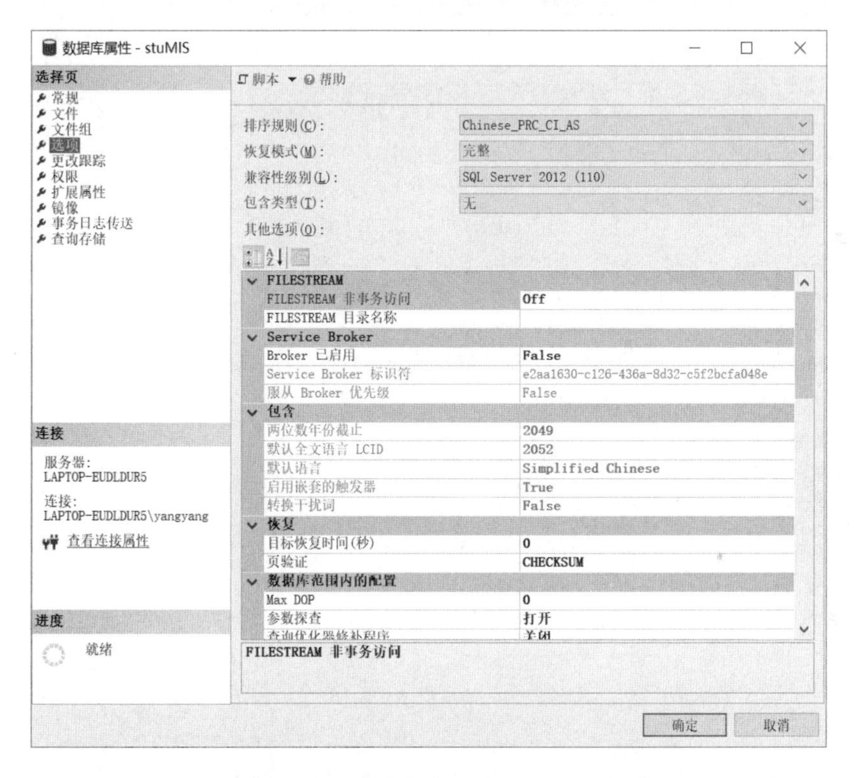

图 10-3 “数据库属性 -stuMIS”对话框

（4）右击 stuMIS 数据库，从弹出的快捷菜单中选择“任务”→“备份”菜单项，弹出“备份数据库 -stuMIS”对话框。

（5）在“数据库”下拉列表框中选择 stuMIS 数据库，在“备份类型”下拉列表框中选择“完整”选项，如图 10-4 所示。

（6）打开“介质选项”页面，选择“覆盖所有现有备份集”，勾选“完成后验证备份”复选框，如图 10-5 所示。

（7）单击“确定”按钮，开始备份，完成备份后弹出对话框，如图 10-6 所示。

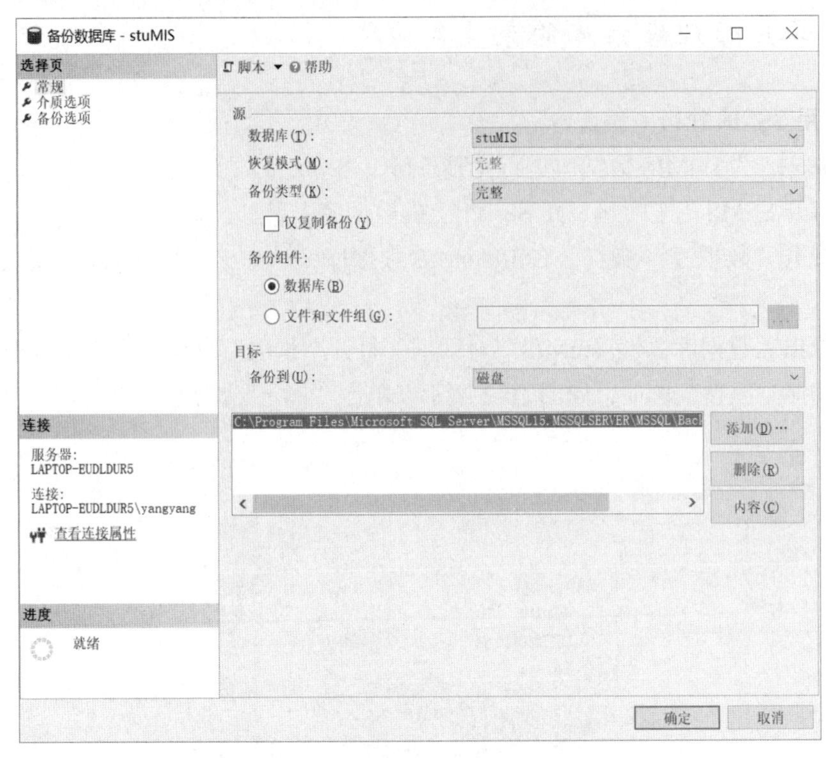

图 10-4 “备份数据库 -stuMIS”对话框

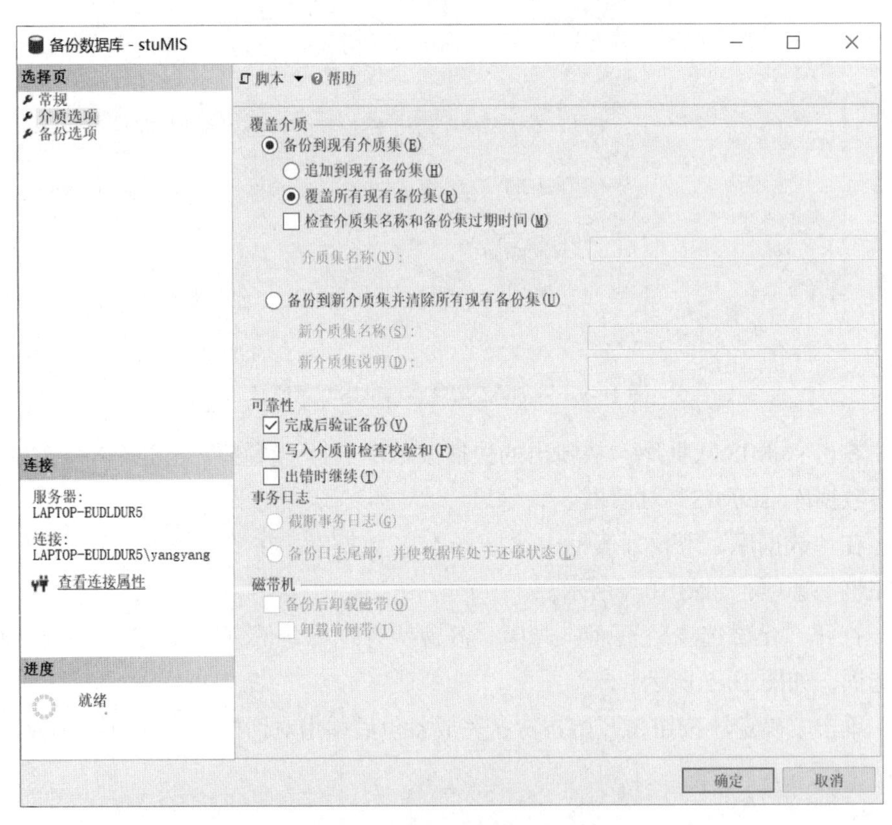

图 10-5 设置“介质选项”页面

图 10-6　完成完整备份

2. 使用 Transact-SQL 语句执行完整备份

对数据库执行完整备份的语法格式如下。

```
BACKUP DATABASE database_name
TO <backup_device>[,...n]
[WITH
[[,]NAME=backup_set_name]
[ [,]DESCRIPTION='TEXT']
[ [,]{INIT | NOINIT}]
[ [,]{COMPRESSION | NO_COMPRESSION}]
]
```

语法说明如下。

（1）database_name：指定备份的数据库名称。

（2）backup_device：指定备份设备名称。

（3）WITH 子句：指定备份选项。

（4）NAME=backup_set_name：指定备份的名称。

（5）DESCRIPTION='TEXT'：指定备份的描述。

（6）INIT | NOINIT：INIT 表示新备份的数据覆盖当前备份设备上的每项内容，即原来在此设备上的数据信息都将不存在；NOINIT 表示新备份的数据添加到备份设备上已有的内容后。

（7）COMPRESSION | NO_COMPRESSION：COMPRESSION 表示启用备份压缩功能；NO_ COMPRESSION 表示不启用备份压缩功能。

【例 10.6】 使用 Transact-SQL 语句为 stuMIS 数据库创建完整备份，备份到 mybackup 备份设备中。

在查询分析器中，输入如下 Transact-SQL 语句并执行：

```
USE stuMIS
BACKUP DATABASE stuMIS
TO disk='mybackup'
WITH INIT,
NAME='stuMIS 完整备份'
```

执行结果如图 10-7 所示。

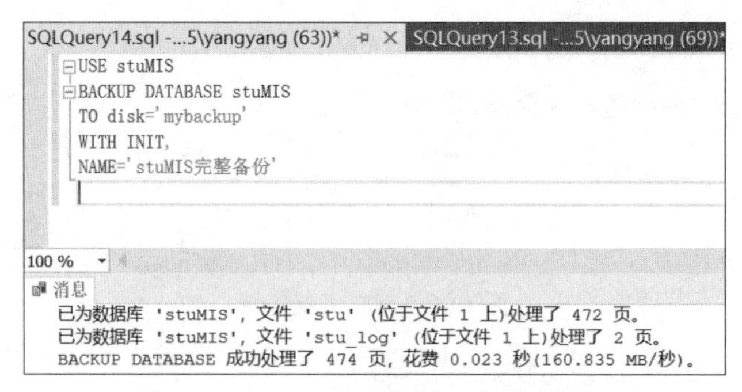

图 10-7　为 stuMIS 数据库创建完整备份

视频讲解

10.3.3　学生管理数据库的差异备份

1. 使用 SSMS 执行差异备份

【例 10.7】 为 stuMIS 数据库创建差异备份。

（1）打开 SSMS，连接到 SQL Server 上的数据库引擎。

（2）展开“数据库”节点，右击 stuMIS 数据库，从弹出的快捷菜单中选择“任务”→“备份”菜单项，弹出“备份数据库 -stuMIS”对话框。

（3）从“数据库”下拉列表框中选择 stuMIS 数据库，“备份类型”选择“差异”，如图 10-8 所示。

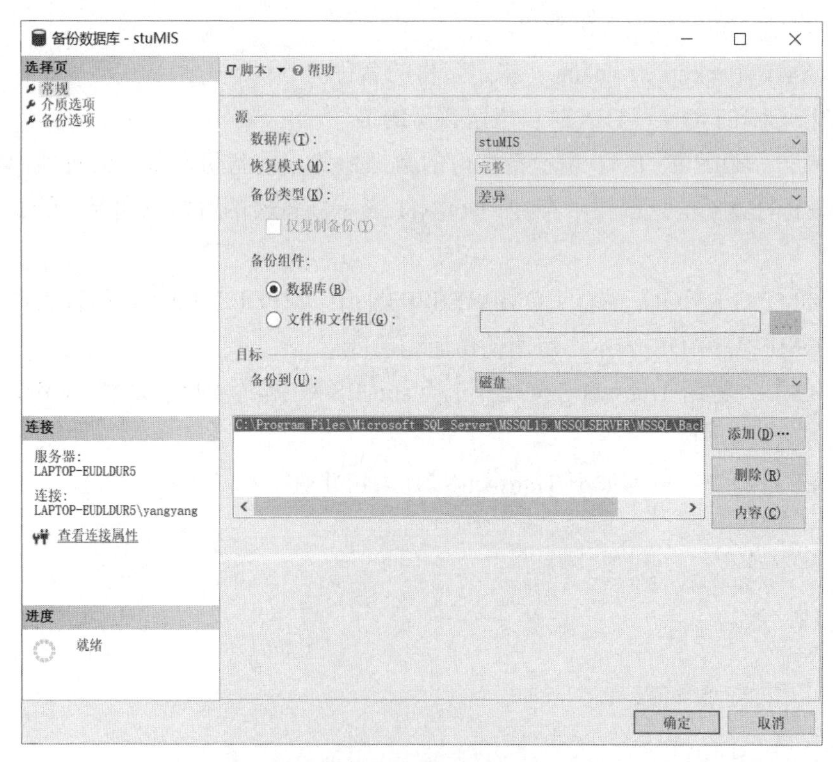

图 10-8　“备份数据库 -stuMIS”对话框

（4）打开“介质选项”页面，选择“追加到现有备份集”，勾选“完成后验证备份”复选框，如图 10-9 所示。

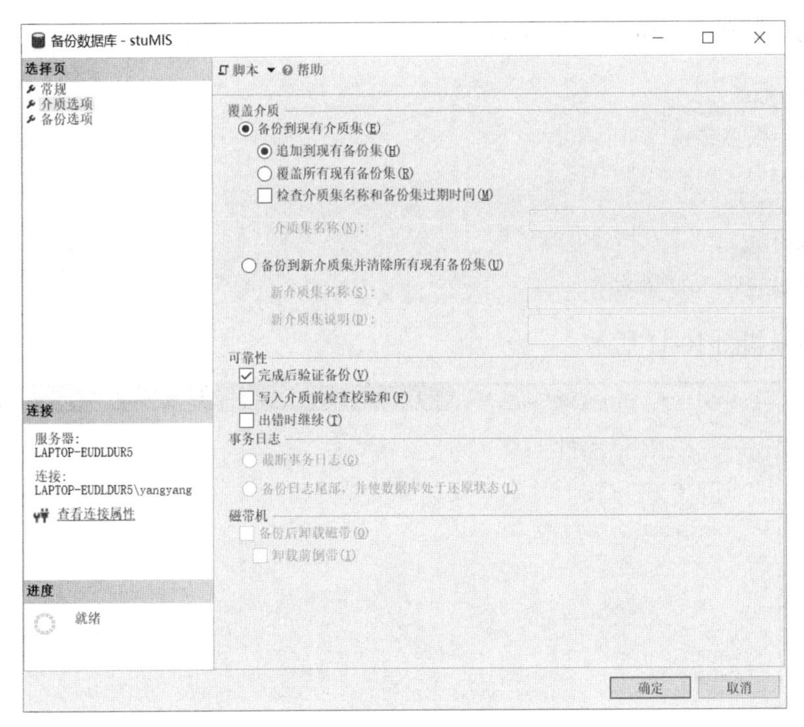

图 10-9　设置“介质选项”页面

（5）单击“确定”按钮，完成备份后弹出对话框，如图 10-10 所示。

图 10-10　完成差异备份

2. 使用 Transact-SQL 语句执行差异备份

对数据库执行差异备份的语法格式如下。

```
BACKUP DATABASE database_name
TO <backup_device>[,...n]
WITH DIFFERENTIAL
[[,]NAME=backup_set_name]
[ [,]DESCRIPTION='TEXT']
[ [,]{INIT | NOINIT}]
[ [,]{COMPRESSION | NO_COMPRESSION}
]
```

其中，WITH DIFFERENTIAL 子句指明本次备份是差异备份。其他参数与完整备份相同。

【例 10.8】 为 stuMIS 数据库创建差异备份，备份到 mybackup 备份设备中。

在查询分析器中，输入如下 Transact-SQL 语句并执行：

```
USE stuMIS
BACKUP DATABASE stuMIS
TO disk='mybackup'
WITH NOINIT,
DIFFERENTIAL,
NAME='stuMIS 差异备份'
```

执行结果如图 10-11 所示。

```
SQLQuery15.sql -...5\yangyang (82))*    SQLQuery14.sql -...5\yangyang (63))*    SQLQuery1
USE stuMIS
BACKUP DATABASE stuMIS
TO disk='mybackup'
WITH NOINIT,
DIFFERENTIAL,
NAME='stuMIS差异备份'

100 %
消息
已为数据库 'stuMIS'，文件 'stu' (位于文件 2 上)处理了 56 页。
已为数据库 'stuMIS'，文件 'stu_log' (位于文件 2 上)处理了 2 页。
BACKUP DATABASE WITH DIFFERENTIAL 成功处理了 58 页，花费 0.019 秒(23.643 MB/秒)。

完成时间: 2021-06-03T14:09:49.6230487+08:00
```

图 10-11　为 stuMIS 数据库创建差异备份

视频讲解

10.3.4　学生管理数据库的事务日志备份

1. 使用 SSMS 执行事务日志备份

【例 10.9】 为 stuMIS 数据库执行事务日志备份。

（1）打开 SSMS，连接到 SQL Server 上的数据库引擎。

（2）展开“数据库”节点，右击 stuMIS 数据库，从弹出的快捷菜单中选择“任务”→“备份”菜单项，弹出“备份数据库 -stuMIS”对话框。

（3）从“数据库”下拉列表框中选择 stuMIS 数据库，“备份类型”选择“事务日志”，如图 10-12 所示。

（4）打开“介质选项”页面，选择“追加到现有备份集”，勾选“完成后验证备份”复选框，选择“截断事务日志”，如图 10-13 所示。

（5）单击“确定”按钮开始备份。

注意：当 SQL Server 使用简单恢复模型时，不能备份事务日志。

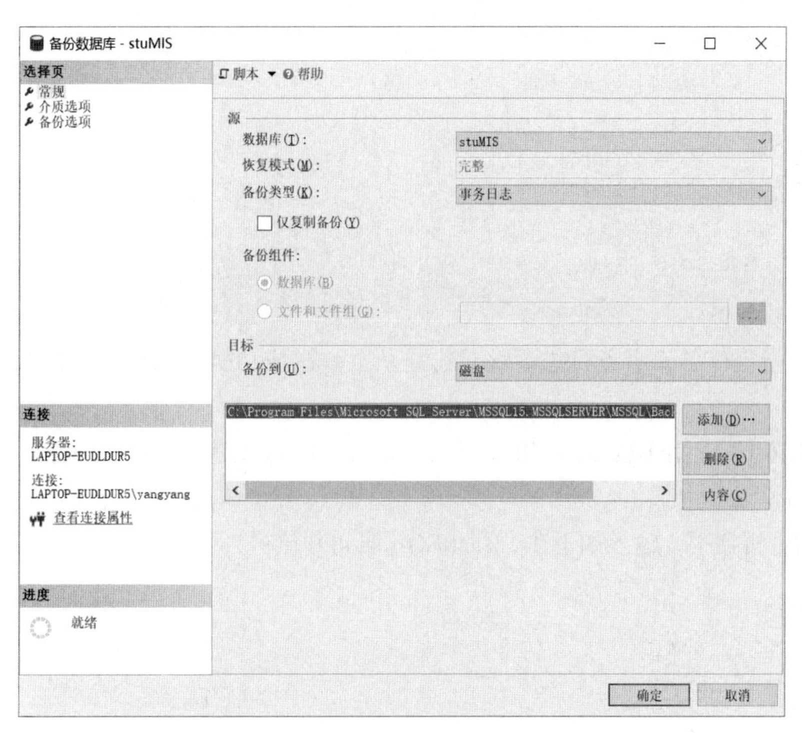

图 10-12 “备份数据库 -stuMIS”对话框

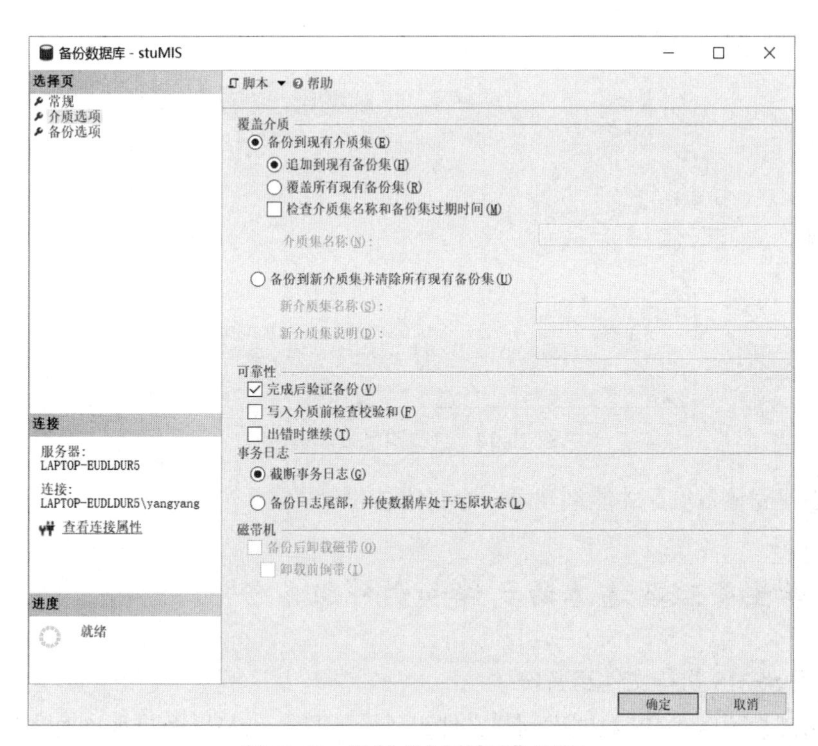

图 10-13 设置“介质选项”页面

2. 使用 Transact-SQL 语句执行事务日志备份

对数据库执行事务日志备份的语法格式如下。

```
BACKUP LOG database_name
TO <backup_device>[,...n]
WITH
[[,]NAME=backup_set_name]
[ [,]DESCRIPTION='TEXT']
[ [,]{INIT | NOINIT}]
[ [,]{COMPRESSION | NO_COMPRESSION}
]
```

其中，LOG 指定仅备份事务日志。该日志是从上一次成功执行的日志备份到当前日志的末尾。

【例 10.10】 使用 Transact-SQL 语句创建 stuMIS 数据库的事务日志备份，备份到 mybackup 备份设备中。

在查询分析器中，输入如下 Transact-SQL 语句并执行：

```
USE stuMIS
BACKUP LOG stuMIS
TO disk='mybackup'
WITH NOINIT,
NAME='stuMIS 日志备份'
```

执行结果如图 10-14 所示。

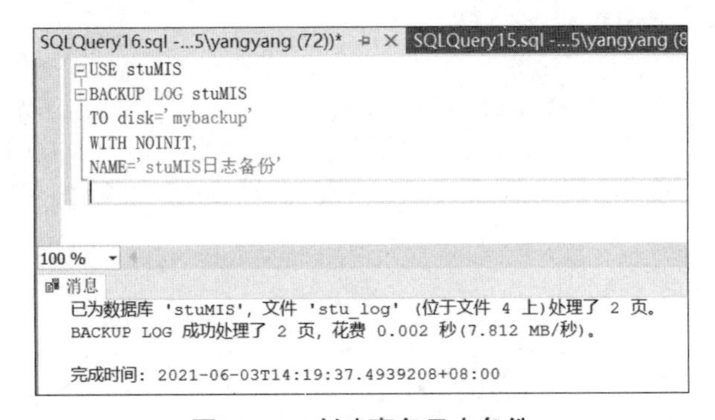

图 10-14　创建事务日志备份

必须创建完整备份，才能创建第一个日志备份。

视频讲解

10.3.5　学生管理数据库的文件和文件组备份

1. 使用 SSMS 执行文件组备份

【例 10.11】 为 stuMIS 数据库创建文件组备份（假设 stuMIS 数据库中有文件组 Group，其下有一个文件 data1）。

（1）打开 SSMS，连接到 SQL Server 上的数据库引擎。

（2）展开“数据库”节点，右击 stuMIS 数据库，从弹出的快捷菜单中选择“任务”→“备份”菜单项，弹出“备份数据库 -stuMIS”对话框。

（3）在“备份数据库 -stuMIS”对话框中，“备份组件”选择“文件和文件组”，弹出“选择文件和文件组”对话框，如图 10-15 所示。

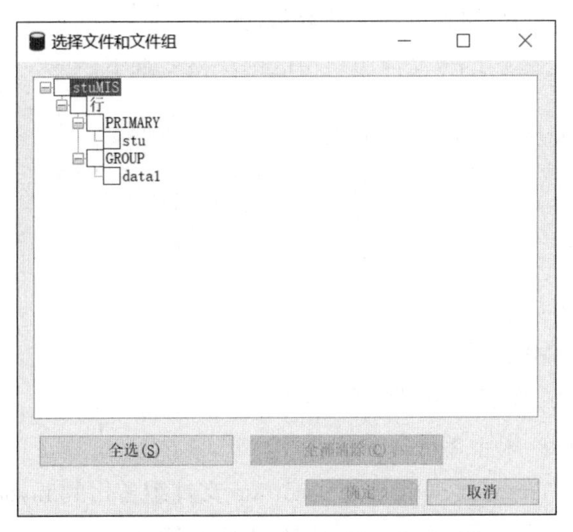

图 10-15 “选择文件和文件组”对话框

（4）在“选择文件和文件组”对话框中，选择需要备份的文件组 GROUP 及下属文件，单击“确定”按钮。

（5）返回“备份数据库 -stuMIS”对话框，选择数据库为 stuMIS，“备份类型”为“完整”，如图 10-16 所示。

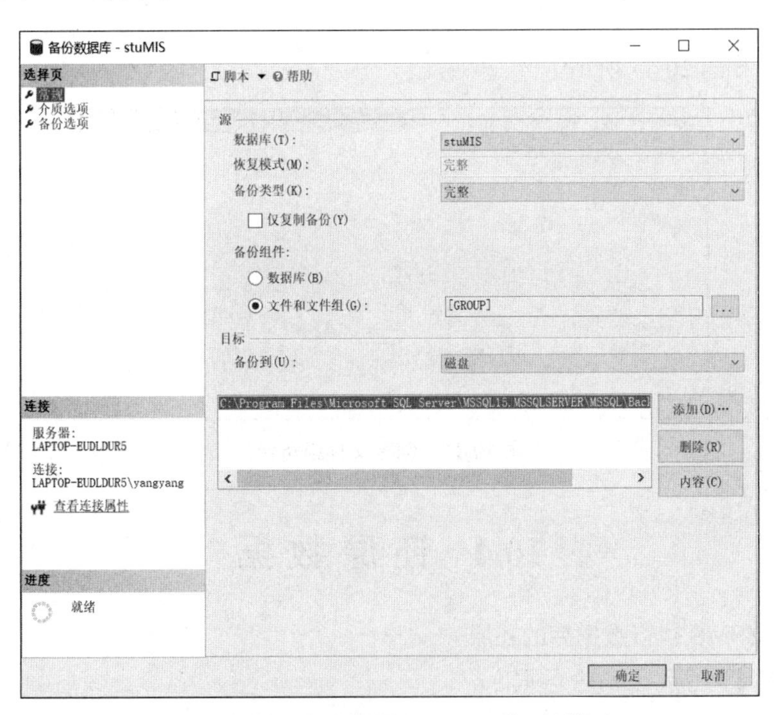

图 10-16 “备份数据库 -stuMIS”对话框

(6)打开“介质选项”页面，选择“追加到现有备份集”，勾选“完成后验证备份”复选框。

(7)设置完成后，单击“确定”按钮开始备份。

2. 使用 Transact-SQL 语句创建文件组备份

使用 Transact-SQL 语句创建文件组备份的语法格式如下。

```
BACKUP DATABASE database_name
{FILE=logical_file_name|FILEGROUP=logical_file_name}
TO <backup_device>[,...n]
WITH options
```

语法说明如下。

(1) FILE：指定要备份的文件。

(2) FILEGROUP：指定要备份的文件组。

(3) WITH options：用于指定备份选项。

【例 10.12】 使用 Transact-SQL 语句将 Group 文件组备份到 mybackup 备份设备中。

在查询分析器中，输入如下 Transact-SQL 语句并执行：

```
BACKUP DATABASE stuMIS
FILEGROUP='Group'
TO disk='mybackup'
WITH
NAME='stuMIS 文件组备份'
```

执行结果如图 10-17 所示。

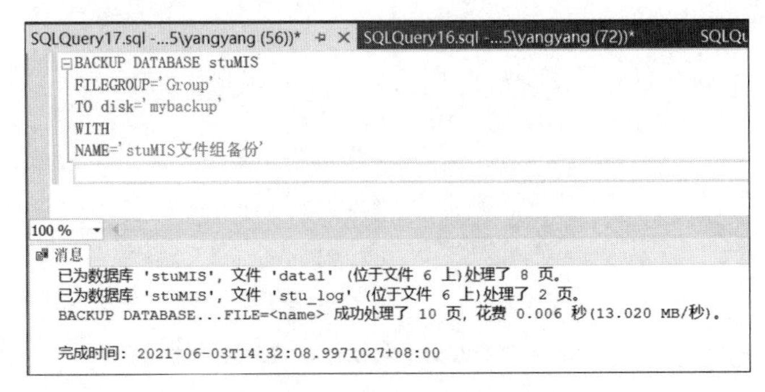

图 10-17 创建文件组备份

视频讲解

10.4 还原数据

1. 使用 SSMS 执行数据库的还原

【例 10.13】 还原 stuMIS 数据库。

(1) 打开 SSMS，连接到 SQL Server 上的数据库引擎。

（2）展开“数据库”节点，右击stuMIS数据库，从弹出的快捷菜单中选择“任务”→“还原”→“数据库”菜单项，打开“还原数据库-stuMIS”对话框。

（3）在“还原数据库-stuMIS”对话框中，勾选“源设备”按钮，单击后面的“浏览”按钮，弹出“选择备份设备”对话框，在“备份介质类型”下拉列表框中选择“文件”选项，单击“添加”按钮，打开“定位备份文件”对话框，选择stuMIS.bak文件，如图10-18所示。

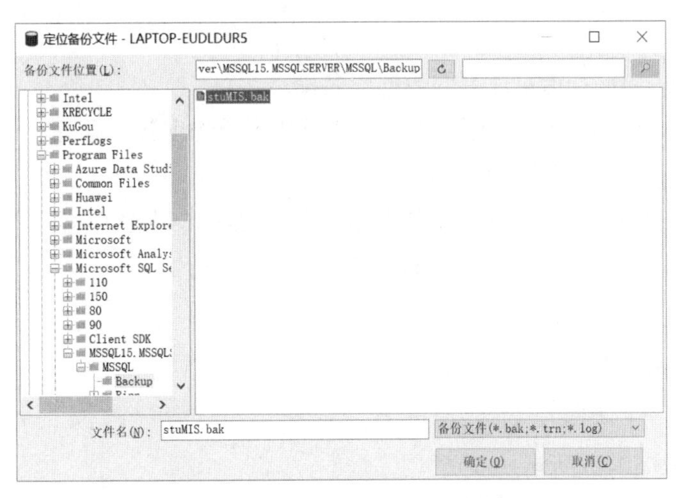

图10-18 “定位备份文件”对话框

（4）单击两次“确定”按钮，返回“还原数据库-stuMIS”对话框，打开“选项”页面，在“还原选项”中勾选“覆盖现有数据库”复选框，“恢复状态”下拉列表框中选择RESTORE WITH NORECOVERY，如图10-19所示。

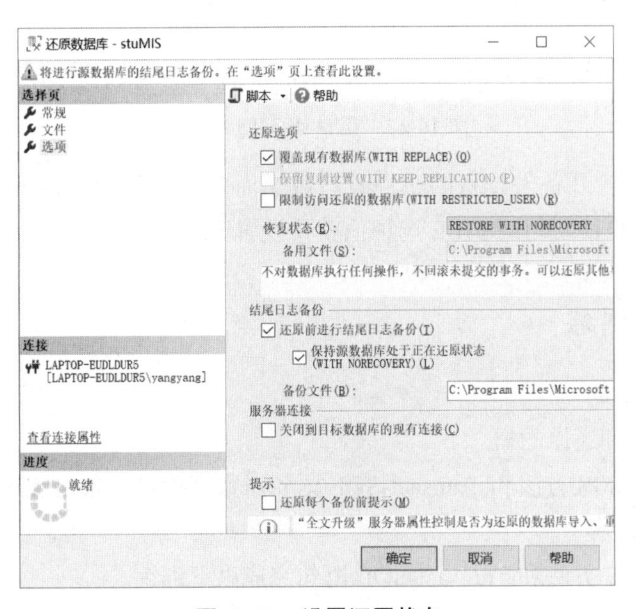

图10-19 设置还原状态

（5）设置完成后，单击“确定”按钮开始还原。

2. 使用 Transact-SQL 语句实现数据库的还原

使用 Transact-SQL 语句还原数据库的语法格式如下。

```
RESTORE DATABASE database_name
 FROM <backup_device> [ ,...n ]
  WITH options
```

语法说明如下。

（1）database_name：指定还原的数据库名称。

（2）backup_device：指定还原操作要使用的逻辑或物理备份设备。

（3）WITH options：指定还原选项。

【例 10.14】 从 mybackup 备份设备中还原整个 stuMIS 数据库。

在查询分析器中，输入如下 Transact-SQL 语句并执行：

```
RESTORE DATABASE stuMIS
FROM disk='mybackup'
WITH FILE=1,REPLACE
```

执行结果如图 10-20 所示。

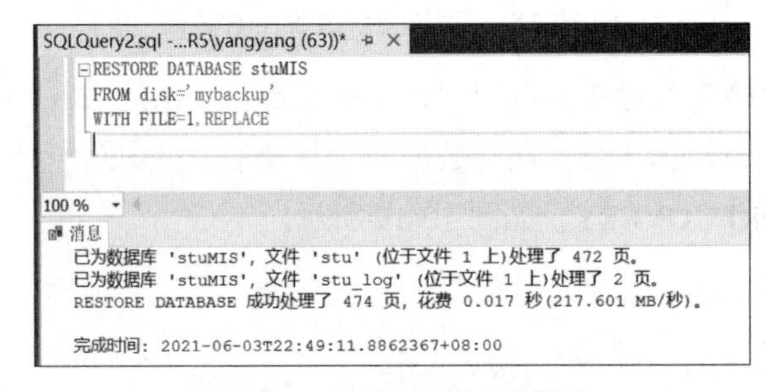

图 10-20　还原 stuMIS 数据库

在还原前需要打开备份设备的属性查看数据库备份在备份设备中的位置。若备份的位置为 2，那么 WITH 子句的 FILE 选项值就要设置为 2。

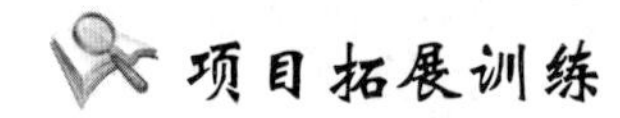

项目拓展训练

1. 拓展训练目的

（1）掌握备份和还原的概念。

（2）掌握用 SSMS 方法和 Transact-SQL 语句对数据库进行备份和还原。

2. 拓展训练内容

分别使用 SSMS 方法和 Transact-SQL 语句完成以下训练。

（1）建立备份设备 backup。

（2）对 stuMIS 数据库进行完整备份到 backup。

（3）对 stuMIS 数据库进行差异备份到 backup。

（4）对 stuMIS 数据库进行事务日志备份到 backup。

（5）在 stuMIS 数据库中添加一个文件组 mygroup，并在 mygroup 文件组中添加一个文件 mydata，将此文件组和文件备份到 backup。

（6）查看备份设备中的备份集。

（7）利用完整备份还原 stuMIS 数据库。

项目小结

本项目介绍了数据备份和还原的概念、备份的类型、还原的策略、备份设备的创建和删除，以及备份数据的方法和还原数据的方法。

备份就是制作数据库结构、对象和数据的副本，它存储在备份设备上，如磁盘或磁带。当数据库发生错误时，用户可以利用备份恢复数据库。备份设备的创建与删除可以通过 SSMS 和 Transact-SQL 语句完成。备份数据库也可以通过 SSMS 和 Transact-SQL 语句完成。

还原指从一个或多个备份中恢复数据，并在还原最后一个备份后，使数据库在线并处于一致且可用的状态的一组完整的操作。还原数据库可以通过 SSMS 和 Transact-SQL 语句执行。

项目十一　学生管理数据库的安全管理

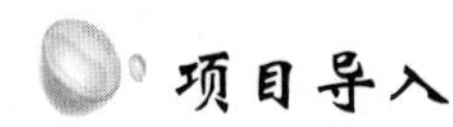

信息管理员王明已经创建了学生管理数据库和相关表，录入了所有数据，实现了存储过程、触发器等。为保证数据库中数据的安全，需要王明进行数据库的安全维护，给不同的用户分配不同的权限。

项目描述

（1）你是否想过给数据库创建相应的登录名和用户，并给该用户分配相应的权限?

（2）对用户所拥有的权限进行管理，是不是有利于数据库的安全性?

教学导航

（1）掌握：创建、删除登录名和用户的方法，角色的使用，以及权限和架构管理。

（2）理解：常见的角色类型。

（3）了解：SQL Server 安全机制。

知识准备

视频讲解

11.1　SQL Server 的安全机制

在信息爆发的时代，每天都有大量的数据需要处理和保存。数据库中的数据经常涉及输入、输出与处理，如果数据出现安全问题，将会造成非常严重的后果。管理数据库系统的安全、保护数据不受内部和外部侵害是非常重要和关键的工作。为此，SQL Server 2019 提供了完善的管理机制和操作手段。

11.1.1　安全简介

数据库的安全性是指保护数据库因不合法的使用导致数据泄露、篡改或破坏。系统安全保护措施是否有效是数据库系统的主要指标之一。

11.1.2　安全机制

在以往的 SQL Server 中，采用的安全机制是 SQL Server 层次的登录和数据库层次的角色和用户，即是从 SQL Server 自身的角度确认哪些访问实体可以访问数据库。SQL Server 2019 采用的分级的安全机制分为三类：服务器级别的安全机制、数据库级别安全机制、数据库对象级别安全机制。

1．服务器级别的安全机制

服务器级别的安全性主要通过登录账户进行控制，要想访问一个数据库服务器，必须拥有一个登录账户。登录账户可以是 Windows 账户或组，也可以是 SQL Server 的登录账户。它可以属于相应的服务器角色。角色可以理解为权限的组合。

2．数据库级别安全机制

数据库级别安全机制主要是指对用户可以访问的数据库进行限制。默认情况下，数据库的拥有者可以访问该数据库的对象，也就是说，要想访问一个数据库，必须拥有该数据库的一个用户账户身份。用户账户是通过登录账户进行映射的，可以属于固定的数据库角色或自定义数据库角色。可以分配访问权限给其他用户，以便让其他用户也拥有该数据库的访问权限。

3．数据库对象级别安全机制

数据库对象级别安全机制主要是指对用户访问数据库对象的权限进行限制。包含的安全对象有表、视图、函数、存储过程、类型、同义词、聚合函数等。在创建这些对象时可以设定架构，若不设定，则系统默认架构为 dbo。

11.2　管理登录名和用户

登录数据库需要有服务器账户。登录成功后，如果想要对数据库数据和数据对象进行操作，还需要成为数据库用户。Windows 登录名和 SQL Server 登录名只能用来登录 SQL Server，访问数据库还需要为该登录名映射一个或多个数据库用户。而对于不必要的登录名和用户应该及时删除。

11.3　角 色 管 理

角色是 SQL Server 用来集中管理数据库或服务器的权限。在 SQL Server 中，数据库的权限分配是通过角色来实现的。数据库管理员将操作数据库的权限赋予角色，再将这些角色赋予数据库用户或登录名，从而使数据库用户或登录名拥有相应的权限。

11.3.1 固定服务器角色

在安装 SQL Server 2019 时会创建一系列的固定服务器角色。固定服务器角色是预定义角色，即角色的种类和每个角色的权限都是固定的，不能更改、添加或删除，只能为其添加成员或删除成员。

SQL Server 2019 提供了 9 个固定服务器角色，见表 11-1。

表 11-1 SQL Server 2019 中的固定服务器角色

固定服务器角色	描　述
sysadmin	系统管理员，可以对 SQL Server 服务器进行所有的管理工作，这个角色仅适合数据库管理员（database administrator，DBA）
securityadmin	安全管理员，可以管理登录名及其属性，对服务器级与数据库级权限进行授予、拒绝和撤销操作，以及重置 SQL Server 登录名的密码
severadmin	服务器管理员，可以对服务器进行设置及关闭服务器
setupadmin	安全程序管理员，可以添加和删除链接服务器，执行某些系统存储过程
processadmin	进程管理员，可以管理 SQL Server 进程
diskadmin	磁盘管理员，可以管理磁盘文件
dbcreator	数据库创建者，可以创建、更改、删除和还原任何数据库。此角色适合助理 DBA 或开发人员
bulkadmin	可以执行 BULK INSERT 语句
public	每一个 SQL Server 登录名都属于 public 服务器角色。如果未向某个服务器主体授予或拒绝对某个安全对象的特定权限，则该用户将继承或授予该对象的 public 角色的权限

11.3.2 固定数据库角色

固定数据库角色是在数据库级上定义的，并且有权进行特定数据库的管理及操作。用户无法添加或删除固定数据库角色，也无法更改授予固定数据库角色的权限。

SQL Server 2019 中有 10 个固定数据库角色，描述见表 11-2。

表 11-2 SQL Server 2019 中的固定数据库角色

固定数据库角色	描　述
db_owner	数据库所有者，可以执行数据库的所有管理操作
db_accessadmin	数据库访问管理员，可以添加、删除用户
db_securityadmin	数据库安全管理员，可以修改角色成员身份和管理权限
db_ddladmin	数据库 DDL 管理员，可以添加、更改或删除数据库中的对象
db_backupoperator	数据库备份操作员，可以备份数据库
db_datareader	数据库数据读取者，可以读取所有用户表中的所有数据
db_datawriter	数据库数据写入者，可以添加、删除和更改所有用户表中的所有数据
db_denydatareader	数据库拒绝数据读取者，不能读取数据库中任何表的内容

续表

固定数据库角色	描　述
db_denydatawriter	数据库拒绝数据写入者，不能添加、删除或更改数据库内用户表中的任何数据
public	每个数据库用户都属于 public 数据库角色，如果未向某个用户授予或拒绝对安全对象的特定权限时，该用户将继承授予该对象的 public 角色的权限

注意：db_owner 和 db_securityadmin 数据库角色的成员可以管理固定数据库角色成员身份。但是，只有 db_owner 数据库角色的成员可以向 db_owner 固定数据库角色中添加成员。

11.3.3 自定义数据库角色

固定服务器角色和固定数据库角色的权限是固定的，有时可能不满足实际应用中的需求，这时就需要创建自定义数据库角色。

在实际应用中创建自定义数据库角色时，先将需要的权限赋予自定义角色，然后将数据库用户指派给该角色。

11.3.4 应用程序角色

应用程序角色没有默认的角色成员，它是一个数据库主体，使应用程序能够用其自身的类似用户的权限来运行。使用应用程序角色，可以只允许通过特定应用程序连接的用户访问特定数据。

11.4 数据库权限的管理

数据库的权限指明了用户能够获得哪些数据库对象的使用权，能够对哪些对象执行何种操作。权限对于数据库来说至关重要，是保证数据库安全的必要因素。对于权限的管理可以分成授予权限、拒绝权限和撤销权限三种。其中，授予权限是指为了允许用户执行某些活动或者操作数据，需要授予他们相应的权限；拒绝权限是指在实际应用中，可以拒绝给当前数据库内的用户授权的权限；撤销权限指可以停止以前授予或拒绝的权限。

11.5 架构管理

架构是对象的容器，它是一个独立于数据库用户的非重复命名空间。一个架构只能有一个所有者，所有者可以是用户、数据库角色等。架构用于简化管理和创建可以共同管理的对象子集。架构的管理主要包括创建架构、修改架构和删除架构。

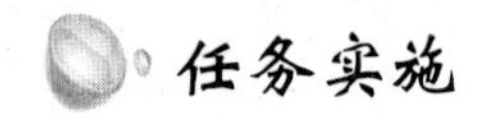

任务实施

11.6 管理登录名和用户

在完成本项目任务前，请将样本数据库 stuMIS 附加至 SQL Server 2019 中。

11.6.1 创建登录名

1. 使用 SSMS 创建 Windows 登录名

【例 11.1】 使用 SSMS 创建以 Windows 身份验证的登录名 stuMIS_user1。

（1）打开操作系统的“控制面板”，选择“管理工具”→“系统和安全”→“计算机管理”命令，打开“计算机管理”窗口。

（2）展开“本地用户和组”节点，右击“用户”节点，从弹出的快捷菜单中选择“新用户”菜单项，弹出“新用户”对话框。

（3）在“新用户”对话框中，输入用户名 stuMIS_user1，密码为 123456，单击“创建”按钮，完成新用户的创建。

（4）打开 SSMS，连接到 SQL Server 上的数据库引擎。

（5）展开“安全性”节点，右击“登录名”，从弹出的快捷菜单中选择“新建登录名”菜单项，如图 11-1 所示。

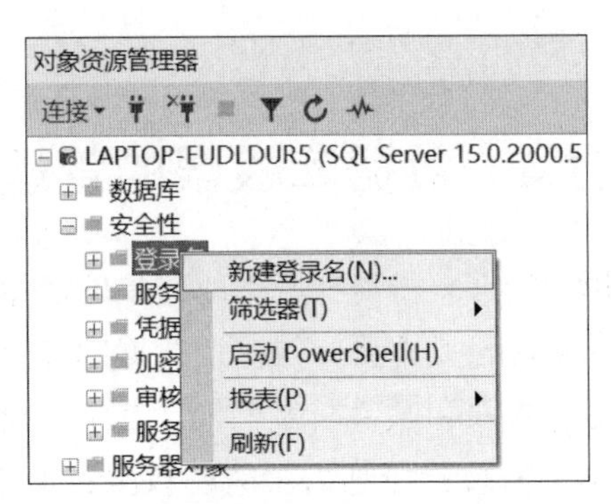

图 11-1 “新建登录名”快捷菜单

（6）弹出“登录名 - 新建”对话框，单击“搜索”按钮，弹出“选择用户或组”对话框，如图 11-2 所示。

（7）单击“高级”→“立即查找”按钮，在弹出的对话框中选中用户名 stuMIS_user1，再单击“确定”按钮。

（8）返回“选择用户或组”对话框，单击“确定”按钮返回“登录名 - 新建”对话框，再单击“确定”按钮完成创建。

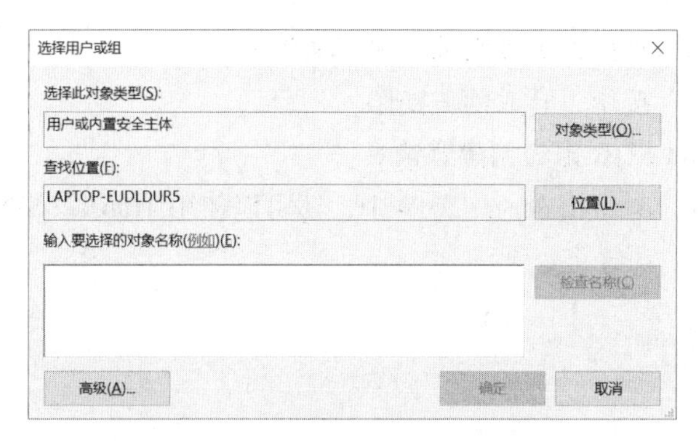

图 11-2 “选择用户或组”对话框

2. 使用 SSMS 创建 SQL Server 登录名

【例 11.2】 使用 SSMS 创建以 SQL Server 身份验证的登录名 stuMIS_user2。

（1）打开 SSMS，连接到 SQL Server 上的数据库引擎。

（2）展开“安全性”节点，右击“登录名”，从弹出的快捷菜单中选择“新建登录名”菜单项，弹出“登录名 - 新建”对话框。

（3）在“登录名”文本框中输入登录名 stuMIS_user2。勾选“SQL Server 身份验证”复选框，在“密码”和“确认密码”文本框中均输入密码 123456，取消勾选“强制实施密码策略”复选框。“默认数据库”和“默认语言”保持系统提供的默认值。

（4）打开“用户映射”页面，勾选 stuMIS，在 stuMIS 中勾选 db_owner 和 public，如图 11-3 所示。此时 stuMIS_user2 拥有 stuMIS 的所有操作权限。

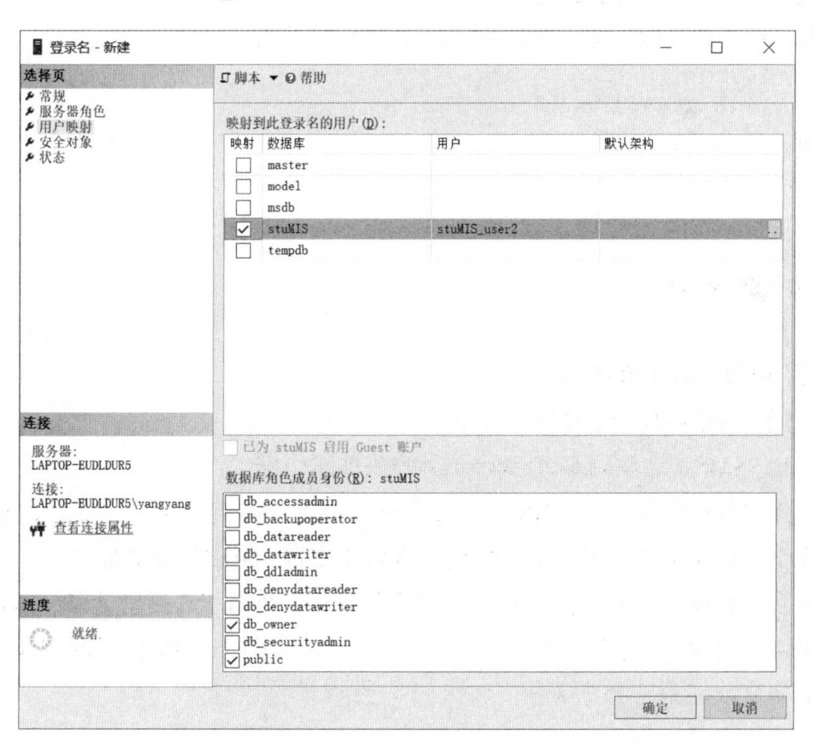

图 11-3 “用户映射”页面

（5）打开“状态”页面，该页面选项保持默认值。

（6）单击“确定”按钮，完成创建操作。

3. 使用 Transact-SQL 语句创建登录名

除了使用 SSMS，在 SQL Server 2019 中，还可以使用 Transact-SQL 语句创建登录名，语法格式如下。

```
CREATE LOGIN login_name
<WITH PASSWORD='password'> | <FROM WINDOWS>
```

语法说明如下。

（1）login_name：创建的登录名。

（2）WITH 子句：用于创建 SQL Server 身份验证的登录名。

（3）FROM WINDOWS 子句：用于创建 WINDOWS 身份验证的登录名。

【例 11.3】 使用 Transact-SQL 语句创建以 Windows 身份验证的登录名 stuMIS_user3（假设 Windows 用户 stuMIS_user3 已经创建，本地计算机名为 LOCALPC）。

在查询分析器中，输入如下 Transact-SQL 语句并执行：

```
CREATE LOGIN [LOCALPC\stuMIS_user3]
    FROM WINDOWS
```

【例 11.4】 使用 Transact-SQL 语句创建以 SQL Server 身份验证的登录名 stuMIS_user4，密码为 123456，默认数据库为 stuMIS。

在查询分析器中，输入如下 Transact-SQL 语句并执行：

```
CREATE LOGIN stuMIS_user4
  WITH PASSWORD='123456',
    DEFAULT_DATABASE=stuMIS
```

11.6.2 创建用户

1. 使用 SSMS 创建用户

【例 11.5】 为数据库 stuMIS 创建用户。

（1）打开 SSMS，连接到 SQL Server 上的数据库引擎。

（2）展开“数据库”→ stuMIS →“安全性”节点，右击“用户”节点，从弹出的快捷菜单中选择“新建用户”菜单项，弹出“数据库用户 - 新建”对话框。

（3）单击“登录名”文本框后面的“浏览”按钮，弹出“选择登录名”对话框。

（4）单击“浏览”按钮，在“查找对象”对话框中，选择匹配的对象为 stuMIS_user4，将新用户映射到这个登录名，如图 11-4 所示。

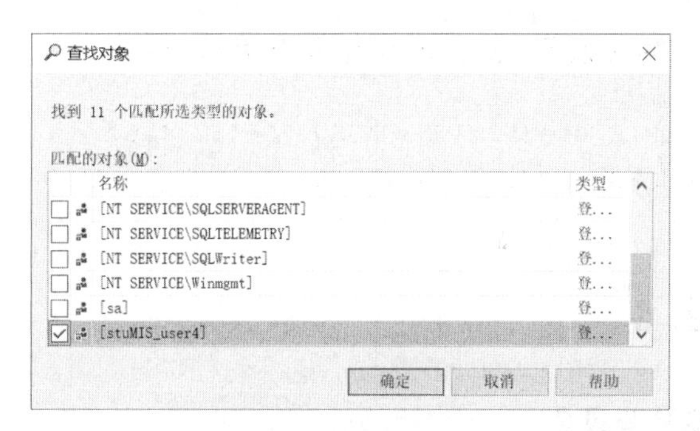

图 11-4　查找对象

（5）单击“确定”按钮返回“选择登录名”对话框，再单击“确定”按钮返回“数据库用户 - 新建”对话框。在该对话框中，设置用户名为 tom，选择“成员身份”页面，勾选“数据库角色成员身份”列表框中的 db_owner 复选框，如图 11-5 所示。

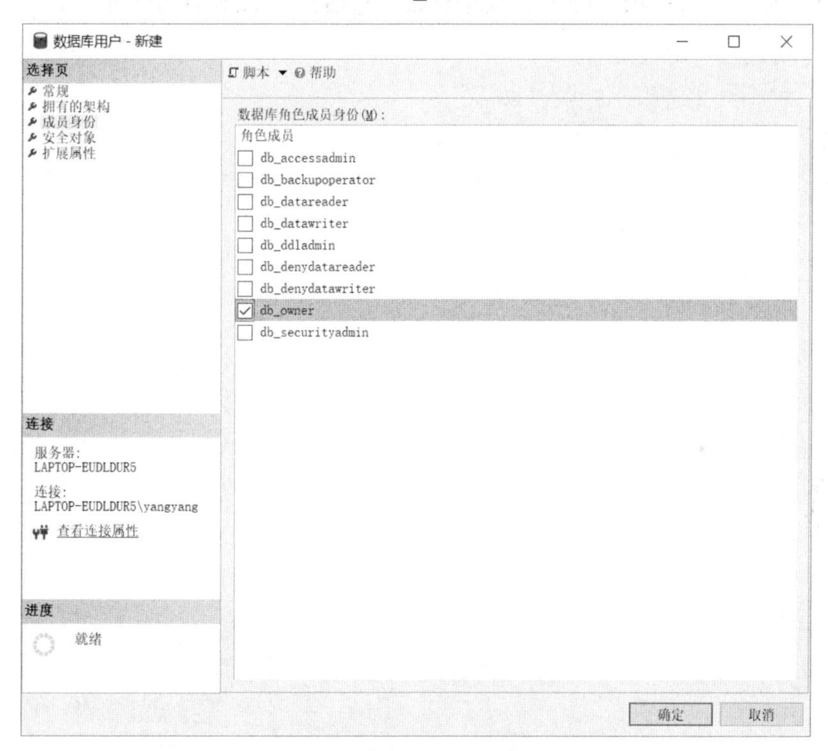

图 11-5　“数据库用户 - 新建”对话框

（6）单击“确定”按钮，完成新用户 tom 的创建。

2. 使用 Transact-SQL 语句创建用户

除了使用 SSMS，还可以使用 Transact-SQL 语句创建用户，语法格式如下。

```
CREATE USER user_name
FOR LOGIN login_name
```

【例 11.6】 使用 Transact-SQL 语句创建一个 SQL Server 登录名，再为该登录名创建一个用户。

在查询分析器中，输入如下 Transact-SQL 语句并执行：

```
CREATE LOGIN stuMIS_user5 WITH PASSWORD='123456'
CREATE USER tom2 FOR LOGIN stuMIS_user5
```

11.6.3 删除登录名

1. 使用 SSMS 删除登录名

视频讲解

【例 11.7】 使用 SSMS 删除登录名 stuMIS_user4。

（1）打开 SSMS，连接到 SQL Server 上的数据库引擎。

（2）展开“安全性”→“登录名”节点，右击登录名 stuMIS_user4，从弹出的快捷菜单中选择“删除”菜单项，弹出“删除对象”对话框，如图 11-6 所示。

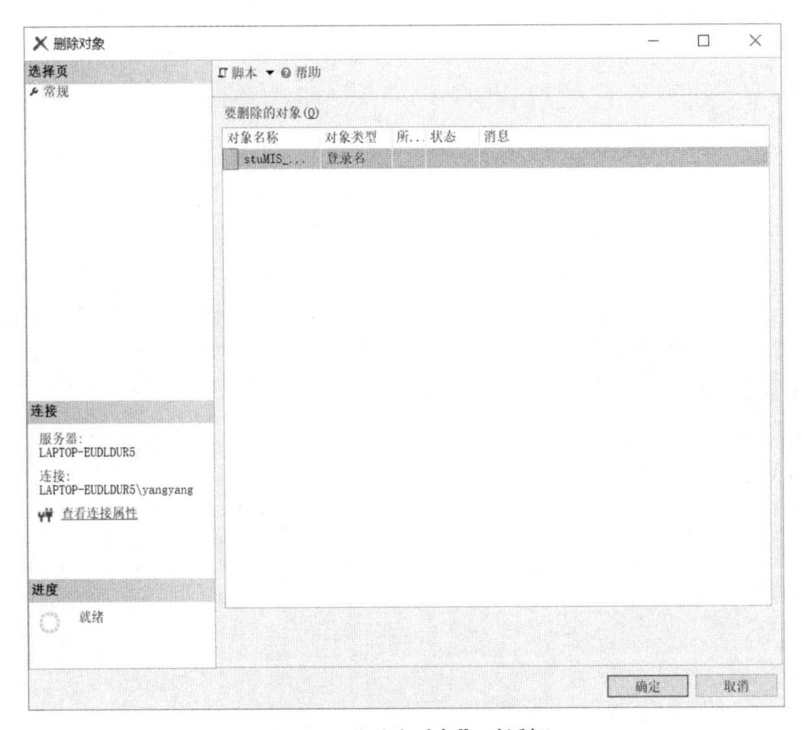

图 11-6 “删除对象”对话框

（3）单击“确定”按钮，弹出消息对话框，如图 11-7 所示。单击“确定”按钮，即可删除该登录名。

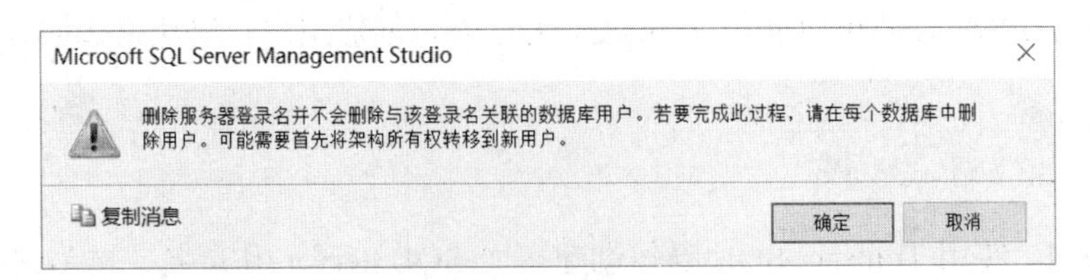

图 11-7 消息对话框

2. 使用 Transact-SQL 语句删除登录名

删除登录名的语法格式如下。

```
DROP LOGIN login_name
```

【例 11.8】 使用 Transact-SQL 语句删除登录名 stuMIS_user5。

在查询分析器中，输入如下 Transact-SQL 语句并执行：

```
DROP LOGIN stuMIS_user5
```

注意：不能删除正在登录的登录名，也不能删除拥有任何安全对象、服务器级对象或 SQL Server 代理作业的登录名。

11.6.4 删除用户

1. 使用 SSMS 删除用户

【例 11.9】 使用 SSMS 删除用户 tom。

（1）打开 SSMS，连接到 SQL Server 上的数据库引擎。

（2）展开“数据库”→ stuMIS →“安全性”→“用户”节点，右击用户 tom，从弹出的快捷菜单中选择“删除”菜单项，弹出“删除对象”对话框。

（3）单击“确定”按钮，即可删除用户 tom。

2. 使用 Transact-SQL 语句删除用户

删除用户的语法格式如下。

```
DROP USER user_name
```

【例 11.10】 使用 Transact-SQL 语句删除用户 tom2。

在查询分析器中，输入如下 Transact-SQL 语句并执行：

```
DROP USER tom2
```

注意：必须先删除或转移安全对象的所有权，才能删除拥有这些安全对象的数据库用户。

11.7 角色管理

11.7.1 固定服务器角色的管理

1. 使用 SSMS 为登录名指派固定服务器角色

【例 11.11】 使用 SSMS 为例 11.6 中创建的登录名 stuMIS_user5 指派固定服务器角

色 dbcreator。

（1）打开 SSMS，连接到 SQL Server 上的数据库引擎。

（2）展开“安全性”→“服务器角色”节点，双击 dbcreator 角色选项，弹出“服务器角色属性 -dbcreator”对话框。

（3）单击“添加”按钮，弹出“选择服务器登录名或角色”对话框，在该对话框中单击“浏览”按钮，弹出“查找对象”对话框，勾选 [stuMIS_user5] 复选框，如图 11-8 所示。

视频讲解

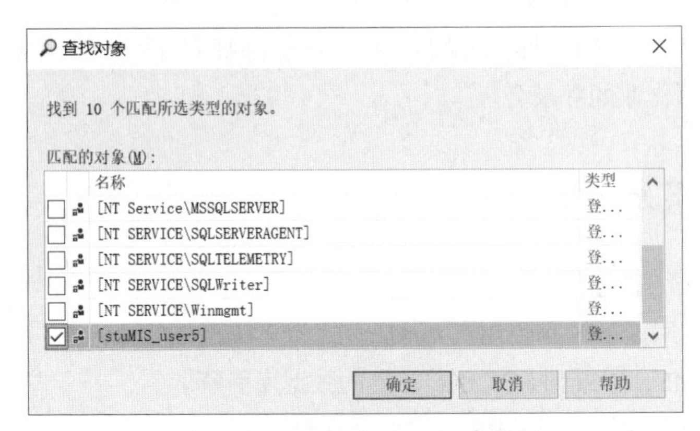

图 11-8 “查找对象”对话框

（4）单击“确定”按钮，返回“选择服务器登录名或角色”对话框，单击“确定”按钮，返回“服务器角色属性 -dbcreator”对话框，如图 11-9 所示。

图 11-9 “服务器角色属性 -dbcreator”对话框

（5）单击“确定”按钮，完成向登录名 stuMIS_user5 指派 dbcreator 角色的操作。

2. 使用系统存储过程管理固定服务器角色

管理固定服务器角色的系统存储过程有以下三个。

1）sp_addsrvrolemember

sp_addsrvrolemember 用于将登录名添加到固定服务器角色，语法格式如下。

```
sp_addsrvrolemember[@loginname=]'login',
    [@rolename=]'role'
```

语法说明如下。

（1）[@loginname=] 'login' 指定添加到固定服务器角色中的登录名。

（2）[@rolename=] 'role' 指定固定服务器角色名。

2）sp_helpsrvrolemember

sp_helpsrvrolemember 用于显示固定服务器角色成员列表，语法格式如下。

```
sp_helpsrvrolemember[[@srvrolemember=]'role']
```

3）sp_dropsrvrolemember

sp_dropsrvrolemember 用于删除固定服务器角色成员，语法格式如下。

```
sp_dropsrvrolemember[@loginname=]'login',
    [@rolename=]'role'
```

【例 11.12】 使用系统存储过程将登录名 stuMIS_user5 添加到 sysadmin 固定服务器角色中。

在查询分析器中，输入如下 Transact-SQL 语句并执行：

```
EXEC sp_addsrvrolemember 'stuMIS_user5','sysadmin'
```

【例 11.13】 使用系统存储过程删除固定服务器角色 dbcreator 中的角色成员 stuMIS_user5。

在查询分析器中，输入如下 Transact-SQL 语句并执行：

```
EXEC sp_dropsrvrolemember 'stuMIS_user5','dbcreator'
```

删除固定服务器角色中的登录名也可以通过 SSMS 完成。

11.7.2 固定数据库角色的管理

1. 使用 SSMS 为数据库用户指派固定数据库角色

【例 11.14】 为数据库用户 tom2 指派固定数据库角色 db_denydatawriter。

（1）打开 SSMS，连接到 SQL Server 上的数据库引擎。

（2）展开“数据库”→ stuMIS →“安全性”→“角色”→“数据库角色”节点。双击 db_denydatawriter 角色选项，弹出“数据库角色属性 -db_denydatawriter”对话框。单击“添加”按钮，弹出“选择数据库用户或角色”对话框，在该对话框中单击“浏览”按钮，弹出“查找对象”对话框。

（3）在“查找对象”对话框中，勾选 [tom2] 复选框，如图 11-10 所示。

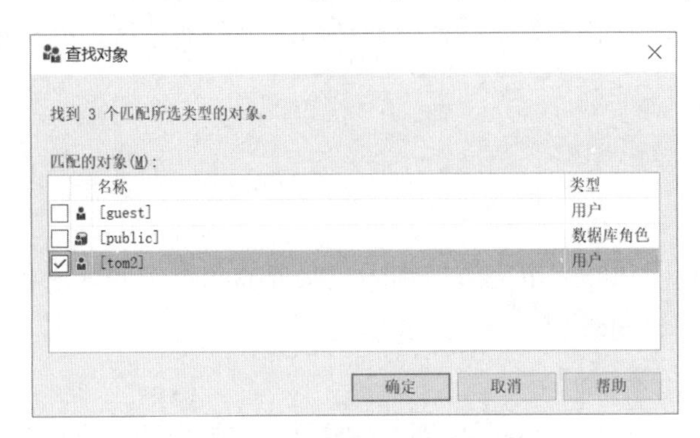

图 11-10 “查找对象”对话框

（4）单击“确定”按钮返回“选择数据库用户或角色”对话框，再单击“确定”按钮，返回“数据库角色属性 -db_denydatawriter”对话框，如图 11-11 所示。

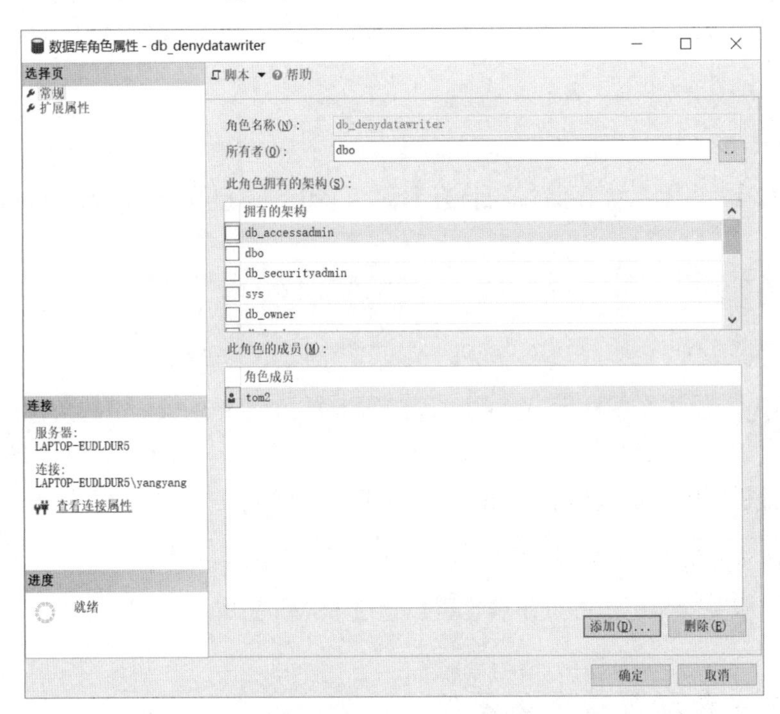

图 11-11 “数据库角色属性 -db_denydatawriter”对话框

（5）单击“确定”按钮，完成操作。

2. 使用系统存储过程管理固定数据库角色

管理固定数据库角色的系统存储过程有以下三个。

1）sp_addrolemember

sp_addrolemember 用于将数据库用户添加到固定数据库角色中，语法格式如下。

```
sp_addrolemember[@rolename=]'role',
    [@membername=]'security_account'
```

语法说明如下。

（1）[@rolename=] 'role' 指定当前数据库中的数据库角色的名称。

（2）[@membername=] 'security_account' 指定添加到该角色的安全账户，该账户可以是数据库用户、数据库角色、Windows 登录名或 Windows 组。

2）sp_helprole

sp_helprole 用于显示固定数据库角色的成员列表，语法格式如下。

```
sp_helprole[[@rolename=]'role']
```

3）sp_droprolemember

sp_droprolemember 用于从固定数据库角色中删除成员，语法格式如下。

```
sp_droprolemember[@rolename=]'role',
    [@membername=]'security_account'
```

【例 11.15】 使用系统存储过程删除固定数据库角色 db_denydatawriter 中的角色成员 tom2。

在查询分析器中，输入如下 Transact-SQL 语句并执行：

```
EXEC sp_droprolemember 'db_denydatawriter','tom2'
```

11.7.3 自定义数据库角色的管理

1. 使用 SSMS 管理自定义数据库角色

【例 11.16】 使用 SSMS 创建自定义数据库角色 stuMIS_role1，并为其指派数据库用户 tom2。

视频讲解

（1）打开 SSMS，连接到 SQL Server 上的数据库引擎。

（2）展开“数据库”→ stuMIS →“安全性”节点，右击“角色”节点，从弹出的快捷菜单中选择“新建”→“新建数据库角色”菜单项，弹出“数据库角色 - 新建”对话框。

（3）输入角色名称为 stuMIS_role1，所有者为 dbo。

（4）打开“安全对象”页面，在该页面中单击“搜索”按钮，弹出“添加对象”对话框。单击“确定”按钮，再单击“对象类型”按钮，在“选择对象类型”对话框中勾选“表”复选框，最后单击“确定”按钮。

（5）返回“选择对象”对话框，单击“浏览”按钮，在“查找对象”对话框中勾选“[dbo].[student]”复选框。

（6）单击“确定”按钮返回“选择对象”对话框，再单击“确定”按钮返回“数据

库角色 - 新建”对话框。

（7）在“dbo.student 的权限”列表框中勾选“更改”“删除”和“选择”选项所在行的“授予”复选框，如图 11-12 所示。

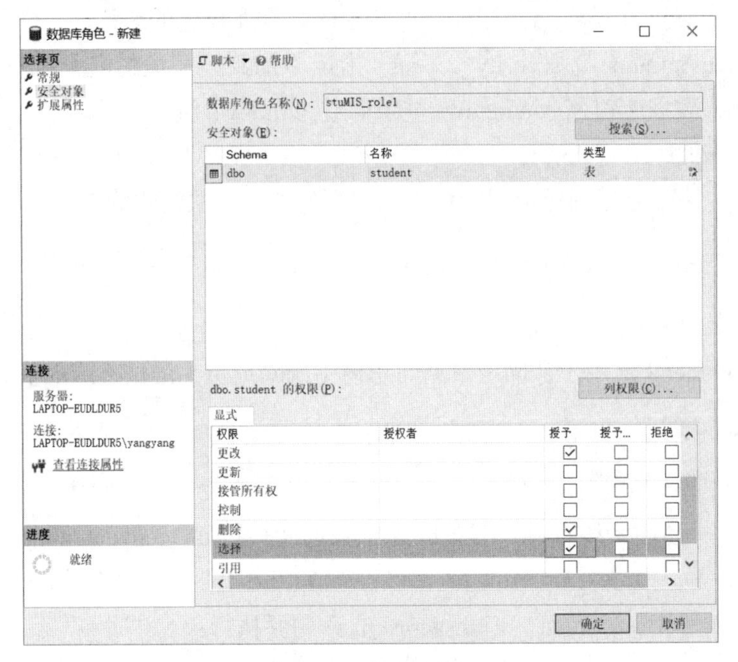

图 11-12　启用表权限

（8）打开“常规”页面，单击“添加”按钮，将 tom2 添加为数据库用户，如图 11-13 所示。

图 11-13　为角色指派数据库用户

（9）单击“确定”按钮，完成角色创建，并为其指派了数据库用户。

2. 使用 Transact-SQL 语句管理自定义数据库角色

使用 Transact-SQL 语句创建用户自定义数据库角色的语法格式如下。

```
CREATE ROLE role_name[AUTHORIZATION owner_name]
```

语法格式说明如下。

（1）role_name：指定要创建的数据库角色的名称。

（2）AUTHORIZATION owner_name：指定新的数据库角色的所有者。

也可以使用存储过程 sp_addrolemember 为创建的用户自定义数据库角色指派用户，用法与之前介绍的类似，这里不再赘述。

删除数据库角色的语法格式如下。

```
DROP ROLE role_name
```

【例 11.17】 使用 Transact-SQL 语句在 stuMIS 数据库中创建名为 stuMIS_role2 的新角色，并指定 dbo 为该角色的所有者。

在查询分析器中，输入如下 Transact-SQL 语句并执行：

```
USE stuMIS
CREATE ROLE stuMIS_role2
  AUTHORIZATION dbo
```

【例 11.18】 将 SQL Server 登录名创建的 stuMIS 的数据库用户 tina（假设已创建）指派给 stuMIS_role2 角色。

在查询分析器中，输入如下 Transact-SQL 语句并执行：

```
USE stuMIS
EXEC sp_addrolemember 'stuMIS_role2','tina'
```

【例 11.19】 删除数据库角色 stuMIS_role1。

在查询分析器中，输入如下 Transact-SQL 语句并执行：

```
EXEC sp_droprolemember 'stuMIS_role1','tom2'
DROP ROLE stuMIS_role1
```

在删除 stuMIS_role1 之前需要将该角色中的成员 tom2 删除。

删除数据库角色也可以使用 SSMS 方式，在“角色”节点中右击该角色，选择“删除”菜单项即可。

11.7.4 应用程序角色的管理

【例 11.20】 为数据库 stuMIS 创建应用程序角色 stuMIS_role3。

（1）打开 SSMS，连接到 SQL Server 上的数据库引擎。

（2）展开“数据库”→ stuMIS →“安全性”→“角色”节点，右击“应用程序角色”选项，从弹出的快捷菜单中选择“新建应用程序角色”菜单项，弹出“应用程序角色 - 新建”对话框。

（3）输入角色名称 stuMIS_role3，“默认架构”为 dbo，“密码”和“确认密码”均为 123456，如图 11-14 所示。

视频讲解

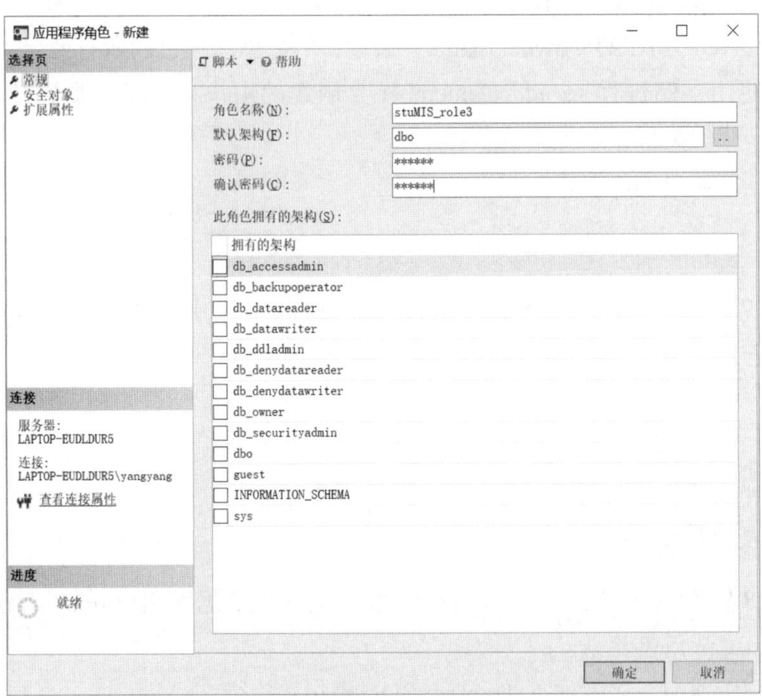

图 11-14 “应用程序角色 - 新建”对话框

（4）打开“安全对象”页面，单击“搜索”按钮，弹出“添加对象”对话框。

（5）单击“确定”按钮，弹出“选择对象”对话框，再单击“对象类型”按钮，勾选“表”复选框。

（6）单击“确定”按钮返回“选择对象”对话框，单击“浏览”按钮，在“查找对象”对话框中勾选“[dbo].[student]”复选框。

（7）单击“确定”按钮返回“选择对象”对话框，再单击“确定”按钮返回“应用程序角色 - 新建”对话框，在“dbo.student 的权限”列表框中勾选“选择”选项所在行的“授予”复选框，如图 11-15 所示。

（8）单击“确定”按钮，完成应用程序角色的创建。

创建完成后，需要激活创建的应用程序角色，语法格式如下。

```
sp_setapprole[@rolename=]'role',
    [@password=]{encrypt N'password'}
```

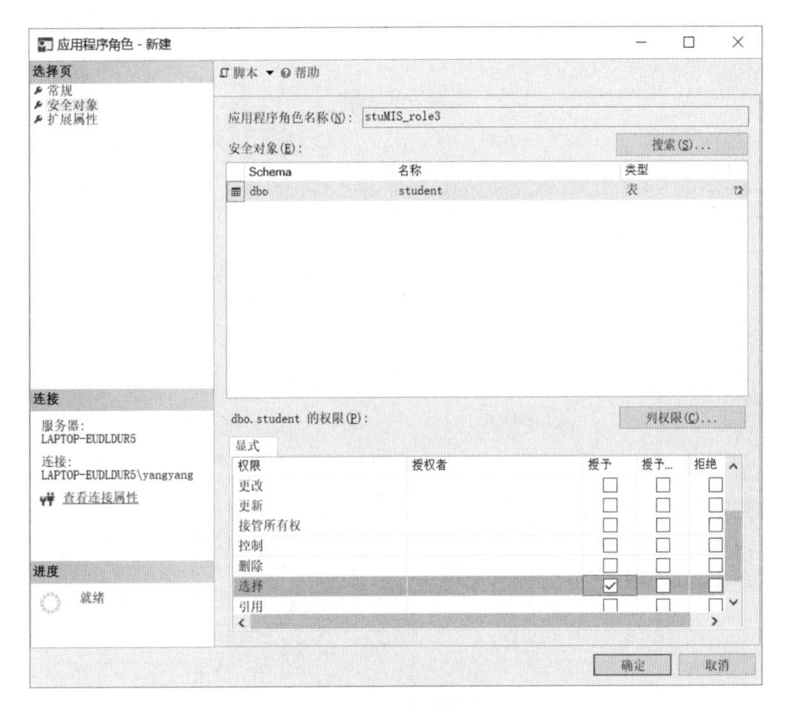

图 11-15　设置权限

语法说明如下。

（1）[@rolename=] 'role' 指定当前数据库中定义的应用程序角色的名称。

（2）[@password=]{encrypt N'password'} 表示激活应用程序角色需要的密码。

【例 11.21】 使用系统存储过程激活例 11.20 中创建的应用程序角色 stuMIS_role3。

在查询分析器中，输入如下 Transact-SQL 语句并执行：

```
EXEC sp_setapprole 'stuMIS_role3','123456'
```

11.8　数据库权限的管理

11.8.1　授予权限

1. 使用 SSMS 授予权限

视频讲解

【例 11.22】 给数据库用户 tom2 授予 stuMIS 数据库的 CREATE TABLE 语句的权限。

（1）打开 SSMS，连接到 SQL Server 上的数据库引擎。

（2）展开“数据库”节点，右击 stuMIS，从弹出的快捷菜单中选择“属性”菜单项，弹出“数据库属性 -stuMIS”对话框。

（3）打开“权限”页面，选择 tom2 用户，在“tom2 的权限”列表框中勾选“创建表”所在行的“授予”复选框，如图 11-16 所示。

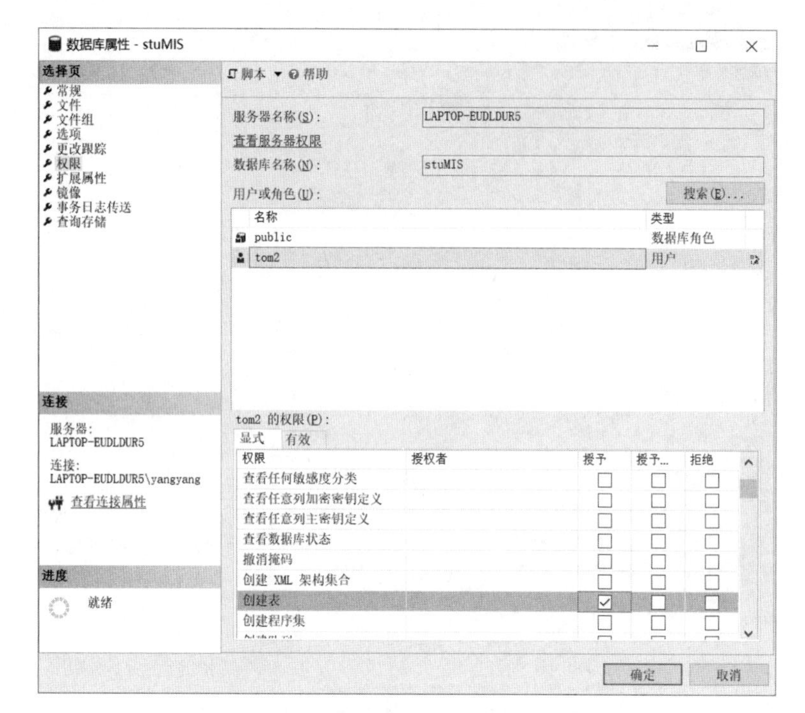

图 11-16 “数据库属性 -stuMIS”对话框

（4）单击“确定”按钮完成权限的授予。

【例 11.23】 给数据库用户 tom2 授予 student 表上的 INSERT 权限。

（1）打开 SSMS，连接到 SQL Server 上的数据库引擎。

（2）展开“数据库”→ stuMIS →“表”节点，右击 student，从弹出的快捷菜单中选择“属性”菜单项，弹出“表属性 -student”对话框，打开“权限”页面。

（3）单击“搜索”按钮，弹出“选择用户或角色”对话框，单击“浏览”按钮，弹出“查找对象”对话框选择用户 [tom2]，如图 11-17 所示，单击“确定”按钮，返回“选择用户或角色”对话框，单击“确定”按钮，返回“表属性 -student”对话框。

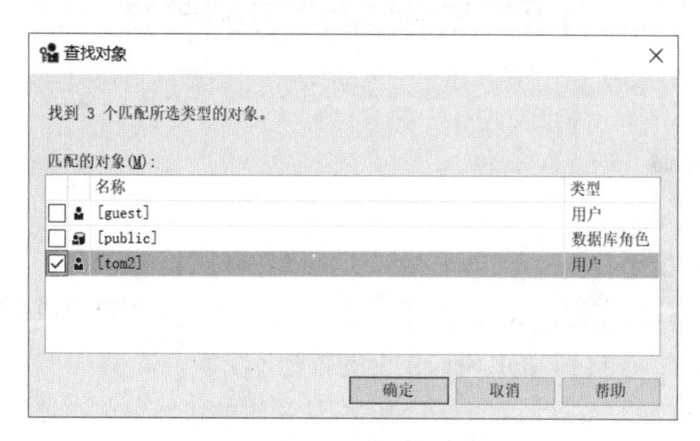

图 11-17 选择用户

（4）在“表属性 -student”对话框中选择用户 tom2，在“tom2 的权限”列表框中勾选“插入”所在行的“授予”复选框，如图 11-18 所示。

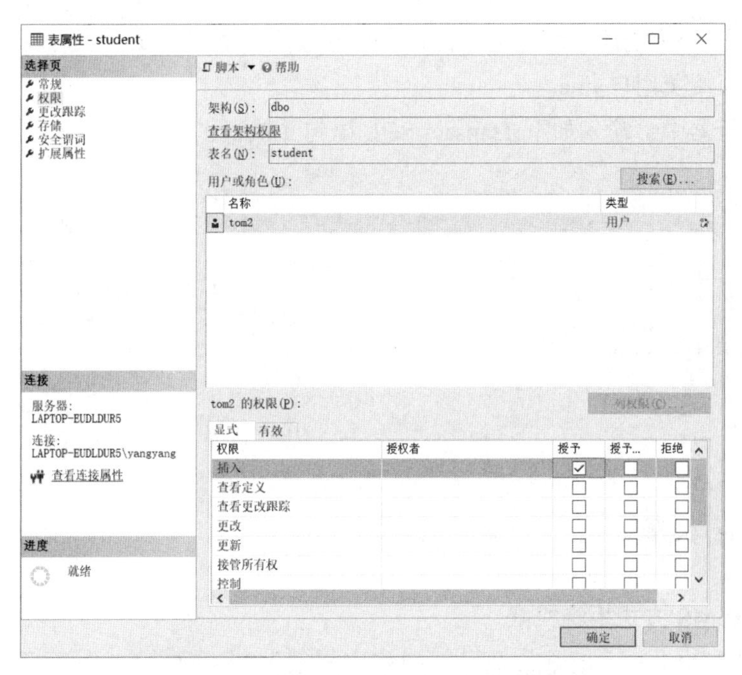

图 11-18　授予用户数据库对象上的权限

（5）单击“确定”按钮，完成权限的授予。

2. 使用 Transact-SQL 语句授予权限

使用 Transact-SQL 语句授予权限的语法格式如下。

```
GRANT {ALL[PRIVILEGES]} | permission[(column[,...n])][,...n]
    [ON securable] TO principal[,...n]
    [WITH GRANT OPTION][AS principal]
```

语法说明如下。

（1）ALL：表示授予对象的所有权限。

（2）PRIVILEGES：包含此参数是为了符合 ISO 标准。

（3）permission：表示权限的名称。

（4）column：指定表、视图或表值函数中要授予其权限的列的名称。

（5）ON securable：指定将授予其权限的安全对象。

（6）principal：指定为其授予权限的主体的名称。

（7）WITH GRANT OPTION：允许用户将对象权限授予其他用户。

（8）AS principal：指定当前数据库中执行 GRANT 语句的用户所属的角色名或组名。

【例 11.24】 给 stuMIS 数据库上的用户 tom2 和 tina 授予创建表的权限。

在查询分析器中，输入如下 Transact-SQL 语句并执行：

```
USE stuMIS
GRANT CREATE TABLE
TO tom2,tina
```

【例 11.25】 在数据库 stuMIS 中给 public 角色授予表 student 的选择权限，将更新、插入、删除权限授予用户 tina。

在查询分析器中，输入如下 Transact-SQL 语句并执行：

```
USE stuMIS
GRANT SELECT
  ON student
  TO public
GRANT INSERT,UPDATE,DELETE
  ON student
  to tina
```

11.8.2 拒绝权限

1. 使用 SSMS 方式拒绝权限

如果使用 SSMS 方式拒绝权限，选择相应权限的“拒绝”复选框即可，如图 11-18 所示。

2. 使用 Transact-SQL 语句拒绝权限

使用 Transact-SQL 语句拒绝权限的语法格式如下。

```
DENY {ALL[PRIVILEGES]}
      | permission[(column[,...n])][,...n]
      [ON securable] TO principal[,...n]
      [CASCADE][AS principal]
```

其中，CASCADE 拒绝主体对于安全对象的访问权限，同时拒绝主体授予其他主体对于安全对象的权限。

【例 11.26】 对 tina 用户不允许使用 CREATE TABLE 语句。

在查询分析器中，输入如下 Transact-SQL 语句并执行：

```
USE stuMIS
DENY CREATE TABLE
  TO tina
```

【例 11.27】 拒绝用户 tina 对表 student 的一些权限。

在查询分析器中，输入如下 Transact-SQL 语句并执行：

```
USE stuMIS
DENY INSERT,UPDATE,DELETE
  ON student
  TO tina
```

11.8.3 撤销权限

使用 SSMS 方式撤销权限的方法与拒绝权限的方法类似，下面只介绍使用 Transact-SQL 语句的方式，语法格式如下。

```
REVOKE [GRANT OPTION FOR]
     {[ALL[PRIVILEGES]]}
      | permission[(column[,...n])][,...n]
     }
     [ON securable]
     {TO | FROM}principal[,...n]
     [CASCADE][AS principal]
```

【例 11.28】 取消已授权用户 tom2 的 CREATE TABLE 权限。

在查询分析器中，输入如下 Transact-SQL 语句并执行：

```
USE stuMIS
REVOKE CREATE TABLE
   FROM tom2
```

【例 11.29】 取消以前对 tom2 授予或拒绝的在 student 表上的 INSERT 权限。

在查询分析器中，输入如下 Transact-SQL 语句并执行：

```
USE stuMIS
REVOKE INSERT
   ON student
   FROM tom2
```

11.9 架构管理

视频讲解

11.9.1 创建架构

1. 使用 SSMS 创建架构

【例 11.30】 使用 SSMS 创建一个新的架构，架构名为 stuMIS_schema。

（1）打开 SSMS，连接到 SQL Server 上的数据库引擎。

（2）展开“数据库”→ stuMIS →“安全性”节点，右击“架构”节点，从弹出的快捷菜单中选择“新建架构”菜单项，弹出“架构 - 新建”对话框，输入架构名称 stuMIS_schema，指定“架构所有者”为 dbo，如图 11-19 所示。

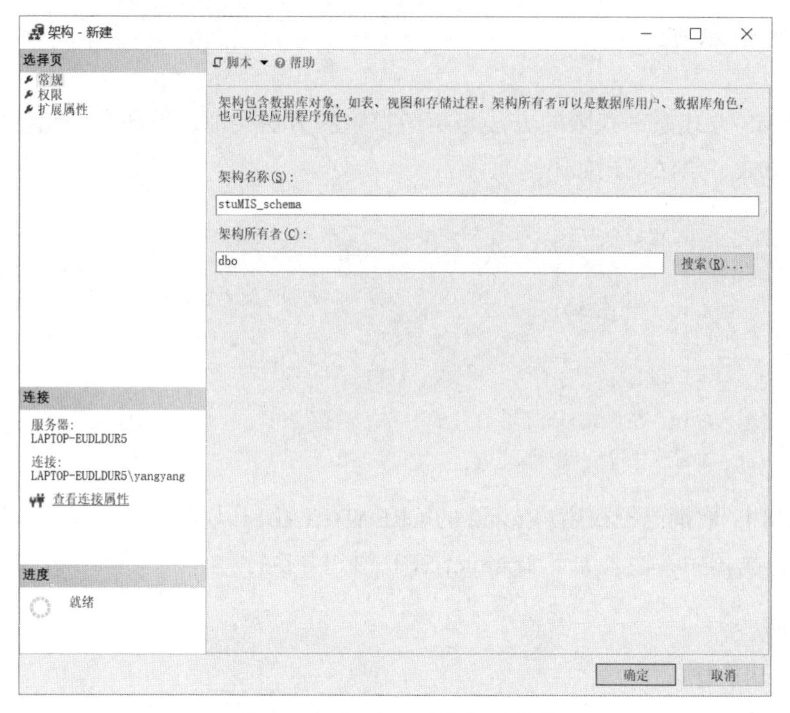

图 11-19 “架构 - 新建”对话框

（3）完成设置后，单击“确定”按钮完成架构的创建。

2. 使用 Transact-SQL 语句创建架构

具体语法格式如下。

```
CREATE SCHEMA schema_name_clause [ <schema_element> [ ...n ] ]
```

其中：

```
<schema_name_clause> ::=
    {
        schema_name
    | AUTHORIZATION owner_name
    | schema_name AUTHORIZATION owner_name
    }
<schema_element> ::=
    {
        table_definition | view_definition | grant_statement |
        revoke_statement | deny_statement
    }
```

语法说明如下。

（1）schema_name：在数据库内标识架构的名称。

（2）AUTHORIZATION owner_name：指定将拥有架构的数据库级主体的名称。

（3）table_definition：指定在架构内创建表的 CREATE TABLE 语句。

（4）view_definition：指定在架构内创建视图的 CREATE VIEW 语句。

（5）grant_statement：指定可对除新架构外的任何安全对象授予权限的 GRANT 语句。

（6）revoke_statement：指定可对除新架构外的任何安全对象撤销权限的 REVOKE 语句。

（7）deny_statement：指定可对除新架构外的任何安全对象拒绝授予权限的 DENY 语句。

【例 11.31】 创建架构 stuMIS_schemaNew，所有者为用户 tom2。

在查询分析器中，输入如下 Transact-SQL 语句并执行：

```
CREATE SCHEMA stuMIS_schemaNew
   AUTHORIZATION tom2
```

11.9.2 修改架构

1. 修改架构所有者

【例 11.32】 修改例 11.31 中创建的架构 stuMIS_schemaNew，将其所有者 tom2 修改为 dbo。

（1）打开 SSMS，连接到 SQL Server 上的数据库引擎。

（2）展开"数据库"→stuMIS→"安全性"→"架构"节点，右击 stuMIS_schemaNew，从弹出的快捷菜单中选择"属性"菜单项，弹出"架构属性 -stuMIS_schemaNew"对话框，如图 11-20 所示。

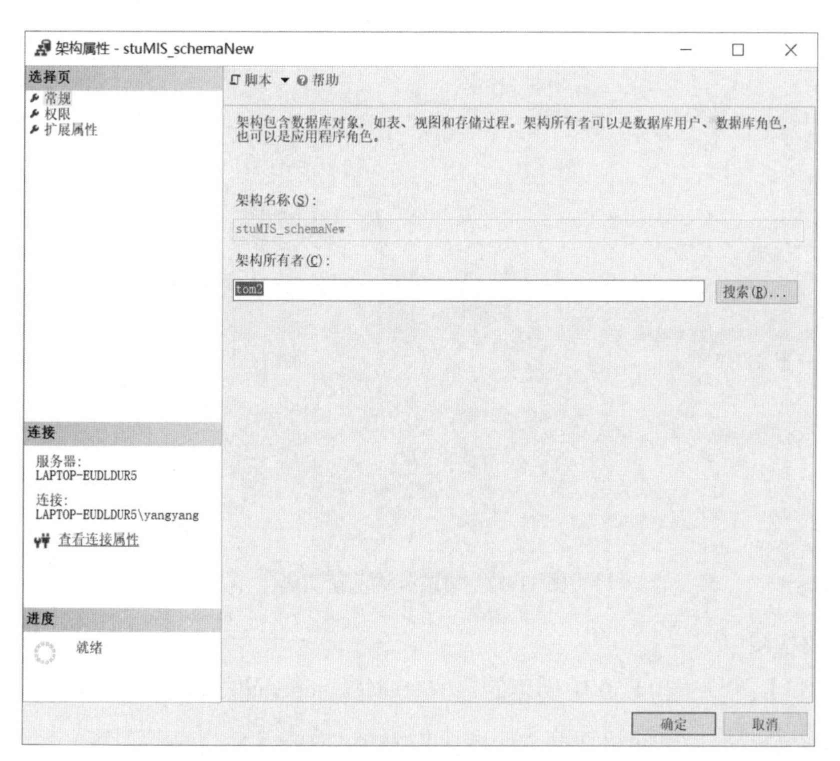

图 11-20 "架构属性 -stuMIS_schemaNew"对话框

（3）单击“搜索”按钮，弹出“搜索角色和用户”对话框。再单击“浏览”按钮，弹出“查找对象”对话框。在“查找对象”对话框中选择用户 [dbo]，如图 11-21 所示。

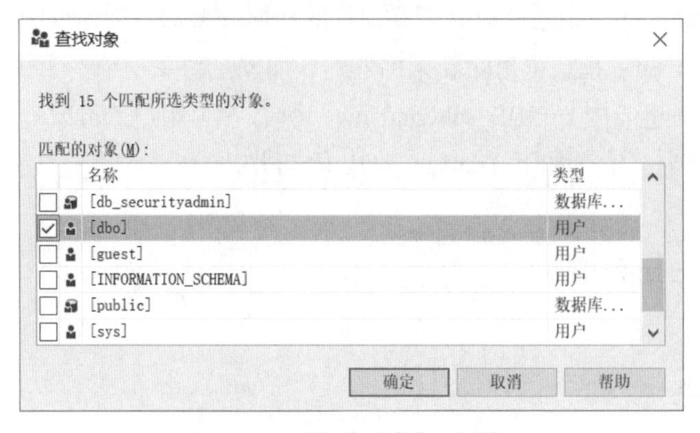

图 11-21 “查找对象”对话框

（4）单击“确定”按钮返回“搜索角色和用户”对话框，再单击“确定”按钮，返回“架构属性 -stuMIS_schemaNew”对话框，如图 11-22 所示。单击“确定”按钮，完成对架构所有者的修改。

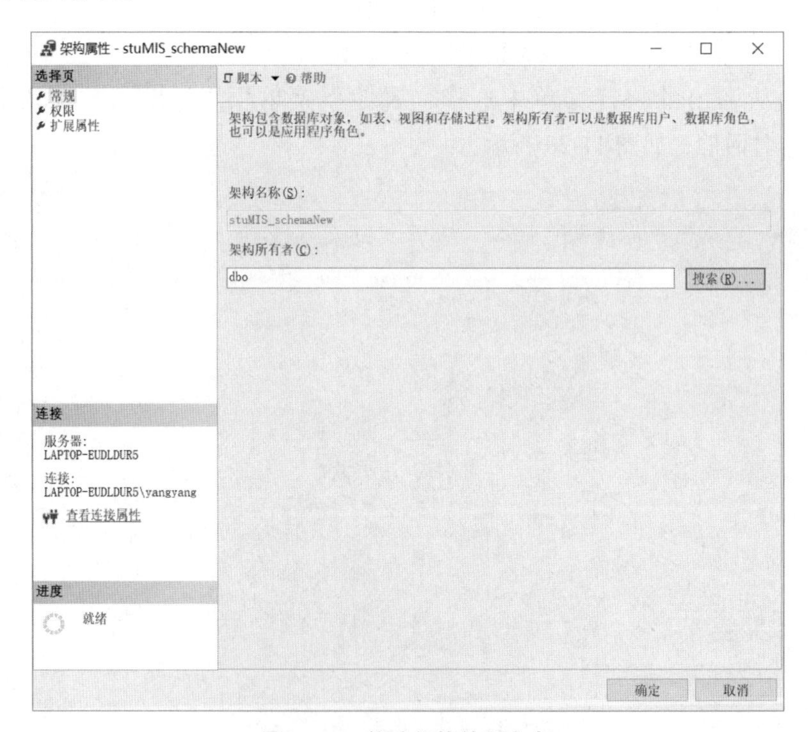

图 11-22 修改架构的所有者

2. 修改权限

【例 11.33】 修改例 11.30 中创建的架构 stuMIS_schema 的权限。

（1）打开 SSMS，连接到 SQL Server 上的数据库引擎。

（2）展开“数据库”→ stuMIS →“安全性”→“架构”节点，右击 stuMIS_schema，

从弹出的快捷菜单中选择“属性”菜单项，弹出“架构属性 -stuMIS_schema”对话框。

（3）打开“权限”页面，单击“搜索”按钮，弹出“选择用户或角色”对话框。再单击“浏览”按钮，弹出“查找对象”对话框。在“查找对象”对话框中，选择用户 guest，如图 11-23 所示。

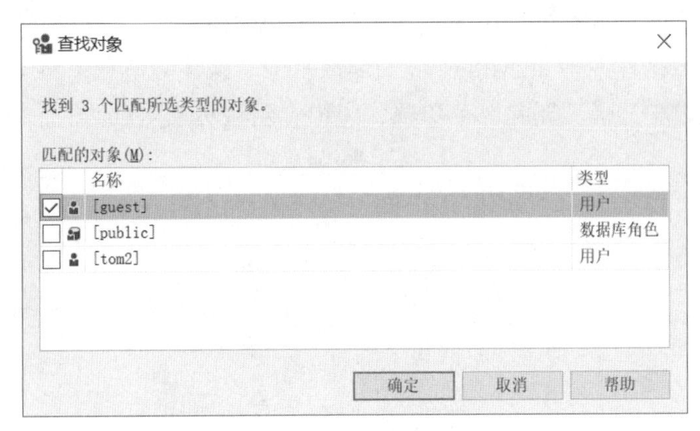

图 11-23　选择用户 guest

（4）单击“确定”按钮返回“选择用户或角色”对话框，再单击“确定”按钮返回“架构属性 -stuMIS_schema”对话框，在“guest 的权限”列表框中勾选相应的复选框，如图 11-24 所示。

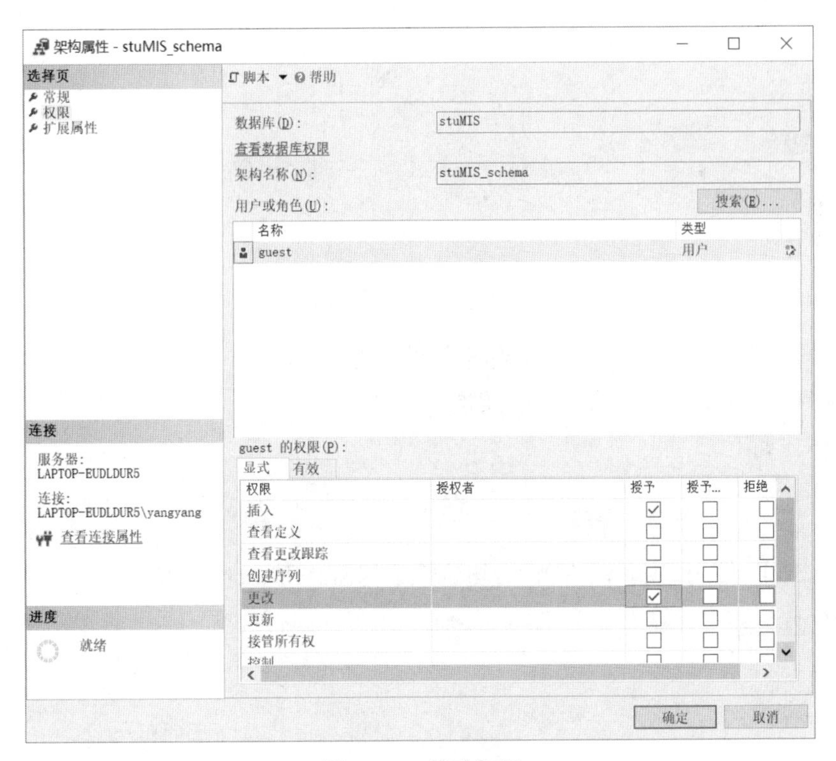

图 11-24　修改权限

（5）设置完成后，单击“确定”按钮，完成权限的修改。

11.9.3 删除架构

1. 使用 SSMS 删除架构

【例 11.34】 使用 SSMS 删除 stuMIS_schema 架构。

（1）打开 SSMS，连接到 SQL Server 上的数据库引擎。

（2）展开“数据库”→ stuMIS →“安全性”→“架构”节点，右击 stuMIS_schema，从弹出的快捷菜单中选择“删除”菜单项，弹出“删除对象”对话框，如图 11-25 所示。

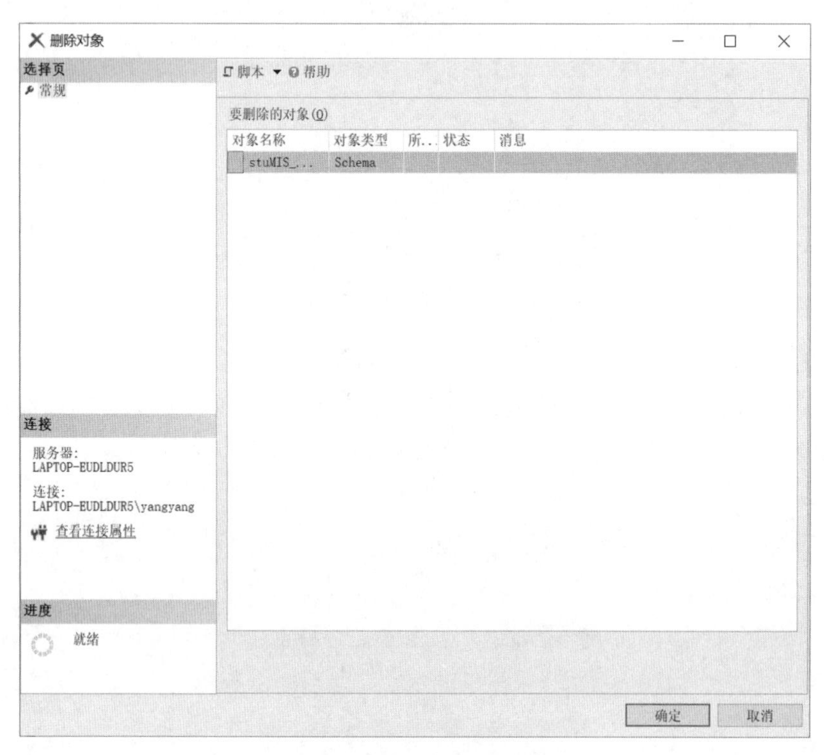

图 11-25 “删除对象”对话框

（3）单击“确定”按钮，完成删除架构的操作。

2. 使用 Transact-SQL 语句删除架构

语法格式如下。

```
DROP SCHEMA schema_name
```

【例 11.35】 使用 Transact-SQL 语句删除架构 stuMIS_schemaNew。

在查询分析器中，输入如下 Transact-SQL 语句并执行：

```
USE stuMIS
DROP SCHEMA stuMIS_schemaNew
```

删除架构，必须先在架构上拥有 CONTROL 权限，并且保证架构中没有对象，否则会操作失败。

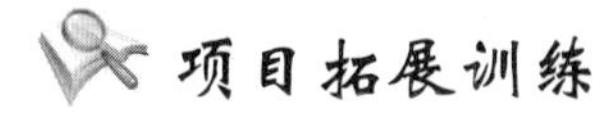

项目拓展训练

1. 拓展训练目的

（1）掌握创建登录名和用户的方法。

（2）掌握角色管理的方法。

（3）掌握权限管理和架构管理的方法。

2. 拓展训练内容

以下训练内容分别使用 SSMS 和 Transact-SQL 语句两种方式实现。

（1）创建一个 SQL Server 登录名 test_login，密码为 123456，再为其创建一个数据库用户 sql_manager。

（2）将 stuMIS 数据库中的 student 表和 grade 表的 SELECT、INSERT、UPDATE 和 DELETE 对象权限授予给数据库用户 sql_manager。

（3）使用登录名 test_login 登录 SQL Server，测试权限。

（4）使用系统管理员账户登录 SQL Server，创建架构 test_schema，设置架构的所有者为 dbo。

（5）删除架构 test_schema。

项目小结

本项目介绍 SQL Server 的安全机制、管理登录名和用户的方法、角色的概念和角色管理，以及数据库权限和架构的管理。

SQL Server 2019 采用分级的安全机制，分为服务器级别的安全机制、数据库级别安全机制、数据库对象级别安全机制三类。

角色是 SQL Server 用来集中管理数据库或服务器的权限。

数据库的权限指明用户能够获得哪些数据库对象的使用权，能够对哪些对象执行何种操作。

架构是对象的容器，它是一个独立于数据库用户的非重复命名空间。一个架构只能有一个所有者，所有者可以是用户、数据库角色等。

参 考 文 献

[1] 郑阿奇．SQL Server 实用教程 [M]. 6 版 . 北京：电子工业出版社，2021.
[2] 詹英，林苏映．数据库技术与应用——SQL Server 2019 教程 [M]．北京：清华大学出版社，2022.
[3] 李艳丽，靳智良．SQL Server 2016 数据库入门与应用 [M]．北京：清华大学出版社，2019.
[4] 于晓鹏，于萍，于淼，等．SQL Server 2019 数据库教程 [M]．北京：清华大学出版社，2020.
[5] 唐好魁．数据库技术及应用 [M]. 3 版．北京：电子工业出版社，2015.
[6] 杨莉，杨明，章可，等．数据库系统应用 [M]．北京：清华大学出版社，2015.
[7] 孔丽红，游晓明，钟伯成，等．数据库原理 [M]．北京：清华大学出版社，2015.
[8] 王爱赪，王耀，金颖，等．SQL Server 2012 实例教程 [M]．北京：清华大学出版社，2015.